機械系の運動と振動の基礎・基本

瀧口三千弘・藤野俊和・藤原滋泰　共著

KAIBUNDO

まえがき

　物体（例えば機械や構造体）の運動と振動現象をモデル化し，自分で「運動方程式」を立てその式を使って「シミュレーション」し，すぐにその挙動を観察する（アニメーション等で見る）ことができたらどれだけ楽しいであろうか。また，こうした学習活動をとおして力学の基礎・基本を身につけることの意義はとても大きい。本書はこうした観点から，機械系の運動と振動に関する学習のサポートを目的に執筆されたものである。

　機械系の運動と振動に関する教育・学習は，一般に物理における力学に始まり，基礎力学や工業力学，さらにはより専門的な機械力学や振動工学といった教科へと発展していく。これらの一連の学習において重要なことの一つに，「運動方程式」を立てるということがある。一般に運動方程式が求まれば，次に，それを解析的に（数学を使って）解くということが行われるが，解析過程において多くの数学的知識が必要であることから，学習者が問題の本質を理解するに至らない場合がある。また，解析モデルの自由度が増えると解を求めるための計算が複雑になり，解析解は求めにくくなる。こうした際に有効なのが，数値計算による「シミュレーション」である。

　こうしたことから，著者らは多様なレベルの学習者を対象とした，運動と振動問題のシミュレーションを行うソフトウェア（これを DSS と名付けた）の開発を行った。DSS は運動方程式を数値計算により解き，解析結果をグラフィック出力するという一連の作業を支援するソフトウェアである。DSS の中には，運動と振動に関する基礎的な問題から応用的な問題まで多くのシミュレーション 35 例が用意されている。また，17 例の実験教材の運動と振動に関するシミュレーション結果および実際の運動と振動挙動を示した動画も組み込まれている。DSS はフリーソフトとして公開されているので，有効に使っていただきたい。

　DSS を用いた学習の重要キーワードは「運動方程式」と「シミュレーション」であり，そのコンセプトは「解く」，「見る」，「わかる」である。このことを具体化するために，本書は次の 8 章から構成されている。

　第 1 章では，運動と振動問題を学習する上での基礎事項について述べている。①運動と振動，②加速度－速度－変位（あるいは，角加速度－角速度－角変位），③モデル化と自由度，④モデルの要素，⑤慣性モーメント，⑥運動方程式，⑦ばね定数の求め方，⑧運動方程式の行列（マトリックス）表示の順に，本書を用いて学習を進めていく上で必要なことが整理してある。

　第 2 章では，振動問題を学習する上でのポイントについて述べている。①振動の分類，②自由振動と固有円振動数，③強制振動と共振，④固有円振動数と振動モード，⑤運動方程式とシミュレーションの順に，1 自由度振動系を中心に説明している。なお，1 自由度系の振動には振動現象に共通する基本的な特性がほとんど含まれており，振動問題の基礎・基本となるものである。

　第 3 章では，DSS について述べている。① DSS を用いた学習に必要なソフトウェアと動作環境，② DSS の概要，③ DSS を用いた学習のイメージ，④デモ用プログラムと学習レベル，⑤シミュレーション結果の出力方法，⑥ DSS の操作方法（基礎編）の順に，DSS の紹介と DSS を用いたシミュレーショ

ンの方法を説明している。DSS というツール（ソフトウェア）を使い始めるための章である。

第4章では，最初に運動と振動現象の学習を目的に作成された17例の実験教材を紹介している。次に，この実験教材の中から，①二重振子，②自動車，③ねじり振動系の3例について具体的なシミュレーションの方法と結果について述べている。本章は，第3章のDSSの操作方法（基礎編）に続く応用編である。

第5章では，等速度運動と等加速度運動の問題（等角速度運動と等角加速度運動の問題も含む）を公式を使わずに解く「図式解法」について述べている。最初に解法手順を示し，次に11問の具体例に対してその解法手順を適用し求めた結果について示している。運動方程式の基礎・基本となる加速度−速度−変位（角加速度−角速度−角変位）の関係を，図式解法をとおしてしっかり理解するための章である。

第6章では，ニュートンとオイラーの方程式を用いた運動方程式の立て方を述べている。最初に運動方程式の立て方の手順を示し，次に①1自由度問題（7例），②2自由度問題（6例），③3自由度問題（6例），④6自由度問題（1例）の順に，運動方程式の立て方を具体的に示している。なお，必要に応じて＜メモ＞と称して内容の補足説明を行い，学習者の理解が深まるように配慮してある。本章の最後には，運動と振動系に対する外力の加え方としての力加振と基礎加振について説明している。

第7章では，ラグランジュの方程式を用いた運動方程式の立て方を述べている。最初に運動方程式の立て方の手順を示し，次に①単振り子，②ぶらんこ，③ばね支持台車と振り子からなる振動系，④二重振子，⑤凹型剛体と円柱からなる振動系，⑥クレーンの旋回運動の順に，運動方程式の立て方を具体的に示している。

第8章では，固有値問題の解き方を述べている。すなわち，運動方程式から解析的に（数学を使って）固有円振動数と振動モードを求める方法について説明している。最初に解き方の手順を示し，次に①1自由度問題（3例），②2自由度問題（4例），③3自由度問題（2例）の順に固有値問題の解き方を具体的に示している。DSSを用いた数値解との比較を行うことで，より理解を深めることが目的の章である。

以上のように本書は8章（全ての章に演習問題あり）から成り立っているが，大きくは①運動と振動問題を学習する上での基礎・基本に関する部分（第1章，第2章，第5章），②DSSを用いたシミュレーションと実験教材に関する部分（第3章と第4章），③運動方程式の立て方と固有値問題の解き方に関する部分（第6章から第8章）で構成されている。なお，第5章から第8章の執筆にあたっては，手順にこだわった。同じ手順で多くの問題を解くことによって，ドリル学習的な効果を期待して執筆した。本書を「機械系の運動と振動の基礎・基本」がわかる本として，多くの学習者に利用していただければ幸いである。

なお，本書の内容の一部は，日本学術振興会科学研究費補助金・基盤研究(C)（課題番号：26350217，17K01004）の助成を受けて行われたことを付記する。

終わりに，本書の執筆に際して参考にさせていただいた多くの書物や文献の著者に対して深甚の謝意を表します。また，実験教材の作成にあたっては，㈲インテス代表取締役の神出明氏に多大なるご協力をいただきました。さらに，本書の出版にあたっては，海文堂出版ほか関係各位に大変お世話になりました。皆様方に厚くお礼を申し上げます。

令和3年（2021年）12月吉日　著者

目　　次

第6章　ニュートンとオイラーの方程式を用いた運動方程式の立て方 ………… 97

第7章　ラグランジュの方程式を用いた運動方程式の立て方　131

第1章
運動と振動問題の基礎事項

本章では，運動と振動問題を学習する上での基礎事項について述べる。①運動と振動，②加速度－速度－変位（あるいは，角加速度－角速度－角変位），③モデル化と自由度，④モデルの要素，⑤慣性モーメント，⑥運動方程式，⑦ばね定数の求め方，⑧運動方程式の行列（マトリックス）表示の順に説明する。

▶▶▶ 1.1　運動と振動

1.1.1　運動と振動について

運動（motion）と振動（vibration）は，それぞれ次のように定義される。

運動：物体が時間とともに空間的な位置を変えること。

振動：物体が時間とともに空間的な位置をある基準値に対してくり返し変えること。

図1.1に，運動と振動のイメージを示す。図(a)が運動，図(b)が振動，図(c)が運動＋振動の場合である。それぞれ，縦軸に変位（あるいは角変位），横軸に時間軸をとっている。具体例として，回転する軸（shaft）の回転運動とねじり振動（torsional vibration）を考える。回転する軸の回転運動（この場合は等角速度運動）だけを考える場合には，図(a)のようになる。回転する軸のねじり振動だけを考える場合には，図(b)のようになる。回転する軸の回転運動とねじり振動を同時に考える場合には，図(c)

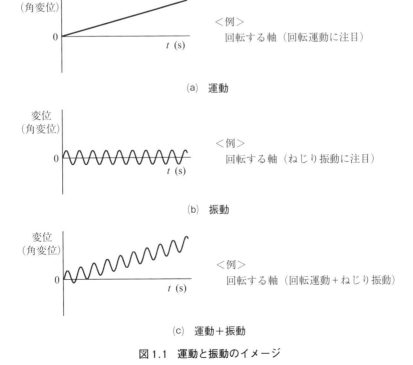

(a)　運動

(b)　振動

(c)　運動＋振動

図1.1　運動と振動のイメージ

のようになる。このように，目的とする視点によって現象のとらえ方は異なる。ただし，いずれも大きくは運動ととらえることができる。

1.1.2 　質点と剛体および連続体について

質点（mass point），剛体（rigid body），連続体（continuum）は，それぞれ次のように定義される。

質　点：物体の運動を単純化して考えるための質量（mass）をもつ点状の物体のこと。物体が比較的小さく回転運動が無視できる場合，物体の全質量が重心（center of gravity）に集中した点とみなしてその運動を考えることができる。

剛　体：大きさは無視できないが，外力（external force）による変形は無視できる物体のこと。多くの物体は外力が加わると厳密には変形するが，この変形量が物体の大きさに対して小さく無視できる場合が多い。こうした物体の動きを大きくとらえる際は，剛体として扱う。また，剛体の大きさが十分に小さいときは，それを質点とみなすこともよく行われる。

連続体：質量が連続的に分布しているような物体のこと。外力が加わった場合の物体の変形（これも運動の1つ。例えば，弦，棒，板の振動などを考えるとわかりやすい）を考える際には，連続体として扱う必要がある。連続体の振動を厳密に解析することは難しいが，連続体をいくつかの質量に分割し近似的な解析を行うことは比較的容易にできる。

1.1.3 　運動の分類

ここでいう運動とは，物体の動きのことである。物体の運動を，質点，剛体，連続体に分けて整理すると表1.1に示すようになる。同表には，その運動を生じさせる原因を併せて示す。

表 1.1　物体の運動

分類	質点	剛体	連続体	運動の原因
並進運動	○	○	○	力（N）
回転運動	×	○	○	トルク（力のモーメント）（N·m）
変形	×	×	○	力とトルク

○：考慮できる　　×：考慮できない

表中の，並進運動（translational motion），回転運動（rotational motion），変形（deformation）は，それぞれ次のように定義される。

並進運動：物体の全ての点が平行移動（位置を変えるだけ）する運動のこと。質点や剛体の運動では，重心位置が移動する運動のことである。位置の変化は変位（単位：m）としてとらえる。一次元座標上の運動を考える際は，直線運動（linear motion）というのが一般的である。並進運動の原因となるものは力（force）である。

回転運動：物体がある点または軸を中心に回転する運動のこと。回転軸まわりの変化は角変位（単位：rad）としてとらえる。回転運動の原因となるものはトルク（torque）または力の

モーメント（moment of force）である。

変　　形：物体の形が変化する運動のこと。一般的には，連続体の伸び縮みや角度変化による形状
　　　　　の変化が議論の中心であり，静止状態の変形を考えることが多い。この形状の変化も，
　　　　　突き詰めれば物質粒子（material particle）の並進運動と回転運動によるものである。

　以上のように，物体の運動は並進運動と回転運動を考えればよいことがわかる。本書では，基本的に
質点および剛体についての運動と振動問題を扱う。連続体については，近似的にモデル化して剛体問題
として扱う。例えば，弾性軸のねじり振動問題などがある。

▶▶▶ 1.2　加速度−速度−変位（角加速度−角速度−角変位）

　並進運動を考える際の，変位（displacement），速度（velocity），加速度（acceleration）は，それぞれ
次のように定義される。

変　　位：物体の運動による位置の変化量のこと。単位は（m）である。

速　　度：単位時間あたりの変位の変化量のこと。単位は（m/s）である。

加 速 度：単位時間あたりの速度の変化量のこと。単位は（m/s^2）である。

　回転運動を考える際の，角変位（angular displacement），角速度（angular velocity），角加速度（angular
acceleration）は，それぞれ次のように定義される。

角 変 位：物体の運動による回転軸まわりの角度の変化量のこと。単位は（rad）である。

角 速 度：単位時間あたりの角変位の変化量のこと。単位は（rad/s）である。

角加速度：単位時間あたりの角速度の変化量のこと。単位は（rad/s^2）である。

　加速度−速度−変位（角加速度−角速度−角変位）の関係をしっかり学習しておくことは，運動と振
動の問題を考える際にとても大切である。この点を考慮して，本書では第 5 章において等速度運動
（uniform motion）と等加速度運動（uniformly accelerated motion）の問題を（等角速度運動と等角加速度
運動の問題も含む），公式に頼ることなく図式を活用して解く図式解法を紹介しているので参考にせよ。

▶▶▶ 1.3　モデル化と自由度

　モデル化（modeling）と自由度（degree of freedom）は，それぞれ次のように定義される。

モデル化：解析しようとする対象物を，これと等価ないくつかの要素に置き換えること。モデル化
　　　　　されたものは，力学モデル（dynamical model）や解析モデル（analytical model）とよば
　　　　　れる。

自 由 度：力学モデルにおける独立変数（independent variable）の数のこと。一般に，力学モデル
　　　　　の任意の時刻における幾何学的な位置と姿勢を明確に表すために n 個の独立変数を必要
　　　　　とする場合，n 自由度系という。

　図 1.2 に，1 つの剛体の空間における位置と姿勢の表現方法を示す。自由度は，並進運動の 3 自由度
（x, y, z）と回転運動の 3 自由度（α, β, γ）を併せた 6 自由度となる。質点の場合は，並進運動のみ
を考えればよいので 3 自由度となる。

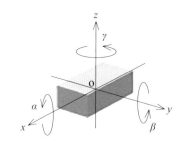

図1.2　剛体の位置と姿勢の表現方法

　なお，剛体が自動車，飛行機，船などの乗り物を対象とした場合，x 方向を前とすると，x，y，z および α，β，γ の動きを，それぞれ次のようによぶ。

x：サージング（surging，前後運動）

y：スウェイング（swaying，左右運動）

z：ヒービング（heaving，上下運動），バウンシング（bouncing，上下運動）

α：ローリング（rolling，横揺れ，x 軸まわりの回転）

β：ピッチング（pitching，縦揺れ，y 軸まわりの回転）

γ：ヨーイング（yawing，偏揺れ，z 軸まわりの回転）

　図1.3に自動車（vehicle）をモデル化した一例を示す。同図は，いずれも自動車を2次元平面でとらえた振動解析モデルを示す。図(a)は自動車を1つの剛体（車体）と2つの質点（前後のタイヤ）とした4自由度モデル，図(b)は自動車を1つの剛体とした2自由度モデル，図(c)は自動車を1つの質点とした1自由度モデルをそれぞれ示す。モデル化のポイントは，知りたい対象物の現象を十分正確に表せればよいということであり，図(c)のモデルでは，バウンシング現象を解析できる。図(b)のモデルでは，バウンシングとピッチング現象を解析できる。さらに，図(a)のモデルを用いれば，タイヤおよびサスペンションの特性がバウンシングとピッチングに及ぼす影響を詳細に解析できる。ただし，自由度が多いほど解析は難しくなる。

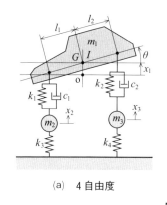
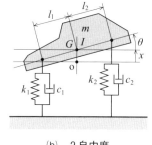
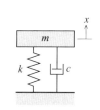

(a)　4自由度　　　　　(b)　2自由度　　　　(c)　1自由度

図1.3　自動車のモデル化の一例

▶▶▶ 1.4　モデルの要素

　表1.2と表1.3に対象物をモデル化する際の主な要素を，並進運動系と回転運動系に分けて示す。

　表1.2において変位，速度，加速度は，それぞれ x，$\dot{x}$，$\ddot{x}$ の記号を用いて表す。$\dot{x}$ は，$\dfrac{dx}{dt}$（x の時間による1階微分）のことでエックスドットと読む。$\ddot{x}$ は $\dfrac{d^2x}{dt^2}$（x の時間による2階微分）のことでエックスツードットと読む。同様に，表1.3において角変位，角速度，角加速度を，それぞれ θ，$\dot{\theta}$，$\ddot{\theta}$ の記号を用いて表す。本書では，ニュートン記法（Newton's notation）とよばれるこれらの表記法を用いる。

　表1.2に示すように，並進運動系を構成する主たる要素は，質量，ダンパ（damper），ばね（spring）であり，各要素は，慣性力（inertia force），減衰力（damping force），復元力（restoring force）として系に作用する。力と加速度の関係は $F=m\ddot{x}$，力と速度の関係は $F=c\dot{x}$，力と変位の関係は $F=kx$ で求まる。各関係式の比例定数は，m を質量，c を粘性減衰係数（viscous damping coefficient），k をばね定数（spring constant）とよぶ。また，ばねとダンパは質量を有しないものと仮定し，必要に応じてばねとダンパの質量も考慮すべきときには，これらの質量を m のほうに加える。$F(t)$ は系の外から加わる力の項である。

　同様に，表1.3に示すように回転運動系を構成する主たる要素は，慣性モーメント（moment of inertia），ねじりダンパ（torsional damper），ねじりばね（torsion spring）であり，各要素は，慣性トルク（inertia torque），減衰トルク（damping torque），復元トルク（restoring torque）として系に作用する。トルクと角加速度の関係は $T=I\ddot{\theta}$，トルクと角速度の関係は $T=c_t\dot{\theta}$，トルクと角変位の関係は $T=k_t\theta$ で求まる。各関係式の比例定数は，I を慣性モーメント，c_t をねじりや回転の粘性減衰係数，k_t をねじりばね定数（torsional spring constant）とよぶ。なお，本書では表中のねじりダンパのモデルは省略し，図中に c_t とだけ書くこととする。$T(t)$ は系の外から加わるトルクの項である。振動系（vibration system）に系の外から周期的な力やトルクを加えることを，加振（励振）（excitation）するという。慣性モーメントについては，次節で詳しく説明する。

　減衰（damping）について少し述べておく。減衰は物体の運動を妨げエネルギを消散させる作用をするもので，粘性減衰（viscous damping）の他にも摩擦減衰（friction damping），構造部材の結合部分の摩擦や構造物の支持部からのエネルギ消散による構造減衰（structural damping）などがある。本書では，表1.2と表1.3に示すように，減衰については粘性減衰として扱う。減衰の要素として本書ではダンパという表現を使っているが，ダンパとは減衰器（damper）のことで，一般には図1.4に示すような構造になっている。これは，油や空気などの流体がピストンの孔を通って動くときの粘性抵抗を利用するものである。モデル記号⊟は，この形を模型的に表したものである。なお，ダンパと同じ意味でダッシュポット（dashpot）という表現も使われる。厳密には，ダンパはエネルギの消散によって振動を抑える装置の総称であり，ダッシュポットは物体の運動速度に比例する抵抗力を生み出すダンパのことである。

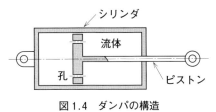

図1.4　ダンパの構造

表 1.2　並進運動系のモデル化の主要素

基本モデル	要素			力との関係		
	記号	よび方	単位	基本式	グラフ	比例定数
	m	質量	kg	$F = m\ddot{x}$		m：質量
	c	ダンパ	N・s/m N/(m/s)	$F = c\dot{x}$		c：粘性減衰係数
	k	ばね	N/m	$F = kx$		k：ばね定数

表 1.3　回転運動系のモデル化の主要素

基本モデル	要素			トルクとの関係		
	記号	よび方	単位	記号	よび方	比例定数
	I	慣性モーメント	kg・m^2	$T = I\ddot{\theta}$		I：慣性モーメント
	c_t	ねじりダンパ	N・m・s/rad N・m/(rad/s)	$T = c_t\dot{\theta}$		c_t：ねじりや回転の粘性減衰係数
	k_t	ねじりばね	N・m/rad	$T = k_t\theta$		k_t：ねじりばね定数

▶▶▶ 1.5　慣性モーメント

1.5.1 **慣性モーメントの定義**

　慣性モーメント I とは，ある固定軸まわりの物体の「回りにくさ」を示す指標である。I が大きいと，止まっている物体は回りにくく，また回転している物体は止めにくい。図 1.5 に示す計算モデルにおいて，I は，z 軸を回転軸として次式にて求めることができる。

$$I = r_1{}^2 m_1 + r_2{}^2 m_2 + \cdots + r_n{}^2 m_n = \sum_{i=1}^{n} \left(r_i{}^2 m_i \right) \tag{1.1}$$

ここで，m_i は微小質量，r_i は各質量が回転するときの半径である。さらに，m_i を限りなく小さくし積分の形で表すと，次式のような一般式となる。

$$I = \int r^2 dm \tag{1.2}$$

　表 1.4 に，基本形状物体（剛体）の重心をとおるそれぞれの軸まわりの慣性モーメントを示す。

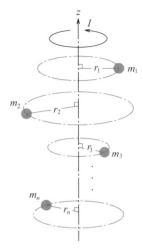

図 1.5　慣性モーメントの計算モデル

1.5.2 **平行軸の定理**

　図 1.6 に示すような，質量 m の物体（剛体）の任意の軸（図中では z 軸）まわりの慣性モーメント I と，この軸に対して平行に e だけ離れた物体の重心 G をとおる軸まわりの慣性モーメント I_G との間には，次式で示す関係がある。

$$I = I_G + e^2 m \tag{1.3}$$

これを，平行軸の定理（parallel axis theorem）という。この定理は，重心をとおらない物体の回転軸まわりの慣性モーメントを求めるときに利用できる。

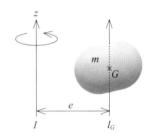

図 1.6　平行軸の定理

1.5.3 **回転半径**

　図 1.7 に示すように，任意の軸（ここでは z 軸とする）まわりの物体（剛体）の慣性モーメントが I で，物体の質量 m が一点に集中したと仮定すると（質量 m の質点と考えるということ），I と m には次式のような関係がある。

$$\begin{cases} I = \kappa^2 m \\ \kappa = \sqrt{\dfrac{I}{m}} \end{cases} \tag{1.4}$$

ここで，κ は回転軸から質点までの距離で，回転半径（radius of gyration）という。なお，κ はあくまで概念であって実際の回転半径ではないが，κ が長さの次元をもっているため，κ の大小により対象となる物体の大きさをイメージできる。

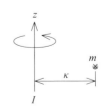

図 1.7　回転半径

表 1.4　基本形状物体（剛体）の慣性モーメント

No.	形状名	寸法	慣性モーメント
1	直方体		$I_x = \dfrac{1}{12}m\left(b^2 + c^2\right)$ $I_y = \dfrac{1}{12}m\left(c^2 + a^2\right)$ $I_z = \dfrac{1}{12}m\left(a^2 + b^2\right)$
2	円柱		$I_x = I_y = \dfrac{1}{12}m\left(3R^2 + L^2\right)$ $I_z = \dfrac{1}{2}mR^2$
3	球		$I_x = I_y = I_z = \dfrac{2}{5}mR^2$
4	だ円体		$I_x = \dfrac{1}{5}m\left(b^2 + c^2\right)$ $I_y = \dfrac{1}{5}m\left(c^2 + a^2\right)$ $I_z = \dfrac{1}{5}m\left(a^2 + b^2\right)$
5	円すい		$I_x = I_y = \dfrac{3}{80}m\left(4R^2 + L^2\right)$ $I_z = \dfrac{3}{10}mR^2$
6	半球		$I_x = I_y = \dfrac{83}{320}mR^2$ $I_z = \dfrac{2}{5}mR^2$

注）I の添え字は回転軸名を示す。

1.5.4　いろいろな物体の慣性モーメントの求め方

　物体（剛体）が表 1.4 に示すような基本形状の場合には，同表中に示す公式を使用すると重心軸まわりの慣性モーメントを容易に求めることができる。回転軸が重心を通らない物体の慣性モーメントを求めるには，式(1.3)の平行軸の定理を使用すればよい。

　複雑な形状を有する物体の慣性モーメントは，式(1.1)と式(1.3)をもとに工夫して求める。表 1.4 も必要に応じて使用することができる。式(1.1)より基本的に複雑な形状を有する物体の慣性モーメントは，それを複数の物体に分けて，分割された各物体の慣性モーメントを足し合わすこと（和）により得られる。また，場合によっては引くこと（差）により得られる。図 1.8 に剛体の慣性モーメントの和と差の考え方を示す。

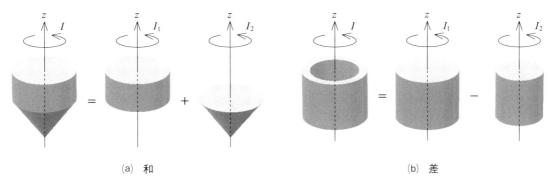

(a)　和　　　　　　　　　　　　　　　　　(b)　差

図 1.8　慣性モーメントの和と差の考え方

▶▶▶ 1.6　運動方程式

1.6.1　概要

　対象とする物体の運動と振動を解析する場合，対象物を目的にあうようにモデル化（n 自由度）することを 1.3 節で述べた。力学モデル（解析モデル）が得られたら次に行うべきことは，その力学モデルの運動と振動を運動方程式（equation of motion）で記述することである。運動方程式を求めることを，運動方程式を立てるともいう。なお，運動方程式は自由度の数（n）だけ立てる必要がある。

　運動方程式の立て方として，本書では，ニュートンとオイラーの方程式を用いる方法と，ラグランジュの方程式を用いる方法の 2 つを示す。

1.6.2　ニュートンとオイラーの運動方程式を用いる方法

　これは，剛体に作用する力やトルクから運動方程式を直接求める方法である。

　並進運動の運動方程式を求める際は，次式に示すニュートンの運動方程式（Newton's equation of motion）を用いる。質点の運動方程式を求める際にも，この式を用いる。ニュートンの運動方程式は，ニュートンの運動の第 2 法則（Newton's second law of motion）を方程式の形で表したものである。

$$並進運動用：m\ddot{x} = \sum_{i=1}^{n} F_i \tag{1.5}$$

ここで，m は質量(kg)，$\ddot{x}$ は加速度(m/s²)である。右辺は質量 m の物体に作用する全ての力 F(N)の和という意味である。全ての力とは，全ての内力（internal force）と外力のことである。ここで，内力と外力とは，次のような力である。

内力：運動と振動系の物体の動きによって系の内部に生じ，物体に作用する力

外力：運動と振動系の外部から物体に作用する力

　回転運動の運動方程式を求める際は，次式に示すオイラーの運動方程式（Euler's equation of motion）を用いる。

回転運動用：$I\ddot{\theta} = \displaystyle\sum_{i=1}^{n} T_i$ (1.6)

ここで，I は慣性モーメント(kg·m²)，$\ddot{\theta}$ は角加速度(rad/s²)である。右辺は慣性モーメント I の物体に作用する全てのトルク T(N·m)の和という意味であり，扱いは上述した並進運動時の全ての力の場合と同様である。

　ニュートンとオイラーの方程式を用いた運動方程式の立て方については，第6章で詳しく述べる。

　式(1.6)に示すオイラーの方程式は，運動を主軸まわりの回転に制限した場合（1自由度問題として取り扱うことができる）に適用できるものであり，非主軸まわりの回転を扱う場合には，より複雑な（本来の）オイラーの方程式（3自由度問題）を用いる必要がある。本書では，運動を主軸まわりの回転に制限した場合を対象に，その運動方程式の求め方を示す。非主軸まわりの回転を含む運動についての運動方程式を求めたい場合には，他書を参考にしていただきたい。図1.9に，こまの運動を参考に主軸回転と非主軸回転の運動の違いのイメージを示す。空間に固定した XYZ 座標系（coordinate system）と，こまの心棒にこまの z 軸を固定した xyz 座標系を示す。図(a)は，こまが Z 軸（主軸）まわりに自転（rotation）している様子を示している。図(b)は，こまが z 軸まわりに自転しながら，歳差運動（precession motion，自転している物体の回転軸が鉛直線のまわりを円を描くように回転する現象）と章動（nutation，自転軸の円運動（歳差運動）の回転半径が変化する現象）している様子を示している。

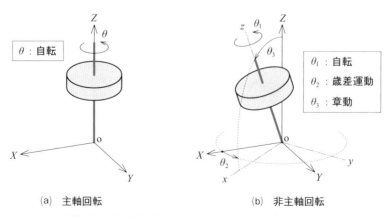

(a) 主軸回転　　　　　　　　(b) 非主軸回転

図1.9　主軸回転と非主軸回転の運動の違いのイメージ（こまの運動から）

1.6.3　ラグランジュの運動方程式を用いる方法

これは，力学モデル全体のエネルギから運動方程式を機械的に求める方法である。多自由度（multiple degrees of freedom）問題や複雑な力学系の運動方程式を求めるときに用いられる。使いやすく整理したラグランジュの運動方程式（Lagrange's equation of motion）を次に示す。

$$\frac{d}{dt}\left(\frac{\partial T}{\partial \dot{q}_i}\right) - \frac{\partial T}{\partial q_i} + \frac{\partial V}{\partial q_i} + \frac{\partial U}{\partial q_i} + \frac{\partial D}{\partial \dot{q}_i} = Q_i \quad (i = 1, 2, \cdots, n) \tag{1.7}$$

ここで，q_i は一般化座標（generalized coordinate），$\dot{q}_i$ は一般化座標の時間微分（time derivative）である。T は運動エネルギ（kinetic energy），V は重力（gravity）による位置エネルギ（potential energy），U は弾性力（elastic force）による位置エネルギ，D は粘性減衰による消散エネルギ（dissipation energy）である。Q_i は一般化力（generalized force）である。一般化座標が変位ならば，一般化力の項には「力」が入る。一般化座標が角変位ならば，一般化力の項には「トルク（力のモーメント）」が入る。摩擦（friction）などによる損失力（loss power）がある場合には，一般化力の中にこれを含めて考えるとよい。一般化座標と一般化力の詳細については，7.1 節を参照せよ。

ラグランジュの方程式を用いた運動方程式の立て方については，第 7 章で詳しく述べる。

▶▶▶ 1.7　ばね定数の求め方

1.7.1　等価ばね定数

振動系のモデル化において，ばね定数 k（または，ねじりばね定数 k_t）は，表 1.2 中に示す力と変位の関係 $F = kx$（または，表 1.3 中に示すトルクと角変位の関係 $T = k_t\theta$）より次式にて求める。

$$k = \frac{F}{x} \quad \left(k_t = \frac{T}{\theta}\right) \tag{1.8}$$

力と変位の関係（または，トルクと角変位の関係）については，実測して求めることができるが，弾性体のモデル化においては材料力学の公式を用いて計算することもできる。

材料力学の公式を用いる場合の一例として，図 1.10 に示す片持ちはりを曲げのばねとして考えた際のばね定数 k（等価ばね定数）を求める。図中，E は材料のヤング率，I_0 は断面 2 次モーメント，l は片持ちはりの長さである。この場合の，はりの先端のたわみ δ は次式で求まる。

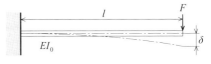

図 1.10　片持ちはり

$$\delta = \frac{Fl^3}{3EI_0} \tag{1.9}$$

この式から，このモデルのばね定数 k は次式のように求まる。

$$k = \frac{F}{x} = \frac{F}{\delta} = \frac{3EI_0}{l^3} \tag{1.10}$$

1.7.2 合成ばね定数

図 1.11 に示す接続された 2 つのばねを 1 つの等価なばね（これを合成ばねという）に置き換えた場合を考える。図(a)に直列接続ばね（springs in series），図(b)に並列接続ばね（springs in parallel）を示す。

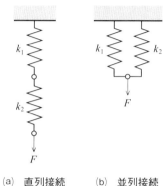

(a) 直列接続　　(b) 並列接続

図 1.11　合成ばね

直列接続ばねを力 F で引張ると，全体の変形量 δ は，ばね定数 k_1 のばねの変形量 δ_1 とばね定数 k_2 のばねの変形量 δ_2 の和となる。また，合成ばねに加わる力 F と，ばね定数 k_1 のばねとばね定数 k_2 のばねに作用するそれぞれの力は同じである。合成ばねのばね定数を k_s として，これらのことを整理すると次式となる。

$$\delta = \delta_1 + \delta_2 \tag{1.11}$$

$$\begin{cases} F = k_s \delta \\ F = k_1 \delta_1 \\ F = k_2 \delta_2 \end{cases} \tag{1.12}$$

式(1.11)と式(1.12)より，次式のように直列接続した場合の合成ばね定数 k_s が求まる。

$$\frac{1}{k_s} = \frac{1}{k_1} + \frac{1}{k_2} \tag{1.13}$$

並列接続ばねの場合（このとき，ばねの間隔は非常に小さいものとする），全体を引張る力 F は，ばね定数 k_1 のばねに作用する力 F_1 とばね定数 k_2 のばねに作用する力 F_2 の和となる。また，合成ばねの変形量 δ と，ばね定数 k_1 のばねの変形量とばね定数 k_2 のばねの変形量は同じである。合成ばねのばね定数を k_p として，これらのことを整理すると次式となる。

$$F = F_1 + F_2 \tag{1.14}$$

$$\begin{cases} F = k_p \delta \\ F_1 = k_1 \delta \\ F_2 = k_2 \delta \end{cases} \tag{1.15}$$

式(1.14)と式(1.15)より，次式のように並列接続した場合の合成ばね定数 k_p が求まる。

$$k_p = k_1 + k_2 \tag{1.16}$$

▶▶▶ 1.8　運動方程式の行列（マトリックス）表示

本書では，運動と振動問題に関する運動方程
式を数値計算（numerical calculation）によって
解き，その挙動をシミュレーション
（simulation）する。数値計算を行う際には，運
動方程式を行列（マトリックス）（matrix）表
示して用いる。本書では，マトリックス表示と
いう表現を主として使う。このマトリックス表
示について，図 1.12 に示す 3 自由度の直線振
動系（rectilinear vibration system）を例として具
体的に述べる。

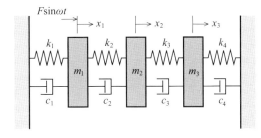

図 1.12　3 自由度の直線振動系の例

図 1.12 に示す振動系の運動方程式は，次式で示される。この運動方程式の立て方については，6.3.4
項の(1)を参照せよ。

$$\begin{cases} m_1\ddot{x}_1 = -(c_1+c_2)\dot{x}_1 + c_2\dot{x}_2 - (k_1+k_2)x_1 + k_2x_2 + F\sin\omega t \\ m_2\ddot{x}_2 = c_2\dot{x}_1 - (c_2+c_3)\dot{x}_2 + c_3\dot{x}_3 + k_2x_1 - (k_2+k_3)x_2 + k_3x_3 \\ m_3\ddot{x}_3 = c_3\dot{x}_2 - (c_3+c_4)\dot{x}_3 + k_3x_2 - (k_3+k_4)x_3 \end{cases} \tag{1.17}$$

式(1.17)をマトリックス表示すると，次式となる。

$$\begin{bmatrix} m_1 & 0 & 0 \\ 0 & m_2 & 0 \\ 0 & 0 & m_3 \end{bmatrix}\begin{Bmatrix} \ddot{x}_1 \\ \ddot{x}_2 \\ \ddot{x}_3 \end{Bmatrix} = \begin{Bmatrix} -(c_1+c_2)\dot{x}_1 + c_2\dot{x}_2 - (k_1+k_2)x_1 + k_2x_2 + F\sin\omega t \\ c_2\dot{x}_1 - (c_2+c_3)\dot{x}_2 + c_3\dot{x}_3 + k_2x_1 - (k_2+k_3)x_2 + k_3x_3 \\ c_3\dot{x}_2 - (c_3+c_4)\dot{x}_3 + k_3x_2 - (k_3+k_4)x_3 \end{Bmatrix} \tag{1.18}$$

第 3 章と第 4 章にて紹介する DSS においては，式(1.18)の形を利用するが，一般的には，加速度の項，
速度の項，変位の項，外力の項を分けて，次式のように整理する。

$$\begin{bmatrix} m_1 & 0 & 0 \\ 0 & m_2 & 0 \\ 0 & 0 & m_3 \end{bmatrix}\begin{Bmatrix} \ddot{x}_1 \\ \ddot{x}_2 \\ \ddot{x}_3 \end{Bmatrix} + \begin{bmatrix} c_1+c_2 & -c_2 & 0 \\ -c_2 & c_2+c_3 & -c_3 \\ 0 & -c_3 & c_3+c_4 \end{bmatrix}\begin{Bmatrix} \dot{x}_1 \\ \dot{x}_2 \\ \dot{x}_3 \end{Bmatrix} + \begin{bmatrix} k_1+k_2 & -k_2 & 0 \\ -k_2 & k_2+k_3 & -k_3 \\ 0 & -k_3 & k_3+k_4 \end{bmatrix}\begin{Bmatrix} x_1 \\ x_2 \\ x_3 \end{Bmatrix} = \begin{Bmatrix} F\sin\omega t \\ 0 \\ 0 \end{Bmatrix}$$

$$\tag{1.19}$$

なお，式(1.19)は簡単に次のように表現されることもある。

$$[M]\{\ddot{x}\} + [C]\{\dot{x}\} + [K]\{x\} = \{f\} \tag{1.20}$$

ただし，

$$\begin{cases} [M] = \begin{bmatrix} m_1 & 0 & 0 \\ 0 & m_2 & 0 \\ 0 & 0 & m_3 \end{bmatrix} \\ [C] = \begin{bmatrix} c_1+c_2 & -c_2 & 0 \\ -c_2 & c_2+c_3 & -c_3 \\ 0 & -c_3 & c_3+c_4 \end{bmatrix} \end{cases}$$

$$
\left|
\begin{aligned}
[K] &= \begin{bmatrix} k_1 + k_2 & -k_2 & 0 \\ -k_2 & k_2 + k_3 & -k_3 \\ 0 & -k_3 & k_3 + k_4 \end{bmatrix} \\
\{f\} &= \begin{Bmatrix} F \sin \omega t \\ 0 \\ 0 \end{Bmatrix}
\end{aligned}
\right.
$$

$$(1.21)$$

式(1.18)から式(1.21)において，質量に関するマトリックス$[M]$，減衰に関するマトリックス$[C]$，ばねに関するマトリックス$[K]$は，それぞれ，質量マトリックス（mass matrix），減衰マトリックス（damping matrix），剛性マトリックス（stiffness matrix）とよばれる。同じく，加速度に関する列ベクトル（column vector）$\{\ddot{x}\}$，速度に関する列ベクトル$\{\dot{x}\}$，変位に関する列ベクトル$\{x\}$，外力に関する列ベクトル$\{f\}$は，それぞれ，加速度ベクトル（acceleration vector），速度ベクトル（velocity vector），変位ベクトル（displacement vector），外力ベクトル（force vector）とよばれる。列ベクトルは一列しかないマトリックスのことである。なお，式(1.18)の右辺は，加速度による力以外の物体に作用する全ての力を表している。

　マトリックスや列ベクトルの各要素a_{ij}（i：行，j：列）を，マトリックス要素（matrix elements）という。DSSでは，式(1.18)を，次のようなマトリックスで表現する。

$$
\begin{bmatrix} a_{11} & a_{12} & a_{13} \\ a_{21} & a_{22} & a_{23} \\ a_{31} & a_{32} & a_{33} \end{bmatrix} \begin{Bmatrix} \ddot{x}_1 \\ \ddot{x}_2 \\ \ddot{x}_3 \end{Bmatrix} = \begin{Bmatrix} a_{14} \\ a_{24} \\ a_{34} \end{Bmatrix}
$$

$$(1.22)$$

式(1.22)における各要素は，次式のとおりである。

$$
\left\{
\begin{aligned}
a_{11} &= m_1 \\
a_{12} &= 0 \\
a_{13} &= 0 \\
a_{14} &= -(c_1 + c_2)\dot{x}_1 + c_2 \dot{x}_2 - (k_1 + k_2)x_1 + k_2 x_2 + F \sin \omega t \\
a_{21} &= 0 \\
a_{22} &= m_2 \\
a_{23} &= 0 \\
a_{24} &= c_2 \dot{x}_1 - (c_2 + c_3)\dot{x}_2 + c_3 \dot{x}_3 + k_2 x_1 - (k_2 + k_3)x_2 + k_3 x_3 \\
a_{31} &= 0 \\
a_{32} &= 0 \\
a_{33} &= m_3 \\
a_{34} &= c_3 \dot{x}_2 - (c_3 + c_4)\dot{x}_3 + k_3 x_2 - (k_3 + k_4)x_3
\end{aligned}
\right.
$$

$$(1.23)$$

なお，マトリックスや行列式（determinant），マトリックスの演算方法などについては，必要に応じて他書を参考にして学習していただきたい。

演習問題

1.1　　図 1.13 に慣性モーメント体感教材の外観を，図 1.14 にその形状と寸法を示す。鋼球を半径 $r=$ 50mm，100mm，150mm の円周上に配置したときの回転円板の中心軸まわりの慣性モーメントをそれぞれ求めよ。なお，鋼球 1 個の質量は $m=0.1745$kg，アクリル円板の慣性モーメントは $I_a=$ 0.0125kg·m² とする。また，中央の回転棒の質量や軸受の摩擦による影響は無視するものとする。

(a)　鋼球を $r=50$mm の位置に置いた場合

(b)　鋼球を $r=150$mm の位置に置いた場合

図 1.13　慣性モーメント体感教材の外観

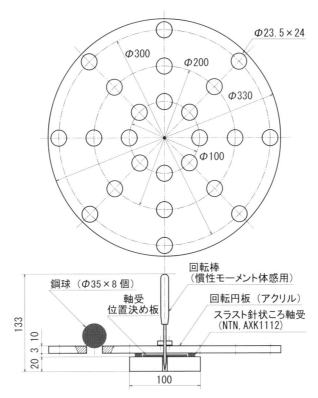

図 1.14　慣性モーメント体感教材の形状と寸法

1.2 合成ばねに関して，次の問いに答えよ。

(1) 図 1.11 において，$k_1 = 200\mathrm{N/m}$，$k_2 = 300\mathrm{N/m}$ とするとき，直列接続の場合と並列接続の場合の合成ばね定数 k_s と k_p をそれぞれ求めよ。

(2) 図 1.15 において，$k_1 = 500\mathrm{N/m}$，$k_2 = 600\mathrm{N/m}$，$k_3 = 800\mathrm{N/m}$ とする。このばね系を力 F で引張るときの合成ばね定数 k を求めよ。

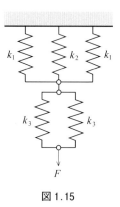

図 1.15

1.3 次に示す運動方程式 (1) から (3) を，$[M]\{\ddot{x}\} + [C]\{\dot{x}\} + [K]\{x\} = \{f\}$ のマトリックスの形で示せ。

(1)
$$\begin{cases} m_1\ddot{x}_1 = -(c_1 + c_2)\dot{x}_1 + c_2\dot{x}_2 - (k_1 + k_2)x_1 + k_2 x_2 \\ m_2\ddot{x}_2 = c_2\dot{x}_1 - (c_2 + c_3)\dot{x}_2 + k_2 x_1 - (k_2 + k_3)x_2 \end{cases}$$

(2)
$$\begin{cases} m_1 l_1^2\ddot{\theta}_1 = -c_t\dot{\theta}_1 - (kh^2 + m_1 g l_1)\theta_1 + kh^2\theta_2 \\ m_2 l_2^2\ddot{\theta}_2 = -c_t\dot{\theta}_2 - (kh^2 + m_2 g l_2)\theta_2 + kh^2\theta_1 \end{cases}$$

(3)
$$\begin{cases} I_1\ddot{\theta}_1 = -c_{t1}\dot{\theta}_1 + c_{t1}\dot{\theta}_2 - k_{t1}\theta_1 + k_{t1}\theta_2 + T \\ I_2\ddot{\theta}_2 = c_{t1}\dot{\theta}_1 - (c_{t1} + c_{t2})\dot{\theta}_2 + c_{t2}\dot{\theta}_3 + k_{t1}\theta_1 - (k_{t1} + k_{t2})\theta_2 + k_{t2}\theta_3 \\ I_3\ddot{\theta}_3 = c_{t2}\dot{\theta}_2 - (c_{t2} + c_{t3})\dot{\theta}_3 + k_{t2}\theta_2 - k_{t2}\theta_3 \end{cases}$$

1.4 次に示す運動方程式 (1)，(2) を，$\begin{bmatrix} a_{11} & a_{12} \\ a_{21} & a_{22} \end{bmatrix}\begin{Bmatrix} \ddot{x} \\ \ddot{\theta} \end{Bmatrix} = \begin{Bmatrix} a_{13} \\ a_{23} \end{Bmatrix}$ のようなマトリックスで表すとき，マトリックス要素 a_{ij} $(i=1, 2,\ j=1, 2, 3)$ を示せ。

(1)
$$\begin{cases} (m_1 + m_2)\ddot{x} + m_2 l\ddot{\theta}\cos\theta - m_2 l\dot{\theta}^2\sin\theta + kx + c\dot{x} = F_1 + F_2 \\ m_2 l\ddot{x}\cos\theta + m_2 l^2\ddot{\theta} + m_2 g l\sin\theta = F_2 l\cos\theta \end{cases}$$

(2)
$$\begin{cases} (m_1 + m_2)\ddot{x} + m_2(R_1 - R_2)\ddot{\theta}\cos\theta - m_2(R_1 - R_2)\dot{\theta}^2\sin\theta + kx + c\dot{x} = F\sin\omega t \\ \dfrac{3}{2}(R_1 - R_2)\ddot{\theta} + \ddot{x}\cos\theta + g\sin\theta = 0 \end{cases}$$

第2章
振動問題学習のポイント

本章では，振動問題を学習する上でのポイントについて述べる。①振動の分類，②自由振動と固有円振動数，③強制振動と共振，④固有円振動数と振動モード，⑤運動方程式とシミュレーションの順に，1自由度振動系を中心に説明する。なお，1自由度系の振動には振動現象に共通する基本的な特性がほとんど含まれており，振動問題の基礎・基本となるものである。

▶▶▶ 2.1 振動の分類

振動は発生方法により，自由振動（free vibration），強制振動（forced vibration），自励振動（self-exited vibration），係数励振振動（parametric excitation）に大別できる。表2.1に，各振動の説明と具体例を示す。

表2.1 4つの振動の説明と具体例

よび方	説明	具体例
自由振動	振動系に周期的な外力が作用しないときの振動で，振動系に初期変位（または初期角変位），初期速度（または初期角速度）などが与えられた後に生じる振動。その挙動から，振動系の特性を知ることができる。	• ばね・質量系でばねを引っ張って離した後の振動 • 振り子をある角度から離した後の揺れ • ものさしを曲げて離した後の振動 • お寺の鐘の音
強制振動	振動系の特性とは独立な，周期的な外力または周期的な強制変位が系に作用して生じる振動。	• 凸凹道を走る自動車の振動 • 地震時の建物の振動 • 機械系の振動 　・エンジンの振動 　・軸系の振動
自励振動	振動的でない外部エネルギが，振動系自らの運動によって取り入れられて生じる振動。	• 摩擦振動（スティックスリップ現象を含む） 　・ブレーキの鳴き 　・切削加工時のびびり振動 　・チョークで黒板に字を書くときに発生する異音 　・ワイパーに現れる異音 　・バイオリンの弦の振動（音） 　・きつつきのおもちゃ • フラッター現象 　・飛行機の翼の振動 　・風でばたばたする旗の動き 　・アメリカ合衆国にあった初代タコマナローズ橋の落下
係数励振振動	振動系の要素の係数（質量，ばね定数，長さなど）が周期的に変化することにより生じる振動。	• ぶらんこを自分でこぐとき（ぶらんこの長さが変化） • 電車線とパンタグラフのなす振動（ばね定数が変化） • 水中浮遊式トンネル（ばね定数が変化）

▶▶▶ 2.2 自由振動と固有円振動数

2.2.1 1自由度直線振動系

図2.1に，一例として1自由度直線振動系の解析モデル
を示す。

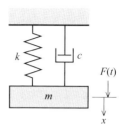

図2.1 1自由度直線振動系の解析モデル

　この振動系の運動方程式は，次式で示される。この運動方程式の立て方については，6.3.2項の(2)を
参照せよ。

$$m\ddot{x} = -c\dot{x} - kx + F(t) \tag{2.1}$$

この式を，外力項はそのまま右辺に残し，それ以外の項を左辺に移項して整理すると，次式となる。

$$m\ddot{x} + c\dot{x} + kx = F(t) \tag{2.2}$$

ここで，式(2.2)において外力項を $F(t)=0$ として，この振動系の自由振動を考える。まず，両辺を m
で除して，さらに，$\omega_n = \sqrt{\dfrac{k}{m}}$，$c_c = 2\sqrt{mk}$，$\zeta = \dfrac{c}{c_c}$ として整理すると，次式が得られる。ω_n, c_c, ζ につ
いては後述する。

$$\ddot{x} + 2\zeta\omega_n\dot{x} + \omega_n{}^2 x = 0 \tag{2.3}$$

なお，式(2.3)における左辺の $2\zeta\omega_n$ は，次式のような式変形によるものである。

$$\frac{c}{m} = 2\frac{c}{2\sqrt{mk}}\sqrt{\frac{k}{m}} = 2\frac{c}{c_c}\sqrt{\frac{k}{m}} = 2\zeta\omega_n \tag{2.4}$$

式(2.3)は定数係数を持つ2階の線形同次の常微分方程式（ordinary differential equation）であることから，
解を次式のように仮定する。

$$x = Xe^{\lambda t} \tag{2.5}$$

ここで，X と λ は任意定数である。式(2.5)の時間微分は次式で与えられる。

$$\begin{cases} \dot{x} = \lambda X e^{\lambda t} \\ \ddot{x} = \lambda^2 X e^{\lambda t} \end{cases} \tag{2.6}$$

式(2.5)と式(2.6)を式(2.3)に代入すると，次式が得られる。

$$\left(\lambda^2 + 2\zeta\omega_n\lambda + \omega_n{}^2\right)Xe^{\lambda t} = 0 \tag{2.7}$$

式(2.7)において $X=0$ は振動現象の解としては適切ではないので，$X \neq 0$ である必要があることから，
$Xe^{\lambda t}$ はいかなる t の値に対しても0とならない。よって，式(2.7)を満足する解は次式となる。

$$\lambda^2 + 2\zeta\omega_n\lambda + \omega_n{}^2 = 0 \tag{2.8}$$

この式は未知定数 λ を決定する方程式であり，特性方程式（characteristic equation）とよばれる。特性
方程式の根（特性根）は次式のように2つある。

$$\left.\begin{array}{c}\lambda_1 \\ \lambda_2\end{array}\right\} = \left(-\zeta \pm \sqrt{\zeta^2 - 1}\right)\omega_n \tag{2.9}$$

式(2.9)の根号の中が負（$\zeta=0$，$0<\zeta<1$）になるか，0（$\zeta=1$）になるか，正（$\zeta>1$）になるかによって運動の性質が変わる。

2.2.2　非減衰自由振動

非減衰自由振動（undamped free vibration）とは，式(2.3)において $\zeta=0$（$c=0$）で表される運動のことであり，次式のようになる。

$$\ddot{x} + \omega_n^2 x = 0 \tag{2.10}$$

この場合の特性根は，式(2.9)より虚数根（共役複素数）λ_1，$\lambda_2 = \pm\omega_n i$ となる。よって，式(2.10)の微分方程式の一般解（general solution）は，次式のように表すことができる。ここで $i = \sqrt{-1}$（虚数単位）である。

$$x = A\cos\omega_n t + B\sin\omega_n t \tag{2.11}$$

式(2.11)中の定数 A，B は2つの初期条件（initial condition）が与えられると決まる。例えば，時刻 $t=0$ において，初期変位が $x=x_0$，初期速度が $\dot{x}=v_0$ の場合，定数 A，B は次のようになる。

$$\begin{cases} A = x_0 \\ B = \dfrac{v_0}{\omega_n} \end{cases} \tag{2.12}$$

このように，自由振動の解は初期条件だけで決まり，式(2.12)を式(2.11)に代入すると一般解は次のように求まる。

$$x = x_0\cos\omega_n t + \frac{v_0}{\omega_n}\sin\omega_n t = X\cos(\omega_n t - \varphi) \tag{2.13}$$

ここで，X は非減衰自由振動の振幅（amplitude），φ は初期位相角（initial phase angle）であり，それぞれ次式で得られる。

$$\begin{cases} X = \sqrt{A^2 + B^2} = \sqrt{x_0^2 + \left(\dfrac{v_0}{\omega_n}\right)^2} \\ \varphi = \tan^{-1}\dfrac{B}{A} = \tan^{-1}\dfrac{v_0}{x_0\omega_n} \end{cases} \tag{2.14}$$

なお，初期位相角のことを位相角（phase angle）とよぶこともある。式(2.13)で示されるような，ある定まった時間ごとに同じ状態がくり返される振動を調和振動（harmonic vibration）または単振動（simple harmonic motion）とよぶ。

図2.2に，式(2.13)と式(2.14)をもとに得られた1自由度系の非減衰自由振動（単振動）の変位の時刻履歴波形の一例を示す。この結果は $m=1$kg，$k=100$N/m，$x_0=0.01$m，$v_0=0.2$m/s として計算したものである。初期条件が，自由振動の振幅と初期位相に影響を及ぼすことがわかる。

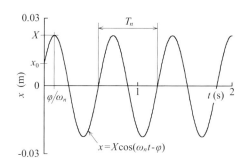

図 2.2　1 自由度系の非減衰自由振動波形の一例

ここで，ω_n について説明する。ω_n は振動系の特性を表すもっとも重要な物理量であり，固有円振動数（natural circular frequency）とよばれる。n 自由度の振動系においては，固有円振動数は n 個存在する。すなわち，固有円振動数の低いものから，ω_{n1}：1 次固有円振動数，ω_{n2}：2 次固有円振動数，ω_{n3}：3 次固有円振動数，$\cdots$，ω_{nn}：n 次固有円振動数となる。固有円振動数 ω_n と併せて，固有振動数（natural frequency）f_n，固有周期（natural period）T_n も使用される。ω_n, f_n, T_n の関係は，次式のとおりである。単位は，それぞれ rad/s，Hz，s である。

$$\begin{cases} f_n = \dfrac{\omega_n}{2\pi} \\ T_n = \dfrac{1}{f_n} \end{cases} \tag{2.15}$$

固有円振動数は，厳密には振動系の固有値問題（eigenvalue problem）を解いて求める必要がある。このことについては，第 8 章で具体的に述べる。図 2.1 に示す 1 自由度直線振動系の固有円振動数が $\omega_n = \sqrt{\dfrac{k}{m}}$ になることを，8.2.2 項の(1)で説明しているので参照せよ。

＜係数励振振動系の固有円振動数＞

係数励振振動においては，係数が変化することから厳密には固有円振動数は存在しない。しかし，一般的には係数の時間変化の平均値によって定義された値を固有円振動数と考えればよい。

2.2.3　減衰自由振動

本項では，振動系に減衰が含まれる減衰自由振動（damped free vibration）について述べる。

＜粘性による減衰振動＞

最初に，粘性による減衰振動について述べる。まず，c_c と ζ は振動系の減衰の特性を表すものであり，それぞれ c_c を臨界減衰係数（critical damping coefficient），ζ を減衰比（damping ratio）とよぶ。ζ の値によって自由振動開始後の振動系の運動は大きく異なる。

$\zeta = 0$（$c = 0$）の場合は，前項で述べた非減衰自由振動となる。

(1)　$0 < \zeta < 1$（$0 < c < c_c$）の場合

この場合，振動は時間の経過とともに減衰する。これを減衰振動（damped vibration）といい，一般的

な自由振動である。減衰振動時の振動系の固有円振動数 ω_d は，$\omega_d = \sqrt{1-\zeta^2}\,\omega_n$ となり，これにより固有振動数 f_d と固有周期 T_d が求まる。それぞれ，ω_d を減衰固有円振動数（damped natural circular frequency），f_d を減衰固有振動数（damped natural frequency），T_d を減衰固有周期（damped natural period）とよぶ。ω_d は非減衰自由振動系における固有円振動数 ω_n に比べると少し小さくなるが，実際の振動系では一般的に ζ の値は小さいので，$\omega_d \fallingdotseq \omega_n$ と考えてもよい。

この場合の特性根は，式(2.9)より虚数根（共役複素数）λ_1，$\lambda_2 = (-\zeta \pm i\sqrt{1-\zeta^2})\,\omega_n = -\zeta\omega_n \pm \omega_d i$ になる。よって，式(2.3)の微分方程式の一般解は，次式のように表すことができる。

$$x = e^{-\zeta\omega_n t}(A\cos\omega_d t + B\sin\omega_d t) \tag{2.16}$$

ここで，式(2.16)中の定数 A，B は 2 つの初期条件が与えられると決まる。例えば，時刻 $t=0$ において，初期変位が $x=x_0$，初期速度が $\dot{x}=v_0$ の場合，定数 A，B は次のようになる。

$$\begin{cases} A = x_0 \\ B = \dfrac{\zeta\omega_n x_0 + v_0}{\omega_d} \end{cases} \tag{2.17}$$

式(2.17)を式(2.16)に代入すると，一般解は次式となる。

$$x = e^{-\zeta\omega_n t}\left(x_0 \cos\omega_d t + \frac{\zeta\omega_n x_0 + v_0}{\omega_d}\sin\omega_d t\right) = Xe^{-\zeta\omega_n t}\cos(\omega_d t - \varphi) \tag{2.18}$$

ここで，X は減衰自由振動の振幅，φ は位相角であり，それぞれ次式で求まる。

$$\begin{cases} X = \sqrt{A^2 + B^2} = \sqrt{x_0{}^2 + \left(\dfrac{\zeta\omega_n x_0 + v_0}{\omega_d}\right)^2} \\ \varphi = \tan^{-1}\dfrac{B}{A} = \tan^{-1}\dfrac{\zeta\omega_n x_0 + v_0}{x_0 \omega_d} \end{cases} \tag{2.19}$$

式(2.18)からわかるように，粘性減衰の作用する振動系において，振動は指数関数的に減衰する。

(2)　$\zeta = 1$（$c = c_c$）の場合

この場合，振動系は振動することなく無周期運動（aperiodic motion）する。この状態を臨界減衰（critical damping）という。

この場合の特性根は，式(2.9)より $\lambda_1 = \lambda_2 = -\omega_n$ の重根となる。よって，式(2.3)の微分方程式の一般解は，次式のように表すことができる。

$$x = (A + Bt)e^{-\omega_n t} \tag{2.20}$$

ここで，式(2.20)中の定数 A，B は 2 つの初期条件が与えられると決まる。例えば，時刻 $t=0$ において，初期変位が $x=x_0$，初期速度が $\dot{x}=v_0$ の場合，定数 A，B は次のようになる。

$$\begin{cases} A = x_0 \\ B = \omega_n x_0 + v_0 \end{cases} \tag{2.21}$$

式(2.21)を式(2.20)に代入すると，一般解は次式となる。

$$x = \{x_0 + (\omega_n x_0 + v_0)t\}e^{-\omega_n t} \tag{2.22}$$

（3）　$\zeta > 1$（$c > c_c$）の場合

この場合，臨界減衰時より更に時間をかけて単調に減衰する。この状態を過減衰（over damping）という。

この場合の特性根は，式(2.9)より異なる2実根 λ_1, $\lambda_2 = (-\zeta \pm \sqrt{\zeta^2 - 1})\omega_n$ となる。よって，式(2.3)の微分方程式の一般解は，次式のように表すことができる。

$$x = Ae^{\left(-\zeta + \sqrt{\zeta^2-1}\right)\omega_n t} + Be^{\left(-\zeta - \sqrt{\zeta^2-1}\right)\omega_n t} \tag{2.23}$$

ここで，式(2.23)中の定数 A, B は2つの初期条件が与えられると決まる。例えば，時刻 $t = 0$ において，初期変位が $x = x_0$，初期速度が $\dot{x} = v_0$ の場合，定数 A, B は次のようになる。

$$\begin{cases} A = \dfrac{\left(\zeta + \sqrt{\zeta^2-1}\right)\omega_n x_0 + v_0}{2\omega_n\sqrt{\zeta^2-1}} \\[4mm] B = \dfrac{\left(-\zeta + \sqrt{\zeta^2-1}\right)\omega_n x_0 - v_0}{2\omega_n\sqrt{\zeta^2-1}} \end{cases} \tag{2.24}$$

式(2.24)を式(2.23)に代入すると，一般解は次式となる。

$$x = \frac{\left(\zeta + \sqrt{\zeta^2-1}\right)\omega_n x_0 + v_0}{2\omega_n\sqrt{\zeta^2-1}}e^{\left(-\zeta + \sqrt{\zeta^2-1}\right)\omega_n t} + \frac{\left(-\zeta + \sqrt{\zeta^2-1}\right)\omega_n x_0 - v_0}{2\omega_n\sqrt{\zeta^2-1}}e^{\left(-\zeta - \sqrt{\zeta^2-1}\right)\omega_n t} \tag{2.25}$$

図2.3に，式(2.18)と式(2.19)，式(2.22)，式(2.25)をもとに得られた1自由度系の減衰自由振動の変位の時刻履歴波形を示す。図(a)は $\zeta = 0.05$ の場合（減衰振動），図(b)は $\zeta = 1$ の場合（臨界減衰），図(c)は $\zeta = 2$ の場合（過減衰）における結果を示す。これらの結果はいずれも，図2.2に示す非減衰自由振動波形の場合と同様に $m = 1$kg，$k = 100$N/m，$x_0 = 0.01$m，$v_0 = 0.2$m/s として計算したものである。参考までに，$\omega_n = \sqrt{\dfrac{k}{m}} = 10$rad/s，$c_c = 2\sqrt{mk} = 20$N·s/m となる。なお，図(b)と図(c)には，初期速度 $v_0 = 0$m/s の場合と $v_0 = -0.2$m/s の場合も併せて示す。図2.3(d)には ζ の値の違いによる減衰の比較を示す。計算条件は $v_0 = 0$m/s とし，これ以外の定数等は，図(a)から図(c)の計算にて用いたそれらと同じである。なお，図(d)には，$\zeta = 0$ の場合（非減衰自由振動）も併せて示す。

図2.3(a)は粘性による減衰自由振動波形であり，振幅が指数関数的に減少していくことがわかる。振動周期は T_d で，わずかではあるが図2.2に示す固有周期 T_n よりも長くなる。

図2.3(b)は臨界減衰時の波形であり，振動せずに平衡位置（equilibrium position）に向かって減衰していくことがわかる。なお，初期速度の値によって，初期変位に対して変位が一度増大してから減衰する場合や，変位が平衡位置（$x = 0$）を超えて負の方向に振れてから減衰する場合もある。ただし，その場合でも減衰して停止するまでの時間は変わらない。

図2.3(c)は過減衰時の波形であり，臨界減衰と同様に振動することなく減衰する。ただし，この場合，いかなる初期速度であっても変位が平衡位置（$x = 0$）を超えることはない。過減衰の場合，v_0 が大きくなるほど減衰するまでの時間は長くなる。

図2.3(d)は初期変位のみを与えた場合の，その後の減衰の様子を比較したものである。この図から，

ζ の値によって減衰の様子が大きく異なり，減衰して停止するまでの時間は，$\zeta = 1$ すなわち臨界減衰時がもっとも短いことがわかる。

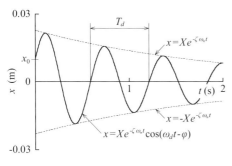

(a)　$\zeta = 0.05$ の場合（減衰振動）

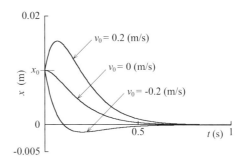

(b)　$\zeta = 1$ の場合（臨界減衰）

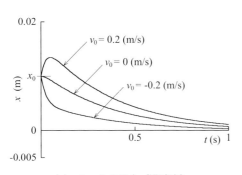

(c)　$\zeta = 2$ の場合（過減衰）

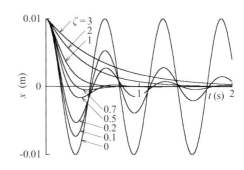

(d)　ζ の値の違いによる減衰の比較

図 2.3　1 自由度系の減衰自由振動波形の一例

＜摩擦による減衰振動＞

　振動の減衰は，粘性減衰によって生じる場合のほかに，摩擦によって生じる場合もある。ここでは，クーロン摩擦（Coulomb friction）による 1 自由度振動系の減衰振動について簡単に述べる。なお，摩擦振動系（friction vibration system）の運動方程式の立て方およびクーロン摩擦や摩擦係数（friction coefficient）μ については，6.3.2 項の(4)を参照せよ。

　図 2.4 に，クーロン摩擦を有する 1 自由度振動系の変位の時刻履歴波形の一例を示す。この結果は，本書で紹介する DSS にてシミュレーションしたものである。計算条件は，図 2.3 に示す粘性減衰の場合と同様に $m = 1\text{kg}$，$k = 100\text{N/m}$，$x_0 = 0.01\text{m}$，$v_0 = 0.2\text{m/s}$ とし，$\mu = 0.015$ とした。図 2.3(a)と図 2.4 を比較すると，図 2.3(a)に示す粘性による減衰は指数関数的であるのに対して，図 2.4 に示す摩擦による減衰は直線的であることがわかる。DSS の個人用プログラム（摩擦による減衰振動）の中に，本シミュレーションを登録してあるので参考にせよ。なお，実際の振動系では，粘性減衰とクーロン摩擦による減衰が同時に作用することが多い。

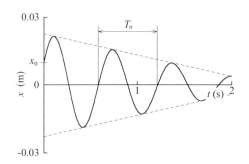

図 2.4　クーロン摩擦による減衰振動波形の一例
（1 自由度振動系の場合）

▶▶▶ 2.3　強制振動と共振

2.3.1　1 自由度直線振動系

　図 2.1 に示す 1 自由度直線振動系に，$F(t) = F\sin\omega t$ の加振力（外力）が作用するときの振動について考える。運動方程式は次式で示される。

$$m\ddot{x} + c\dot{x} + kx = F\sin\omega t \tag{2.26}$$

この運動方程式は，定数係数を有する 2 階の線形非同次の常微分方程式であり，この一般解は，基本解と特殊解の和として得られる。基本解（fundamental solution）とは式(2.26)の右辺が 0 の場合の解であり，前節で述べた自由振動の解のことである。特殊解（particular solution）とは加振力が作用する場合の解である。図 2.5 に，式(2.26)の一般解の一例である式(2.38)より得られた変位の時刻履歴波形を示す。同図より，振動開始直後には自由振動の部分と強制振動の部分が混在するが自由振動の部分は時間の経過とともに減衰し，その後は強制振動の部分だけが残る。最初の部分を過渡応答（transient response）または過渡振動（transient vibration），最終的な振動を定常応答（stationary response）または定常振動（stationary vibration）とよぶ。

　本節では最初に強制振動時の定常応答，すなわち特殊解について考える。その後，強制振動時の過渡応答，すなわち基本解と特殊解の和で与えられる一般解について考える。なお，実際の振動問題として，周期的な外力が作用するような振動問題（例えば，エンジンの振動など）を考える場合には定常応答が重要になり，非周期的な外力が作用するような振動問題（例えば，衝撃荷重による振動など）を考える場合には過渡応答が重要になる。

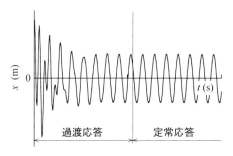

図 2.5　過渡応答と定常応答（強制振動の一般解の一例）

2.3.2　定常応答

特殊解を次式のように仮定する。

$$x = C\sin\omega t + D\cos\omega t \tag{2.27}$$

式 (2.27) 中の定数 C, D を求めるにあたり，式 (2.27) を時間 t で微分すると次式が得られる。

$$\begin{cases} \dot{x} = C\omega\cos\omega t - D\omega\sin\omega t \\ \ddot{x} = -C\omega^2\sin\omega t - D\omega^2\cos\omega t \end{cases} \tag{2.28}$$

式 (2.27) と式 (2.28) を式 (2.26) の左辺に代入して整理すると，次式が得られる。

$$\left\{(k-m\omega^2)C - c\omega D\right\}\sin\omega t + \left\{c\omega C + (k-m\omega^2)D\right\}\cos\omega t = F\sin\omega t \tag{2.29}$$

式 (2.29) の両辺にある $\cos\omega t$ と $\sin\omega t$ の係数を等置すると，次式が得られる。

$$\begin{cases} (k-m\omega^2)C - c\omega D = F \\ c\omega C + (k-m\omega^2)D = 0 \end{cases} \tag{2.30}$$

式 (2.30) の連立方程式を解くと，定数 C, D は次のように求まる。

$$\begin{cases} C = \dfrac{k-m\omega^2}{(k-m\omega^2)^2 + (c\omega)^2}F \\[4mm] D = \dfrac{-c\omega}{(k-m\omega^2)^2 + (c\omega)^2}F \end{cases} \tag{2.31}$$

式 (2.31) を式 (2.27) に代入すると，定常応答の特殊解は次のように求まる。

$$x = \frac{F}{(k-m\omega^2)^2 + (c\omega)^2}\left\{(k-m\omega^2)\sin\omega t - c\omega\cos\omega t\right\} = X\sin(\omega t - \varphi) \tag{2.32}$$

ここで，X は特殊解の振幅，φ は位相角であり，それぞれ次式で求まる。

$$\begin{cases} X = \sqrt{C^2 + D^2} = \dfrac{F}{\sqrt{(k-m\omega^2)^2 + (c\omega)^2}} \\[4mm] \varphi = \tan^{-1}\dfrac{-D}{C} = \tan^{-1}\dfrac{c\omega}{k-m\omega^2} \end{cases} \tag{2.33}$$

強制振動時の位相角 φ について説明する。加振力の時間変化に対して定常応答時の変位のそれには時間的なずれが生じる。このとき，加振力の最大値が生じる時間と変位の最大値が生じる時間のずれ，すなわち位相のずれを角度にて表したものを強制振動時の位相角とよぶ。式 (2.33) の振幅 X と位相角 φ を，一定外力 F による静たわみ X_{st}（$=F/k$），ω_n，ζ を用いて無次元化すると次式が得られる。

$$\begin{cases} \dfrac{X}{X_{st}} = \dfrac{1}{\sqrt{\left\{1-(\omega/\omega_n)^2\right\}^2 + (2\zeta\,\omega/\omega_n)^2}} \\[4mm] \varphi = \tan^{-1}\dfrac{2\zeta\,\omega/\omega_n}{1-(\omega/\omega_n)^2} \end{cases} \tag{2.34}$$

ここで，$\dfrac{X}{X_{st}}$ は振幅倍率（amplitude magnification factor）であり，この値が 1 より大きくなると強制振動の振幅が静たわみより大きくなることを意味する。式 (2.34) より強制振動時の振幅倍率と位相角が振動数比（frequency ratio）ω/ω_n と減衰比 ζ の関数になることがわかる。図 2.6(a) に振動数比 ω/ω_n と振幅

倍率 $\dfrac{X}{X_{st}}$ の関係，同図(b)に振動数比 ω/ω_n と位相角 φ の関係を示す。

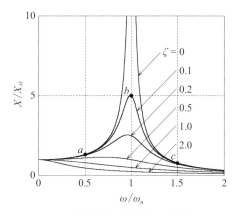

(a) 振動数比と振幅倍率の関係

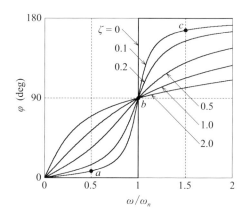

(b) 振動数比と位相角の関係

図2.6　1自由度振動系の定常応答時における振幅倍率と位相角

図2.6(a)をもとに，強制振動時の振幅倍率について説明する。

① 振動数比 $\omega/\omega_n=1$ の近傍で振幅倍率が急激に増大する。実際には減衰比 ζ が 0 になることはないが，この場合に振幅倍率は無限大になる。この状態を共振（resonance）という。共振が生じると構造物は破壊に至ることもあり，機械系においては絶対に避けなければならない。

② 振幅倍率は減衰比 ζ に依存している。

図2.6(b)をもとに，強制振動時の位相角について説明する。

① 位相角は，0°〜180°の間にある。

② 振動数比 ω/ω_n が十分に小さい場合には，位相角は 0°になり，加振力と変位の位相が同位相（同相，in phase）となる。

③ 振動数比 $\omega/\omega_n=1$ の共振時には，加振力に対して変位の位相が 90°遅れる。

④ 振動数比 ω/ω_n が十分に大きい場合には，加振力に対して変位の位相が 180°遅れるので逆位相（逆相，out of phase）となる。

⑤ 位相角は減衰比 ζ に依存している。

以上のことを，加振力および変位の時刻履歴波形でも確認する。図2.7に，図2.6(a)と(b)中の $\zeta=0.1$ のライン上に示した a，b，c の各点における加振力 F と変位 x の時刻履歴波形を示す。図(a)は $\omega/\omega_n=0.5$ の場合，図(b)は $\omega/\omega_n=1.0$ の場合，図(c)は $\omega/\omega_n=1.5$ の場合における結果を示す。これらの結果は，式(2.32)を用いて $m=0.2$kg，$k=100$N/m，$\zeta=0.1$，$F(t)=1.0\sin\omega t$ (N) として計算したものである。ω_n は 22.36rad/s となる。$\omega/\omega_n=0.5$ の場合には，図2.7(a)に示すように加振力と変位は同位相に近い状態であり，変位の振幅は小さいのに対して，$\omega/\omega_n=1.0$ の場合，すなわち共振時には図2.7(b)に示すように加振力に対して変位の位相が 90°遅れ，変位の振幅は非常に大きくなる。さらに $\omega/\omega_n=1.5$ の場合には，図2.7(c)に示すように加振力と変位は逆位相に近い状態になるとともに変位の振幅は小さくなる。よって，加振力の振動数比の違いにより位相と変位の大きさが変化すること，ならびにその変化傾向は図

2.6 に示すとおりであることが加振力および変位の時刻履歴波形からもわかる。

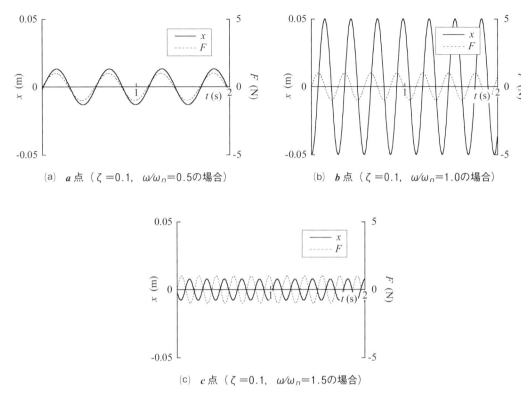

(a)　a 点（$\zeta=0.1$，$\omega/\omega_n=0.5$の場合）

(b)　b 点（$\zeta=0.1$，$\omega/\omega_n=1.0$の場合）

(c)　c 点（$\zeta=0.1$，$\omega/\omega_n=1.5$の場合）

図2.7　定常応答時における加振力および変位の時刻履歴波形の一例

2.3.3　過渡応答

　過渡応答における一般解は，2.3.1 項に示すように自由振動解（基本解）と強制振動解（特殊解）の和になる。よって，$0<\zeta<1$ の範囲における一般解は，式(2.16)で示される基本解（ただし，ここでは定数 A と定数 B を逆にしてある）と式(2.27)で示される特殊解の和とし，次式のようにおくことができる。

$$x = e^{-\zeta\omega_n t}(A\sin\omega_d t + B\cos\omega_d t) + C\sin\omega t + D\cos\omega t \tag{2.35}$$

式(2.35)を時間 t で微分すると，速度 $\dot{x}$ が次式より得られる。

$$\dot{x} = e^{-\zeta\omega_n t}\{-\zeta\omega_n(A\sin\omega_d t + B\cos\omega_d t) + A\omega_d\cos\omega_d t - B\omega_d\sin\omega_d t\} + C\omega\cos\omega t - D\omega\sin\omega t \tag{2.36}$$

ここで，上式の定数 C と D は式(2.31)に示すとおりである。定数 A と B は初期条件により与えられる。例えば，時刻 $t=0$ において，初期変位が $x=x_0$，初期速度が $\dot{x}=v_0$ の場合，定数 A，B は次のようになる。

$$\begin{cases} A = \dfrac{v_0 + \zeta\omega_n(x_0-D) - C\omega}{\omega_d} \\ B = x_0 - D \end{cases} \tag{2.37}$$

式(2.31)と式(2.37)を式(2.35)に代入して整理すると，一般解は次のように求まる。

$$
\begin{aligned}
x = e^{-\zeta\omega_n t} & \left(x_0 \cos\omega_d t + \frac{\zeta\omega_n x_0 + v_0}{\omega_d}\sin\omega_d t \right) \\
& + \frac{k - m\omega^2}{(k - m\omega^2)^2 + (c\omega)^2} F\left(\sin\omega t - e^{-\zeta\omega_n t}\frac{\omega}{\omega_d}\sin\omega_d t \right) \\
& - \frac{c\omega}{(k - m\omega^2)^2 + (c\omega)^2} F\left\{ \cos\omega t - e^{-\zeta\omega_n t}\left(\frac{\zeta\omega_n}{\omega_d}\sin\omega_d t + \cos\omega_d t \right) \right\}
\end{aligned}
\tag{2.38}
$$

図 2.8 に，式(2.38)をもとに得られた 1 自由度振動系の過渡応答時における変位の時刻履歴波形の一例を示す。図(a)は $\omega = \omega_n$ で $\zeta = 1 \times 10^{-6}$（ζ を非常に小さくした）の場合，図(b)は $\omega = \omega_n$ で $\zeta = 0.05$ の場合，図(c)は $\omega = 10\mathrm{rad/s}$ で $\zeta = 0.05$ の場合，図(d)は $\omega = 30\mathrm{rad/s}$ で $\zeta = 0.05$ の場合の結果を示す。これらの結果は，$m = 0.2\mathrm{kg}$，$k = 100\mathrm{N/m}$，$x_0 = 0\mathrm{m}$，$v_0 = 0\mathrm{m/s}$，$F(t) = 1.0\sin\omega t$ (N) として計算したものである。ω_n は 22.36rad/s となる。

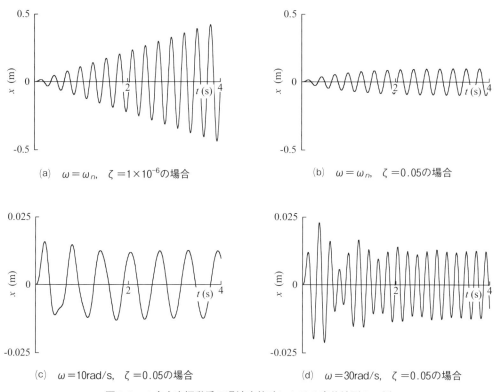

(a) $\omega = \omega_n$, $\zeta = 1 \times 10^{-6}$の場合　　　　　(b) $\omega = \omega_n$, $\zeta = 0.05$の場合

(c) $\omega = 10\mathrm{rad/s}$, $\zeta = 0.05$の場合　　　　　(d) $\omega = 30\mathrm{rad/s}$, $\zeta = 0.05$の場合

図 2.8　1 自由度振動系の過渡応答時における変位波形の一例

$\omega = \omega_n$ である共振時において ζ が非常に小さい場合には，図 2.8(a)に示すように振幅が無限に大きくなるのに対して，共振状態でも減衰がある振動系においては，図 2.8(b)に示すように振幅はある値に収束する。よって，振動系において減衰が非常に重要な働きをすることがわかる。図 2.8(c)と(d)に示す $\omega \neq \omega_n$ の共振時以外の過渡応答波形に着目すると，図 2.8(c)と(d)の変位を示す縦軸の最大値と，図 2.8

（b）のそれには $\frac{1}{20}$ 倍の違いがあることからもわかるように，共振状態にない場合には，共振時に比べて振幅が非常に小さくなる。また，図2.5に示すように，時間の経過とともに過渡応答から定常応答に移行することがわかる。

＜うなり＞

　加振力の円振動数（circular frequency）ω が，系の固有円振動数 ω_n に等しくはないがきわめて近いとき，うなり（beat）という現象が観察される。これは，二つの振動波が重ね合わされることにより生じるものである。図2.9に，固有円振動数 ω_n が22.36rad/sの系に対して，これと円振動数が比較的近い ω ＝21rad/s で加振した際の変位の時刻履歴波形の一例を示す。その他の計算条件は，図2.8の場合と同様に m＝0.2kg，k＝100N/m，x_0＝0m，v_0＝0m/s，$F(t)$＝1.0sinωt（N）である。図（a）が ζ＝1×10^{-6}（ζ を非常に小さくした）の場合，図（b）が ζ＝0.005の場合の結果である。うなり現象が生じていることがわかる。

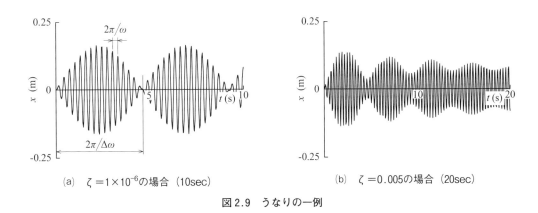

(a)　ζ＝1×10^{-6}の場合（10sec）　　　(b)　ζ＝0.005の場合（20sec）

図2.9　うなりの一例

$\Delta\omega$＝$|\omega-\omega_n|$ とするとき，うなりの周期 T_{beat} は次式より得られる。

$$T_{beat} = \frac{2\pi}{\Delta\omega} \tag{2.39}$$

式（2.39）より，$\Delta\omega$ が小さくなるとうなりの周期は大きくなる。共振状態の場合 $\Delta\omega$＝0 となることから，その周期は無限大になり図2.8（a），（b）に示すような挙動が観察される。なお，ζ＝0 の減衰のない振動系においては，図2.9（a）のようにうなりは永久に続くことになるが，ζ≠0 の減衰がある系においては，図2.9（b）のようにうなりは時間の経過とともに消滅する。

▶▶▶ 2.4　固有円振動数と振動モード

　振動系には，固有円振動数（あるいは固有振動数，固有周期）に対応した基本的な振動の形というものがある。これを，振動モード（mode of vibration）または固有モード（natural mode）という。n 自由度の振動系においては n 個の振動モードがあり，固有円振動数の低いものから，1次振動モード，2次振動モード，3次振動モード，…，n 次振動モードという。n 次振動モードを省略して，n 次モードと

もいう。1自由度系の振動モードは容易に想像がつくところであるが，自由度が多くなるほど，その挙動は複雑になる。n 自由度系において初期値（initial value）を与えて自由振動させ得られる振動波形は，n 個の異なる振動数をもつ調和振動の重ね合わせになっている。このことを利用して，振動系を自由振動させることによって，その系の固有円振動数（あるいは固有振動数，固有周期）を得ることができる。

　表2.2に，3自由度の並進運動系と回転運動系の基本モデルにおける振動モードを示す。それぞれ質量 m または慣性モーメント I の物体は，実線と破線の振動をくり返す。表中に示すそれぞれの図から，振動モードには規則性があることがわかる。1次の振動モードでは，全ての物体が同じ方向（同位相または同相）に動くのに対して，2次の振動モード以上では個々の物体が逆方向（逆位相または逆相）に動くことが含まれる。表2.2に示すものは，m および I の各定数を全て同じとした場合であり，この場合，2次の振動モードでは中央の物体が静止状態にある。しかし，m および I の各定数が異なる場合には，2次の振動モードにおいて中央の物体にも動きが現れる。例えば，左2つの物体が同位相で，右の物体が逆位相に動くことが生じる。また，右2つの物体が同位相で，左の物体が逆位相に動くということも生じる。

表2.2　3自由度の並進運動系と回転運動系の基本モデルにおける振動モード

　振動モードの表し方として，一般的には表2.2のような表現ではなく，物体の位置関係を示す振動モード線図が使用される。図2.10に，表2.2の並進運動系と回転運動系の両方に対応した振動モード線図を示す。実線と破線は表2.2に示す各物体の動き（位置）に対応している。この表現方法では，振幅比（amplitude ratio）と位相（phase）を同時に示す。図2.10は，各振動モードにおいて m_1 または I_1 の物体の振幅を1として示した場合であり（m_2，I_2 または m_3，I_3 の物体の振幅を1として，他の物体の振幅をその相対比として求め示してもよい），正規振動モード（normal mode of vibration）ともいう。便

宜上，並進運動系については振動方向を 90°回転させて図示している。回転運動系については角変位を直線的に示したものになっている。なお，本書ではこれ以降，振動モード線図を含めて振動の形を全て振動モードと表現する。

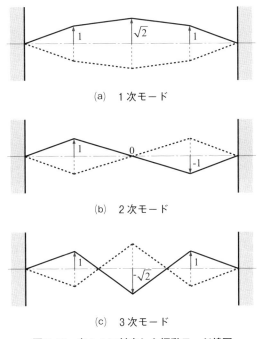

(a)　1 次モード

(b)　2 次モード

(c)　3 次モード

図 2.10　表 2.2 に対応した振動モード線図

　固有円振動数や振動モードは，厳密には振動系の固有値問題を解いて求める必要がある。このことについては，第 8 章で具体的に述べる。なお，固有値問題の解として得られる振動モードの結果は，あくまで振幅比と位相であり，実際の変位量を求めるものではない。また，減衰を考慮することもできない。振動系に外力として固有円振動数の加振力（強制変位を含む）が作用すると，この固有円振動数に応じた振動モードで共振する。よって，振動モードの概念を理解しておくことはとても重要である。本書では，DSS を用いたシミュレーションによる振動系の挙動観察や固有値問題を解くことで，理解が深まるように配慮している。

▶▶▶ 2.5 運動方程式とシミュレーション

　本書にてここまで学習された読者のみなさんは，微分方程式のかたちで示される運動方程式を解くことの大変さと，出てくる式の多さに驚かれたことと思う。実際，本書においても図2.1に示す1自由度直線振動系の解析モデルに対して，それぞれの場合に対応するために，微分方程式の解を6つ求めた。微分方程式のかたちで示される運動方程式の解を得ることは，振動問題の基礎・基本を学習するという意味でとても大切なことなので，じっくり取り組んでほしい。

　運動方程式の解き方として，本章で述べた解析的に解く（数学的に解く）ということのほかに，数値計算にもとづくシミュレーションによる方法がある。本書では，運動方程式をそのまま用いたシミュレーション（DSSというソフトウェアを用いる）を第3章と第4章で紹介するので，有効に利用して学習効果を上げてほしい。DSSを用いれば，1つの運動方程式に対する数値解，例えば前述の解析的に求めた6つの解の数値解が簡単に得られる。解析解と数値解の比較ができるように，DSSの個人用プログラム（演習問題3.6）の中に，図2.1に示す1自由度直線振動系に対する微分方程式の解（変位の式）の6式（式(2.13)，式(2.18)，式(2.22)，式(2.25)，式(2.32)，式(2.38)）を用意したので，参考にせよ。

演習問題

2.1　　表 2.1 を参考に，自由振動，強制振動，自励振動，係数励振振動の具体例をあげよ。

2.2　　式(2.11)中の定数 A, B が，初期条件 $t=0$ において，$x=x_0$, $\dot{x}=v_0$ の場合，式(2.12)になることを確認せよ。同様に，式(2.16)中の A, B が式(2.17)になること，式(2.20)中の A, B が式(2.21)になること，式(2.23)中の A, B が式(2.24)になることを確認せよ。

2.3　　式(2.10)に対する一般解を，次式のように表す場合を考える。

$$x = A\sin\omega_n t + B\cos\omega_n t \tag{q.2.1}$$

　初期条件として，$t=0$ で変位 $x=x_0$，速度 $\dot{x}=v_0$ とした場合の，定数 A, B および一般解を求めよ。また，得られた一般解を用いて，$m=1\text{kg}$, $k=100\text{N/m}$, $x_0=0.01\text{m}$, $v_0=0.2\text{m/s}$ の場合の変位の時刻履歴波形を，図 2.2 を参考にして計算してみよ。

2.4　　図 2.1 に示す 1 自由度直線振動系において，$m=1\text{kg}$, $k=200\text{N/m}$, $c=5\text{N}\cdot\text{s/m}$ とする。この振動系について，次の問いに答えよ。
(1) 非減衰時（減衰を考慮しない場合）の固有円振動数 ω_n, 固有振動数 f_n, 固有周期 T_n を求めよ。
(2) 臨界減衰係数 c_c, 減衰比 ζ を求めよ。
(3) 減衰を考慮した場合の減衰固有円振動数 ω_d, 減衰固有振動数 f_d, 減衰固有周期 T_d を求めよ。

2.5　　身近な振動現象の中に見られる，共振や振動モードがわかる例をあげよ。

第3章

を「運動方程式」と「シミュレーション」をとおして学習する。シ
SS というソフトウェアを用いる。本章では，DSS の動作環境，
について述べる。
基礎編－（PowerPoint 版）を後述するように広く公開しているの
ていただきたい。

なソフトウェアと動作環境

運動と振動に関する問題をシミュレーションするためのフリー
学習に必要なソフトウェアと動作環境を示す。

た学習に必要なソフトウェアと動作環境など

	URL など
	https://intes.co.jp/jigyou/kasin
...lio Community	各自で検索してください。
	Windows 10 を推奨

コードすると，DSS（公開用）ファイルを取得することができ
ものが入っている。
ォルダ】
どについて【PDF ファイル】
Point 版】…… 3.6 節で使用
フォルダ】…… 第4章の演習問題で使用
ついては，上記②の PDF ファイルを参考にせよ。

き，解析結果をグラフィック出力するという一連の作業を支
フトウェアで取り扱う対象は，運動方程式が2階の常微分方程
変数（analytical variable）が6変数までのものである。DSS は
で作動する。
ンの基本的なイメージを示す。DSS を用いたシミュレーショ
いて数値解析（シミュレーション）し，解析結果を汎用の時
波数分析（frequency analysis）プログラム「FFT（fast Fourier

機械系の運動と振動の基礎・基本 ＜正誤表＞

2023.4.1

ページ	場所	誤	正
P.35	表3.1	https://intes.co.jp/jigyou/kasin	http://www.kaibundo.jp/2022/01/55170/
P.47	脚注	※ これらの教材は，㈲インテスから市販化されている。	※ これらの教材については，海文堂にお問い合わせください。
P.53	14行目	https://intes.co.jp/jigyou/kasin	http://www.kaibundo.jp/2022/01/55170/
P.119	式(6.73)	$\begin{cases} m_1\ddot{x}_1 = (m_1\ddot{y} - c_1\dot{x}_1 - c_2\dot{x}_2 - k_1x_1 - k_2x_2) + (c_2\dot{x}_2 + k_2x_2) \\ m_2\ddot{x}_2 = (m_1\ddot{y} - c_1\dot{x}_1 - c_2\dot{x}_2 - k_1x_1 - k_2x_2) + (c_2\dot{x}_2 + k_2x_2) \\ m_3\ddot{x}_3 = (m_1\ddot{y} - c_1\dot{x}_1 - c_1\dot{x}_1) + (c_1\dot{x}_1 + k_1x_1) \end{cases}$	$\begin{cases} m_1\ddot{x}_1 = (-m_1\ddot{y} - c_1\dot{x}_1 - c_2\dot{x}_2 - k_1x_1 - k_2x_2) + (c_2\dot{x}_2 + k_2x_2) \\ m_2\ddot{x}_2 = (-m_2\ddot{y} - c_2\dot{x}_2 - c_2\dot{x}_2 - k_2x_2 - k_2x_2) + (c_2\dot{x}_2 + k_2x_2) \\ m_3\ddot{x}_3 = (-m_3\ddot{y} - c_1\dot{x}_1 - c_1\dot{x}_1 - k_1x_1 - k_1x_1) + (c_1\dot{x}_1 + k_1x_1) \end{cases}$

transform)」，さらには簡易アニメーションプログラム「ANIMATION」で出力するというものである。学習者が自由な形式で解析結果の出力を行うための基本プログラム「FREE」も用意されている。なお，常微分方程式の数値解法としては，ルンゲ・クッタ・ギル法（Runge-Kutta-Gill method）を使用している。

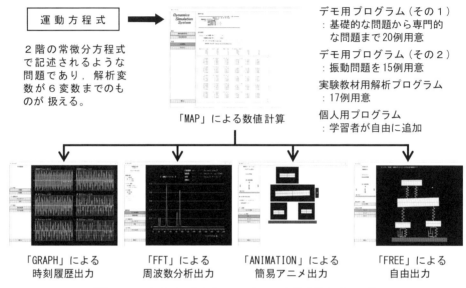

図 3.1　DSS を用いたシミュレーションの基本的なイメージ

　DSS の中にはデモ用プログラム（その 1 ）として運動と振動についての基礎的な問題から応用的な問題までの 20 例，デモ用プログラム（その 2 ）として振動問題だけを集めた 15 例が用意されている。それぞれ DSS を使用する上での多くのノウ・ハウを含んだ内容となっている。図 3.2 にデモ用プログラム（その 1 ）の一覧を，図 3.3 にデモ用プログラム（その 2 ）の一覧を示す。

　シミュレーションと併せて大切なことは，実際の運動と振動現象を観察することである。著者らは，上記 35 例のデモ用プログラムの中から 17 例の実験教材（experimental material）を作成した。これらの解析プログラムも全て DSS に組み込まれている。さらに，DSS には動画を登録・管理する機能が組み込まれている。DSS には各種実験教材の観察結果がこの機能を用いてすでに登録されているので，実際の運動と振動現象をいつでも見ることができる。図 3.1 に示す DSS を用いた解析結果の 4 つの出力方法と併せて利用していただきたい。なお，17 例の実験教材については，シミュレーション（ 3 例）と併せて第 4 章で紹介する。

　以上のように，DSS にはすでに多くのシミュレーション結果（とりわけ，「FREE」や「ANIMATION」による挙動観察）と実験教材を用いた運動と振動挙動の動画が用意されている。

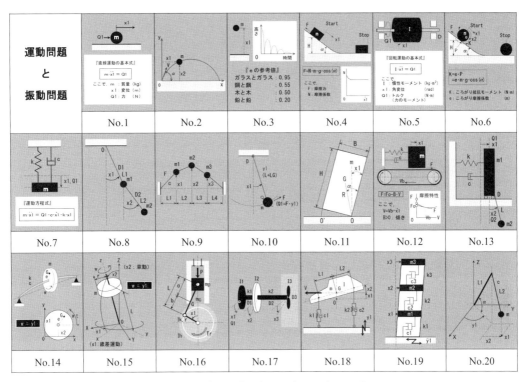

図 3.2　デモ用プログラム（その 1）の一覧

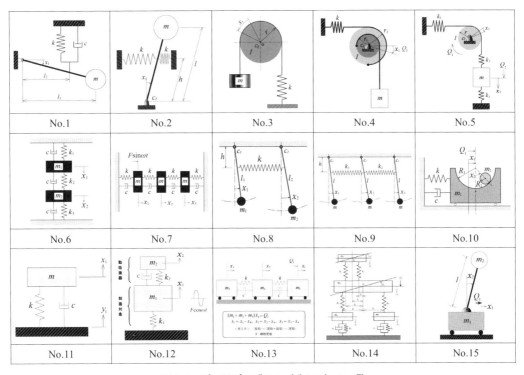

図 3.3　デモ用プログラム（その 2）の一覧

▶▶▶ 3.3　DSS を用いた学習のイメージ

　図 3.4 に，DSS を用いた学習のイメージを示す。DSS を用いた学習は，運動と振動に関する学習のほかに，DSS を使用する上での基礎知識（数学・プログラミング・数値計算など）に関する学習，運動と振動以外の各専門教科（材料力学・機械設計・制御工学など）の学習と多岐に渡る。

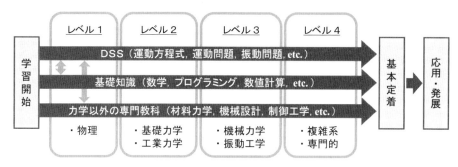

図 3.4　DSS を用いた学習のイメージ

　DSS は，学習者の状況に応じて，次の 4 段階のいずれのレベルからでも利用できる。前節でも述べたように，DSS にはどのタイミングでも利用できるように多くのデモ用プログラムが用意されており，学習対象者の範囲は広い。

(1) レベル 1（物理問題学習者）：等速度運動，等加速度運動などの物理の力学問題を学習している人。ニュートンの運動の第 2 法則（$ma=F$）を知っているレベル。

(2) レベル 2（基礎力学問題学習者）：レベル 1 の内容が理解でき，剛体の運動（並進運動，回転運動）など基礎力学や工業力学に関する問題を学習している人。並進運動と回転運動の違いがわかるレベル。

(3) レベル 3（振動問題学習者）：機械力学や振動工学において基本的な振動問題を学習している人。ニュートンの運動方程式をもとに，対象となる系（解析モデル）の運動方程式を立てることができるレベル。

(4) レベル 4（発展問題学習者）：解析モデルが複雑な運動と振動問題を学習している人。また，解析モデルは比較的簡単でも，力学的に難しいと思える運動と振動問題を学習している人。必要に応じてラグランジュの運動方程式が使えるレベル。

▶▶▶ 3.4　デモ用プログラムの「MAP」と学習レベル

表 3.2 に，DSS に組み込まれているデモ用プログラム 35 例の MAP を学習レベルに合わせて分類したものを示す。DSS で扱う運動と振動問題の内容が，おおよそ想像できるであろう。

表 3.2　デモ用プログラム35例の MAP と学習レベル

分類	No.	タイトル	自由度	解析変数	入力変数	並進	回転	1	2	3	4
		MAP	解析モデル			運動系		学習レベル			
デモ用プログラム（その1）	1	直線運動	1	1	0	○		○	○		
	2	放物運動	2	2	0	○		○	○		
	3	はねかえり	1	1	0	○		○	○		
	4	すべり	1	1	0	○		○	○		
	5	回転運動	1	1	0		○	○	○		
	6	ころがり	2	2	0	○	○	○	○		
	7	ばね・質量系	1	1	0	○			○	○	
	8	二重振子	2	2	0		○			○	○
	9	質量のついた弦	3	3	0	○				○	
	10	ぶらんこ	2	1	1	○	○	○	○	○	
	11	ロッキング	1	1	0		○				○
	12	摩擦振動	1	1	0	○				○	○
	13	ばね＋振子	2	2	0	○	○			○	
	14	ふれまわり	3	2	1	○	○			○	
	15	こま	3	2	1		○		○	○	○
	16	エンジン	1	1	0		○				○
	17	ねじり振動	3	3+1	0		○			○	
	18	自動車	3	2	1	○	○			○	
	19	建物＋地震	4	3	1	○				○	
	20	クレーン	3	2	1	○	○				○
デモ用プログラム（その2）	1	横つり下げ振子	1	1	0		○			○	
	2	逆立ち振子	1	1	0		○			○	
	3	滑車・ばね・質量系(1)	1	1	0		○			○	
	4	滑車・ばね・質量系(2)	1	1	0		○			○	
	5	滑車・ばね・質量系(3)	2	2	0	○	○			○	
	6	2 自由度直線振動系	2	2	0	○				○	
	7	3 自由度直線振動系	3	3	0	○				○	
	8	並列二重振子	2	2	0		○			○	
	9	並列三重振子	3	3	0		○			○	
	10	凹型剛体＋円柱の振動	2	2	0		○			○	○
	11	基礎制振モデル	2	1	1	○				○	
	12	2 自由度の制振モデル	2	2	0	○				○	
	13	車両の連結モデル	3	3+1	0	○				○	
	14	6 自由度問題	6	6	0	○	○			○	○
	15	倒立振子の制御	2	2	0	○	○			○	○

表 3.2 の補足説明をしておく。

（1）MAP：運動解析プログラムのことである。MAP は表 3.3 に示すように p00 から p08 までのサブプログラムで構成されており，サブプログラム中に学習者が解析したい運動方程式などを記述して使う。プログラムリスト中に記してあるコメントをよく読んで，必要事項のみ記述すればよい。MAP には，新規作成用と，表 3.2 に示す解析モデルの運動方程式などがすでに記述されたデモ

用プログラムおよび実験教材用プログラムがある。

(2) 解析モデル：解析モデルの自由度は，解析変数の数と入力変数（input variable）の数の和である。DSS で扱うことができる解析変数の数は最大 6 であるが，入力変数が最大 2 まで使えるので，最大 8 自由度までの問題を扱うことができる。なお，入力変数は加速度，速度，変位（または，角加速度，角速度，角変位）特性の計算式を与えて使うものであり，必ず時間の関数とする。

(3) 運動系：並進運動問題もしくは回転運動問題のいずれかを示す。両方に○が付いている場合は，並進運動と回転運動の両方を含む問題であることを意味する。

(4) 学習レベル：前節に示す 4 段階レベルのことである。MAP 例と各学習レベルには厳密な線引きがあるわけではなく，○のついた MAP 例は各レベルの 1 つの目安であり，DSS を使用して学習する際の参考にせよ。

表 3.3　MAP に記述する内容

番号	記 述 項 目	備考
p00	型宣言	◎
p01	タイトル，イメージファイル管理名，スイッチ	◎
p02	マトリックス要素で表した運動方程式	◎
p03	外力の計算式	△，*1
p04	入力変数の計算式	△
p05	補助変数の計算式	△
p06	定数の値	◎
p07	解析変数の初期値	△，*2
p08	特殊な解析を行う場合の条件式など	△

注)　◎：この項目は，必ず記述しなければならない。
　　　△：この項目は，必要に応じて記述すればよい。
　　*1：何も記述しなければ，外力は 0 となる。
　　*2：何も記述しなければ，初期値は全て 0 となる。

▶▶▶ 3.5　シミュレーション結果の出力方法

3.5.1　時刻履歴プログラム「GRAPH」による出力

シミュレーション結果については，まず GRAPH を用いて時刻履歴波形を観察する。GRAPH は，縦軸に解析変数の加速度，速度，変位（または，角加速度，角速度，角変位）および 6 つ用意されている補助変数の値をとり，横軸にはシミュレーション時間をとる。画面構成として，画面の左側部分と右側部分それぞれに対して，上から順に 1 つの解析変数の加速度，速度，変位が出力され，続いて補助変数に対する結果が出力される。よって，出力画面数は解析変数の数によって変わる。グラフの縦軸と横軸の最大値はシミュレーション結果により自動的に決まるが，必要に応じて利用者が変更して表示することもできる。

3.5.2　周波数分析プログラム「FFT」による出力

FFT は，GRAPH による時刻履歴波形に対して周波数分析するものである。GRAPH で観察できる全てのデータについて周波数分析できる。

この FFT には窓関数（window function）処理として，矩形窓（rectangular window），ハミング窓（hamming window）およびハニング窓（hanning window）が用意されている。出力形式は振幅スペクトル（amplitude spectrum）もしくはパワースペクトル（power spectrum）のいずれかによる。FFT の学習にも役立つように工夫してある。

3.5.3　簡易アニメーションプログラム「ANIMATION」による出力

ANIMATION はプログラム化されており，個々の簡易アニメーションについてはデータファイルとして作成・保存して利用する。シミュレーション結果のうち，対象となる物体の挙動を観察する場合には，まずは ANIMATION を使用する。

図 3.5 に，ANIMATION に用意されている「形状」を示す。「丸」形状と「矩形」形状の大きさは自由に設定できる。必要に応じて横方向変位，縦方向変位および回転方向変位を解析変数（最大 6 個）と補助変数（6 個）の中から選択して使用する。その際，左右，上下，回転の＋方向の指定も行う。「振り子」形状は，質点の大きさとレバーの長さを自由に設定できるほか，振り子の取り付け位置を 0°，90°，180°，270°の中から選択できる。「振り子」形状を使用する場合には回転方向変位を選択して使用する。

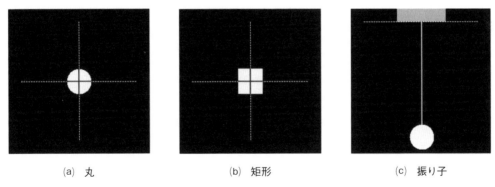

| (a)　丸 | (b)　矩形 | (c)　振り子 |

図 3.5　ANIMATION に用意されている形状

ANIMATION による挙動観察は，DSS のトップ画面から解析結果表示の簡易アニメーションをクリックし，簡易アニメーション画面→実行→データ選択（デモ用（その 1），デモ用（その 2），実験教材用，個人用の中から）→モデル選択→簡易アニメーション選択（いくつかの簡易アニメーションデータがある場合）→解析データ選択の手順で行う。

3.5.4　自由出力プログラム「FREE」による出力

　FREE は学習者が自分でプログラムを書いて使用するものであり，一度完成するとわかりやすくて便利である。FREE による挙動観察は，DSS のトップ画面から解析結果表示の自由出力をクリックし，自由出力画面→実行→データ選択（デモ用（その 1），デモ用（その 2），実験教材用，個人用の中から）→モデル選択→解析データ選択の手順で行う。

　学習者が FREE を使用する場合には，デモ用プログラム 35 例用に作成した FREE を参考にせよ。

▶▶▶ 3.6　DSS の操作方法（基礎編）

　図 3.6 に，DSS を用いた振動問題学習の基本フローを示す。このフローにしたがって DSS を操作することにより，DSS の基本的な使い方を習得できる。なお，DSS の詳細な操作説明書が DSS に組み込まれているので（DSS のトップ画面から操作説明書表示を選択），必要に応じて参考にせよ。

図 3.6　DSS を用いた振動問題学習の基本フロー

　本節では，1 自由度直線振動系の問題を対象として，具体的に DSS の操作方法の基礎を紹介する。3.1 節で紹介した「DSS の操作説明－基礎編－【PowerPoint 版】」を見ながら学習をすすめる。以降の説明において Slide.○○ とある場合は，この PowerPoint ファイルのスライド番号を示す。

　次の順番で，DSS の具体的な操作方法を示す。

①　運動方程式の導出と準備

②　Work フォルダの作成

③　DSS の開始

④　MAP の記述と実行（GRAPH と FFT を使用）

　・自由振動のシミュレーション

　・FFT を使用して系の固有円振動数 ω_n と固有振動数 f_n を把握

　・強制振動，とりわけ共振に注目したシミュレーション

　・目的とするシミュレーションを行うために，MAP の記述と実行をくり返す。

（ここでは，自由振動と強制振動それぞれで減衰の有無の比較を行う）

⑤ 簡易アニメーションによる挙動の観察（ANIMATION 使用）

⑥ DSS の終了

(1) 運動方程式の導出と準備

ここでは，図 3.7 に示す 1 自由度直線振動系の解析モデルを考える。この解析モデルにおける解析変数（図中 x_1）や外力（図中 Q_1）の記号は，DSS の中では統一されているので，MAP プログラム中の記入上の注意をよく読んで使用せよ。

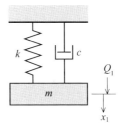

図 3.7 1 自由度直線振動系の解析モデル

図 3.7 に示す解析モデルの運動方程式は，次式で示される。この運動方程式の立て方については，6.3.2 項の (2) を参照せよ。

$$m\ddot{x}_1 = Q_1 - c\dot{x}_1 - kx_1 \tag{3.1}$$

DSS においては，この運動方程式を次のようにマトリックス表示して用いる。

$$[a_{11}]\{\ddot{x}_1\} = \{a_{12}\}$$

$$\begin{cases} a_{11} = m \\ a_{12} = Q_1 - c\dot{x}_1 - kx_1 \end{cases} \tag{3.2}$$

表 3.4 に，解析条件を示す。

表 3.4 解析条件

名称	記号		値	単位	備考
	図と式	プログラム			
シミュレーション時間	—	T_END	10	sec	規定値は 10
時間刻み幅	—	T_DELTA	0.05	sec	規定値は 0.05
質量	m	m	1	kg	
ばね定数	k	k	100	N/m	
粘性減衰係数	c	c	0.5	N·s/m	自由振動時：0
外力	Q_1	Q1	0 $1.0\sin\omega_n t$	N	自由振動時 強制振動時（共振）

(2) Work フォルダの作成

DSS では，Slide.4 に示すように Work フォルダを作成し，その中に Slide.5 に示すように個々のシミュレーション用のフォルダを作成する。このフォルダに目的とするシミュレーションに関係する MAP ファイル，データファイルなど全てのファイルを保存すると管理がしやすい。シミュレーション終了後は，DSS の「ファイル管理」機能を利用して登録しておくこともできる。登録方法については，演習問題 4.2 を参照のこと。

（3） DSS の開始

Slide.6 から Slide.11 に示す手順により，MAP ファイルの選択を行う。

（4） MAP の記述と実行

ここから実際のシミュレーションに入る。MAP に式(3.2)の運動方程式や解析条件を記述する。記述内容は，表 3.3 に記載のとおりであり，必要事項のみ記述すればよい。MAP プログラム中に，詳細な指示（約束事）が書かれているので，そちらも参考にせよ。

ここでは，次の 2 つのシミュレーションを行う。シミュレーション結果については，GRAPH と FFT を使用して確認する。

① 自由振動のシミュレーション（Slide.12 から Slide.39 まで）

・FFT を使用して系の固有円振動数 ω_n と固有振動数 f_n を把握

（1 自由度問題につき，ω_n（f_n）は 1 つ）

・減衰の有無の比較

② 強制振動のシミュレーション（Slide.40 から Slide.47 まで）

・共振の確認

・減衰の有無の比較

なお，時間刻み幅（time step size）の規定値は 0.05 秒であるが，振動数の高い系を対象に解析する際は，この時間刻み幅を小さくする。Slide.18 を参照のこと。また，数値計算であることから解析結果に誤差（error）が生じることを理解しておく。

（5） 簡易アニメーションによる挙動の観察

簡易アニメーション（ANIMATION）はプログラム化されており，個々の簡易アニメーションについてはデータファイルとして作成・保存して利用する。

簡易アニメーションを使用しての挙動観察の手順を，次のように示す。

① 簡易アニメーションの開始（Slide.48）

② 部品作成・編集（Slide.49 から Slide.56 まで）

③ プログラム保存（Slide.57 から Slide.58 まで）

④ アニメーション（Slide.59 から Slide.63 まで）

⑤ 簡易アニメーションの終了（Slide.64）

なお，挙動観察には FREE を使うこともできるが，FREE は学習者がプログラムを書く必要があることから，ここでは使用しない。

（6） DSS の終了

DSS のトップ画面から，Slide.65 に示す終了ボタンをクリックして終了する。

演習問題

3.1　表 3.1 を参考に，DSS をダウンロードして DSS が使える環境を構築せよ。

3.2　DSS を使用して，デモ用プログラム（その 1），デモ用プログラム（その 2），実験教材用プログラムについて，次の確認と観察を実施せよ。

(1) DSS のトップ画面から，「解析プログラム選択」にある「デモ用（その 1）」，「デモ用（その 2）」，「実験教材用」のそれぞれにおいて，解析モデル，運動方程式，シミュレーション内容の確認をせよ。

(2) DSS のトップ画面から，「解析結果表示」にある「時刻履歴・周波数分析」を使用して，デモ用（その 1），デモ用（その 2），実験教材用それぞれの解析結果を，時刻履歴と周波数分析の両方で確認せよ。この際，時刻履歴・周波数分析→データ選択→モデル選択→解析データ選択→グラフ選択の手順で実施せよ。

(3) DSS のトップ画面から，「解析結果表示」にある「簡易アニメーション」を使用して，デモ用（その 1），デモ用（その 2），実験教材用それぞれの解析結果の運動あるいは振動挙動を観察せよ。この際，簡易アニメーション→登録済みプログラムの実行→データ選択→モデル選択→簡易アニメーションデータ選択→解析データ選択の手順で実施せよ。

(4) DSS のトップ画面から，「解析結果表示」にある「自由出力」を使用して，デモ用（その 1），デモ用（その 2），実験教材用それぞれの解析結果の運動あるいは振動挙動を観察せよ。この際，自由出力→自由出力プログラムの実行→データ選択→モデル選択→解析データ選択の手順で実施せよ。

(5) DSS のトップ画面から，「観察結果（動画）」の「実験結果表示」を使用して，17 例の実験教材の実際の運動と振動挙動を観察せよ。この際，実験結果表示→設定値データ操作のデータ読込→ファイル選択の手順で実施せよ。

3.3　DSS を使用して，3.6 節「DSS の操作方法」で紹介したシミュレーションを行え。

3.4　図 3.8 に示す質点の直線運動の問題を考える。運動方程式が次式にて与えられるとき（この運動方程式の立て方については，6.3.2 項の(1)を参照せよ），DSS を使用して次のシミュレーションを行え。時間刻み幅は 0.05 秒（規定値）とする。

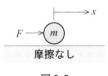

図 3.8

$$m\ddot{x} = F \tag{q.3.1}$$

(1) $m = 1$kg，$F = 0$N，初速度（initial velocity）$\dot{x} = 10$m/s の等速度運動として，10 秒間（規定値）のシミュレーションを行え。

(2) $m = 1$kg，$F = 2$N，初速度 $\dot{x} = 0$m/s の等加速度運動として，10 秒間のシミュレーションを行え。

（3）簡易アニメーション（ANIMATION）を使用して，（1）と（2）のシミュレーションにおける質点の挙動を観察せよ。

　　（注）　DSS の個人用プログラム（演習問題 3.4）に解答例あり。

3.5　　図 3.9 に示す 2 自由度直線振動系の問題を考える。運動方程式が次式にて与えられるとき（この運動方程式の立て方については，6.3.3 項の（2）を参考にせよ），DSS を使用して次のシミュレーションを行え。なお，$m_1 = m_2 = 1\mathrm{kg}$，$k_1 = k_2 = k_3 = 200\mathrm{N/m}$，$c_1 = c_2 = c_3 = 0.5\mathrm{N \cdot s/m}$ とし，シミュレーション時間は 10 秒間（規定値），時間刻み幅は 0.02 秒とする。

$$\begin{cases} m_1\ddot{x}_1 = -(c_1 + c_2)\dot{x}_1 + c_2\dot{x}_2 - (k_1 + k_2)x_1 + k_2x_2 + F\sin\omega t \\ m_2\ddot{x}_2 = -(c_2 + c_3)\dot{x}_2 + c_2\dot{x}_1 - (k_2 + k_3)x_2 + k_2x_1 \end{cases} \qquad (\mathrm{q.3.2})$$

（1）$F = 0\mathrm{N}$，初期変位 $x_1 = 0.05\mathrm{m}$ として，自由振動のシミュレーションを行い，系の固有円振動数 ω_{n1}，ω_{n2} を求めよ。

（2）$F = 2\mathrm{N}$ として，（1）で求めた ω_{n1}，ω_{n2} の値を用いて強制振動のシミュレーションを行い，共振を確認せよ。解析変数の初期値は全て 0 とする。

（3）$F = 2\mathrm{N}$ として，円振動数 ω が ω_{n1} より小さい値のとき，ω が ω_{n1} と ω_{n2} の間の値のとき，ω が ω_{n2} より大きい値のときの 3 つの場合に対して強制振動のシミュレーションを行え。解析変数の初期値は全て 0 とする。

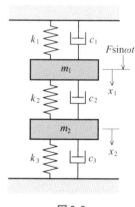

図 3.9

（4）簡易アニメーション（ANIMATION）を使用して，（1）から（3）のシミュレーションにおける物体の挙動を観察せよ。

　　（注）　DSS の個人用プログラム（演習問題 3.5）に解答例あり。

3.6　　DSS の個人用プログラム：演習問題 3.6 の中に，図 2.1 に示す 1 自由度直線振動系に対する微分方程式の解すなわち変位を示す式を，以下の 6 パターン用意（補助変数を利用）した。以下に示す 6 つの式を用いて，各図に示すように変位の時刻履歴を計算せよ。なお，演習問題 3.6 のプログラムには運動方程式である式（2.1）が記述してあるので数値解が求まる。解析解と数値解との比較も併せて行え。

　　　No.1 非減衰自由振動　　　　　　　（$\zeta = 0$ の場合）　　　：式（2.13）… 図 2.2

　　　No.2 減衰自由振動　①　減衰振動（$\zeta = 0.05$ の場合）　：式（2.18）… 図 2.3（a）

　　　No.3 減衰自由振動　②　臨界減衰（$\zeta = 1$ の場合）　　：式（2.22）… 図 2.3（b）

　　　No.4 減衰自由振動　③　過減衰　　（$\zeta > 1$ の場合）　　：式（2.25）… 図 2.3（c）

　　　No.5 強制振動　　　①　定常応答　　　　　　　　　　　：式（2.32）… 図 2.7（a）〜（c）

　　　No.6 強制振動　　　②　過渡応答　　　　　　　　　　　：式（2.38）… 図 2.8（a）〜（d）

　　　　　　　　　　　　　　　　　　　　　　　　　　　　　　　　　　　　図 2.9（a），（b）

第4章
実験教材とDSSによるシミュレーションの実際

運動と振動問題の学習において，実物の挙動を観察することは，現象の本質を理解する上でとても大切である。本章では，最初に運動と振動問題の学習を目的に作成された17例の実験教材を紹介する。次に，この実験教材の中から3例について具体的なシミュレーションの方法と結果を示す。前章ではDSSの操作方法の基礎を紹介し，本章はその応用編と位置付けている。

なお，本章で紹介する17例の実験教材の挙動やシミュレーションについては，全てDSSに組み込まれているので参考にせよ。

▶▶▶ 4.1 実験教材

4.1.1 パッケージ型振動体と加振装置※

図4.1に，振動現象学習用教材として作成されたパッケージ型の振動体（vibration object）10例を示す。図(a)が解析モデルであり，この解析モデルに相当する振動体のうち水平方向（horizontal direction）に加振されるものを図(b)に，鉛直方向に（vertical direction）加振されるものを図(c)にそれぞれ示す。これらの教材は，次のような特徴を有する。

① 解析モデル：1自由度から3自由度までの問題を扱った。比較的簡単な問題から，若干複雑な問題まで用意されている。

② 保管・運搬性：振動体をパッケージ化したことにより，保管・持ち運びが容易である。

③ 加振方法：図4.2に示す加振装置（excitation device）を利用する。この装置を用いることにより，振幅および周期が一定の加振ができる。振動体によっては，手に持っての加振も可能であり，共振を体感することもできる。

④ 安全性：共振が発生する1次から3次の固有振動数は振動体によって異なるが，できるだけ低く抑えるように振動体を設計してあるので危険性が小さい。参考までに，表4.1に実験および解析により得られた水平方向に加振される振動体の共振が生じる周波数を，表4.2に鉛直方向に加振される振動体の共振が生じる周波数をそれぞれ示す。なお，表中の自由度は加振変数を含んでいない。

⑤ 動きの確認：DSSの観察結果にて，全ての振動体の共振現象を含む動きを動画で見ることができる。この動画を見るだけでも，振動問題の学習は大きく前進するものと思われる。

⑥ その他：こうした教材を学習者自ら作成し，解析結果と実験結果の比較検討を行うことができれば，大きな学習効果が期待できる。図4.1に示す10個の振動体には，同様の教材を作成する上での多くの工夫が含まれているので，参考にされたい。

※ これらの教材は，㈲インテスから市販されている。

48

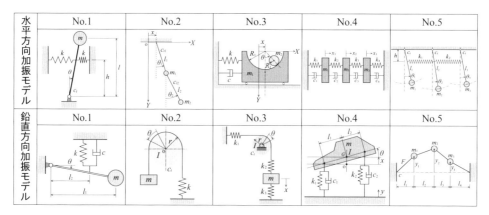

(a) 解析モデル

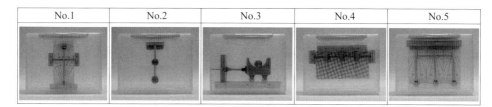

(b) 水平方向に加振される振動体

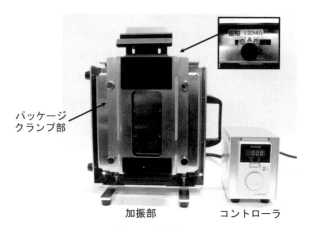

(c) 鉛直方向に加振される振動体

図 4.1　パッケージ型振動体

図 4.2　加振装置

表 4.1　実験および解析により得られた水平方向に加振される振動体の共振周波数の一覧

(Hz)

No.	テーマ	自由度	1 次		2 次		3 次	
			実験	解析	実験	解析	実験	解析
1	逆立ち振子	1	3.83	3.83				
2	二重振子	2	1.40	1.41	3.30	3.28		
3	凹型剛体＋円柱の振動	2	2.35	2.25	3.80	3.71		
4	3 自由度直線振動系（横型）	3	3.75	3.75	7.16	6.95	8.93	9.06
5	並列三重振子	3	1.63	1.41	2.83	2.66	4.30	4.14

表 4.2　実験および解析により得られた鉛直方向に加振される振動体の共振周波数の一覧

(Hz)

No.	テーマ	自由度	1 次		2 次		3 次	
			実験	解析	実験	解析	実験	解析
1	横つり下げ振子	1	4.95	4.92				
2	滑車・ばね・質量系（その 1 ）	1	3.33	3.32				
3	滑車・ばね・質量系（その 3 ）	2	5.55	5.47	8.83	8.40		
4	自動車	2	5.42	5.37	7.75	7.81		
5	質量のついた弦	3	5.06	5.08	8.97	8.98	11.75	11.13

　図 4.2 に示す加振装置は，大きさが W285×D190×H335mm で，質量が 7.1kg（内訳：加振部 6.1kg，コントローラ 1.0kg）である。本装置は，次のような特徴を有する。

① 汎用性：一台で水平方向と鉛直方向に加振されるパッケージ型振動体を加振できる。図 4.3 に，本装置に振動体を取り付けたときの様子を示す。本装置を使った動画の一例（二重振子と質量のついた弦の振動）を，国立大学 56 工学系学部ホームページの中の「おもしろ科学実験室（工学のふしぎな世界）」で，「揺れたり揺れなかったり～振動現象学習用教材」というタイトルにて紹介しているので参考にされたい。URL は次のとおりである。

https://www.mirai-kougaku.jp/laboratory/pages/181123.php

　本加振装置は，図 4.3 に示す利用方法のほかに，倒して（寝かせて）設置し利用することもできる。図 4.11 に示すパッケージ型の 6 自由度問題を扱う教材に対しては，本装置を倒して設置し加振している。また，本装置はパッケージクランプ部を取り外すことによって一般の構造物（振動体）も加振できる。その際，図 4.4 に示す本装置の 12 箇所に準備された M4 振動体固定用ネジ穴を用いる。

② 操作性：パッケージ型振動体を，クランプ部による締め付けだけで簡単に固定できる。

③ 発生周波数：周波数表示付きのコントローラを用いて，0.5～20Hz の範囲で調整できる。

④ 加振量（振幅）：加振時，とりわけ共振時の振動体の動きに合わせて，1mm，2mm，3mm，4mm，5mm の 5 段階に調整ができる。

⑤ 保管・運搬性：いずれも容易である。

⑥ 安全性：本装置は置くだけで使用できるように設計されているが，鉛直方向に加振する際には転倒防止のための踏ん張り脚を使用する。不要時は本体横向きに固定しておく。発生周波数と加振量の

いずれもが大きい場合には，加振部が動くことがある。この場合には，加振部を固定して使用する必要がある。

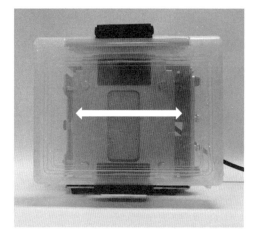 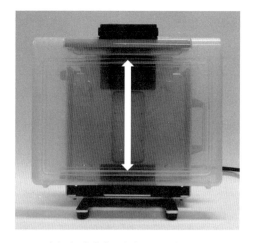

(a) 水平方向に加振される振動体   (b) 鉛直方向に加振される振動体

図 4.3　加振装置に振動体を取り付けたときの様子

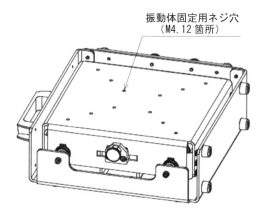

図 4.4　加振装置に取り付けられた振動体固定用ネジ穴

4.1.2 | その他の運動と振動教材

前述のパッケージ型振動教材のほかに，①図 4.5 に示す 3 自由度直線振動系（縦型），②図 4.6 に示す 3 階建て構造物，③図 4.7 に示す 3 自由度ねじり振動系，④図 4.8 に示す簡易ぶらんこ（折りたたみ式），⑤図 4.9 に示すふれまわり運動，⑥図 4.10 に示すクレーンの旋回運動，⑦図 4.11 に示す 6 自由度問題の 7 つの運動と振動教材が作成されている。

これら①から⑥の教材は運動と振動系を動かしたり加振したりする部分を有するが，⑦は図 4.1 に示す 10 例と同じパッケージ型の振動体であり，図 4.2 に示す加振装置を倒して設置した上に取り付けて加振する。

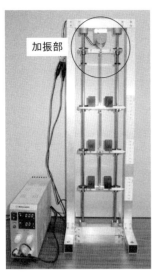

図 4.5 3 自由度直線振動系
（縦型）

図 4.6 3 階建て構造物

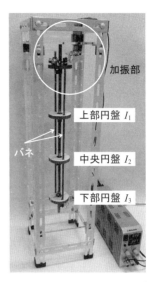

図 4.7 3 自由度ねじり振動系

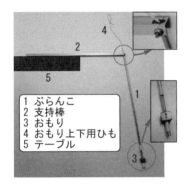

図 4.8 簡易ぶらんこ（折りたたみ式）

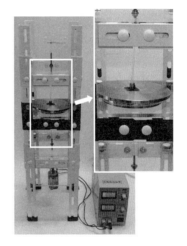

図 4.9 ふれまわり運動

図 4.10 クレーンの旋回運動

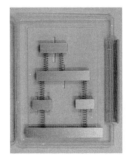

図 4.11 6 自由度問題（パッケージ型振動体）

4.1.3　実験教材用プログラムの「MAP」と学習レベル

　表 4.3 は，DSS に組み込まれている実験教材用プログラム 17 例の MAP を 3.3 節に示す学習レベルに合わせて分類したものを示す。実験教材の学習レベルは，基本的には 3 以上と考えられる。ただし，係数励振振動を扱う簡易ぶらんこは例外で，学習レベルに関係なく多くの学習者が興味をもてるテーマであるので，動画の観察など必要に応じて利用されたい。

表 4.3　実験教材用プログラム17例の MAP と学習レベル

MAP 分類[注1]	タイトル	解析モデル 自由度	解析変数	入力変数	運動系 並進	回転	学習レベル[注2] 1	2	3	4	備考[注3] FREE	ANI	紹介
A	逆立ち振子	1	1	0		○			○			○	
	二重振子	3	2	1		○			○	○	○	○	◎
	凹型剛体＋円柱の振動	2	2	0	○	○			○	○	○		
	3自由度直線振動系(横型)	4	3	1	○				○			○	
	並列三重振子	3	3	0		○			○			○	
B	横つり下げ振子	1	1	0	○				○			○	
	滑車・ばね・質量系(1)	1	1	0	○				○			○	
	滑車・ばね・質量系(3)	2	2	0	○				○			○	
	自動車	3	2	1	○				○				◎
	質量のついた弦	4	3	1	○				○		○	○	
C	3自由度直線振動系(縦型)	4	3	1	○				○		○	○	
D	3階建て構造物	4	3	1	○				○			○	
C	3自由度ねじり振動系	4	3	1		○			○				◎
E	簡易ぶらんこ	2	1	0		○	○	○	○			○	
F	ふれまわり運動	3	2	1		○			○			○	
G	クレーンの旋回運動	3	2	1		○			○	○	○	○	
H	6自由度問題	7	6	1	○	○			○	○		○	

注1）＜分類＞
A：水平方向加振用のパッケージ型
B：鉛直方向加振用のパッケージ型
C：加振部付き
D：水平方向加振機を使用
E：手動
F：回転モータ付き
G：旋回用回転テーブル付き
H：パッケージ型
　（図 4.2 に示す加振装置を倒して使用）

注2）＜学習レベル＞
レベル 1：物理問題学習者
レベル 2：基礎力学問題学習者
レベル 3：振動問題学習者
レベル 4：発展問題学習者

注3）＜備考＞
FREE：実験教材に対応する DSS の「FREE」あり
ANI　：実験教材に対応する DSS の「ANIMATION」あり
紹介　：4.2 節で具体的に紹介

　振動系の加振方法について少しふれておく。一般的に，運動と振動系に対する外力の加え方には力加振（force excitation）と基礎加振（base excitation）がある。力加振は，外力を質点や剛体に直接加える方法であるのに対して，基礎加振は，外力を質点や剛体に間接的に加える方法である。基礎加振は振動系の支持部分を加振するものであり，変位加振（displacement excitation）と加速度加振（acceleration excitation）がある。

　本章で述べる 17 例の実験教材における外力の加え方は，図 4.8 に示す簡易ぶらんこ（おもり上下用ひもの上げ下げ：係数励振振動），図 4.9 に示すふれまわり運動（軸をモータで回転：運動＋振動），図 4.10 に示すクレーンの旋回運動（旋回テーブルを旋回：運動＋振動）の 3 例を除き，基礎加振によるものである。力加振と基礎加振の詳細については，6.4 節で述べる。

　DSS 中の実験教材に関する「シミュレーション内容表示」を見ると，各解析モデル中に，「力加振」，「基礎加振（変位）」，「基礎加振（加速度）」，「係数励振」，「旋回特性を与える」の記述がある。これらは，シミュレーション方法を示すものである。実験教材においては基礎加振しているものの，これに対応するシミュレーションでは力加振にて実施しているものもあるが，共振現象を確認する際には，この加振方法の違いは大きな影響を及ぼさないので，あえてこのようにしている。実際に，解析対象の系に対して運動方程式を立てる際に基礎加振問題として扱うと，自由度が 1 つ多くなり運動方程式が複雑になる。ただし，本書では基礎加振特性は入力変数として与えるため，解析変数の数は増えない。よって，学習者は最初から基礎加振を考慮した解析モデルを考えるのではなく，まずは物体に直接外力を加える力加振を考慮した解析モデルで考えシミュレーションを実施するとよい。

4.1.4　実験教材の情報について

　本章で紹介する教材の挙動については，前述のように DSS のトップ画面の中の「観察結果（動画）」から見ることができるが，表 4.4 に示すように解説付きの動画も準備されている。次の URL からダウンロードして参考にされたい。

https://intes.co.jp/jigyou/kasin

表 4.4　解説付きの動画の番号とタイトル

動画番号	タイトル	備考
①	パッケージ型振動体 （水平方向加振用）	(1)逆立ち振子，(2)二重振子，(3)凹型剛体＋円柱の振動，(4)3 自由度直線振動系（横型），(5)並列三重振子
②	パッケージ型振動体 （鉛直方向加振用）	(1)横つり下げ振子，(2)滑車・ばね・質量系(その 1)，(3)滑車・ばね・質量系(その 3)，(4)自動車，(5)質量のついた弦
③	3 自由度直線振動系（縦型）	
④	3 階建て構造物	
⑤	3 自由度ねじり振動系	
⑥	簡易ぶらんこ（折りたたみ式）	
⑦	ふれまわり運動	
⑧	クレーンの旋回運動	
⑨	6 自由度問題（パッケージ型）	
⑩	基礎教育用教材	(1)慣性モーメントの体感教材（演習問題 1.1） (2)ばね・質量系の単振動学習教材 (3)振り子の単振動学習教材 (4)合成ばねの直列と並列の違いを学ぶ教材

注）動画番号⑩に示す教材の動画は，DSS には組み込まれていない。

▶▶▶ 4.2　シミュレーションの実際

　本節では，実験教材の中から，①二重振子（図 4.1(b)）の水平方向に加振される振動体 No.2），②自動車（図 4.1(c)）の鉛直方向に加振される振動体 No.4），③3 自由度ねじり振動系（図 4.7）を取り上げ，これらの振動について，シミュレーションの方法と結果ならびに実験教材による振動解析結果との比較などを紹介する。

　なお，本節で紹介するような，2 つ以上の振動系が互いに作用を及ぼし合い生じる振動を連成振動（coupled vibration）という。

4.2.1　二重振子

（1）　解析モデル

　図 4.12 に，二重振子（double pendulum）の解析モデルを示す。解析変数は θ_1，θ_2 であり，水平方向に変位加振（x）するモデルである。変位加振については，入力変数として扱う。

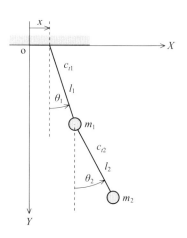

図 4.12　二重振子の解析モデル

（2）　運動方程式とマトリックス表示

　図 4.12 に示す解析モデルに対する運動方程式は，次式で示される。この運動方程式の立て方については，7.3.4 項を参照せよ。

$$\begin{cases} (m_1+m_2)l_1^2\ddot{\theta}_1+m_2l_1l_2\ddot{\theta}_2+(m_1+m_2)gl_1\theta_1+c_{t1}\dot{\theta}_1=-(m_1+m_2)l_1\ddot{x} \\ m_2l_2^2\ddot{\theta}_2+m_2l_1l_2\ddot{\theta}_1+m_2gl_2\theta_2+c_{t2}\dot{\theta}_2=-m_2l_2\ddot{x} \end{cases} \quad (4.1)$$

DSS では，式(4.1)を，次のようなマトリックスにて表現する。

$$\begin{bmatrix} a_{11} & a_{12} \\ a_{21} & a_{22} \end{bmatrix}\begin{Bmatrix} \ddot{\theta}_1 \\ \ddot{\theta}_2 \end{Bmatrix}=\begin{Bmatrix} a_{13} \\ a_{23} \end{Bmatrix} \quad (4.2)$$

式(4.2)における各要素は，次式のとおりである。

$$\begin{cases} a_{11}=(m_1+m_2)l_1^2 \\ a_{12}=m_2l_1l_2 \\ a_{13}=-(m_1+m_2)l_1\ddot{x}-c_{t1}\dot{\theta}_1-(m_1+m_2)gl_1\theta_1 \\ a_{21}=m_2l_1l_2 \\ a_{22}=m_2l_2^2 \\ a_{23}=-m_2l_2\ddot{x}-c_{t2}\dot{\theta}_2-m_2gl_2\theta_2 \end{cases} \quad (4.3)$$

図 4.12 および式(4.1)から式(4.3)中の変位加振に関する入力変数（x）は，次式で与える。

$$\begin{cases} x=A\sin\omega t \\ \dot{x}=A\omega\cos\omega t \\ \ddot{x}=-A\omega^2\sin\omega t \end{cases} \quad (4.4)$$

（3）　解析変数と時間の記号

　表 4.5 に，図 4.12 および式(4.1)から式(4.4)にある解析変数と時間の記号の一覧を示す。

表 4.5　二重振子の解析変数と時間の記号の一覧

名称		記号		単位
		図と式	プログラム	
解析変数 1	角加速度，角速度，角変位	$\ddot{\theta}_1, \dot{\theta}_1, \theta_1$	DDX1, DX1, X1	rad/s², rad/s, rad
解析変数 2	角加速度，角速度，角変位	$\ddot{\theta}_2, \dot{\theta}_2, \theta_2$	DDX2, DX2, X2	rad/s², rad/s, rad
入力変数 1	加速度，速度，変位	$\ddot{x}, \dot{x}, x$	DDY1, DY1, Y1	m/s², m/s, m
時間		t	T	sec

（4）　定数の記号と値

　表 4.6 に，図 4.12 および式(4.1)から式(4.4)にある定数の記号と値の一覧を示す。

表 4.6　二重振子の定数の記号と値の一覧

名称	記号		値	単位	備考
	図と式	プログラム			
シミュレーション時間	－	T_END	10	sec	規定値は 10
時間刻み幅	－	T_DELTA	0.05	sec	規定値は 0.05
上の質点の質量	m_1	M1	0.0976	kg	
下の質点の質量	m_2	M2	0.093	kg	
上の振り子の長さ	l_1	L1	0.077	m	
下の振り子の長さ	l_2	L2	0.076	m	
上の振り子の粘性減衰係数	c_{t1}	C1	0.00005	N·m·s/rad	
下の振り子の粘性減衰係数	c_{t2}	C2	0.00005	N·m·s/rad	
重力加速度	g	G	9.81	m/s²	定義済み
加振振幅	A	amp	0.001	m	
円振動数	ω	omega	0 8.84 20.62 5 15 25	rad/s	自由振動時 1 次 2 次 その他 〃 〃

（5）　解析プログラム MAP への記述

　プログラム 4.1 に，二重振子の振動問題解析用「MAP」リストを示す。このリストには，必要事項のみを示してある。文字に網かけの入っている個所が記述箇所である。

プログラム 4.1　二重振子の振動問題解析用「MAP」リスト

```
'*EQUATION.S ******************************************************
'**    これより下のサブプログラムの中に，あなたがシミュレーションしよう
'**   とする式等を書いて下さい。　【言語：Microsoft Visual Basic 2019)】
' EQUATION.E ******************************************************
'
'************************************************************** 〈p00〉
'*              [0] 型宣言
'
'ユーザー変数
'
Public M1, M2 As Double      ' 質量              (kg)
Public C1, C2 As Double      ' 粘性減衰係数（回転）(N·m·s/rad)
Public L1, L2 As Double      ' 振り子の長さ       (m)
Public amp As Double         ' 加振振幅          (m)
Public omega As Double       ' 円振動数          (rad/s)
'
'************************************************************** 〈p01〉
'*              [1] タイトル，イメージファイル名，スイッチ
Sub TITLE()
    '
    '【 タイトル 】
    '
    TL(0) = "**************************** (2021)年 ( 1)月 ********"
    TL(1) = Space(32) & "解析日：" & Today_Renamed
    TL(2) = "    運動解析プログラム　《ＭＡＰ》                   "
    TL(3) = "      （ メモ： 二重振子　実験教材  ）              "
    TL(4) = "           解析変数の数  = （ 2 ）                "
    TL(5) = "           入力変数の数  = （ 1 ）                "
    TL(6) = "           補助変数の数  =    6                  "
    TL(7) = "                                              "
    TL(8) = "*****************************************************"
    '
    '【 スイッチ 】
    '
    '  ..............................................................
    SW_AAA = 1 ' 〈-----   入力変数スイッチ   （ 0 か 1 ）
    SW_BBB = 0 ' 〈-----   特殊解析スイッチ   （ 0 か 1 ）
    '  ..............................................................
End Sub
'
'************************************************************** 〈p02〉
'*              [2]-(1) 運動方程式
'*
Sub MATRIX()
    '
    '【 運動方程式 】
    '
    ' ---------- 第 1 式 ----------------
    '
    A(1, 1) = (M1 + M2) * L1 ^ 2
    A(1, 2) = M2 * L1 * L2
    A(1, 3) = Q1 - (M1 + M2) * L1 * DDY1 - C1 * DX1 - (M1 + M2) * G * L1 * X1
    '
    ' ---------- 第 2 式 ----------------
    '
```

```
    A(2, 1) = M2 * L1 * L2
    A(2, 2) = M2 * L2 ^ 2
    A(2, 3) = Q2 - M2 * L2 * DDY1 - C2 * DX2 - M2 * G * L2 * X2
    '
    ' ----------------------------------
End Sub
'
'*************************************************************** 〈p04〉
'*                   [2]-(3)  入力変数の計算式
'*
Sub INPUT_VARIABLE()
    '
    '【 入力変数 】
    '
    ' ---------- 第 1 入力変数 -------------
    '
    DDY1 = -amp * omega ^2 * Math.Sin(omega * T)
    DY1 = amp * omega * Math.Cos(omega * T)
    Y1 = amp * Math.Sin(omega * T)
    '
    ' ----------------------------------
End Sub
'
'*************************************************************** 〈p05〉
'*                   [2]-(4)  補助変数の計算式
'*
Sub AUX_VARIABLE()
    '
    '【 補助変数 】
    '
    ' ----------------------------------
    '
    S1 = M1 '上の質点の質量      (kg)
    S2 = M2 '下    〃          (kg)
    S3 = L1 '上の振り子の長さ   (m)
    S4 = L2 '下    〃          (m)
    S5 = C1 '上の粘性減衰係数   (N·m·s/rad) (C1=C2)
    S6 = Y1 '変位加振          (m)
    '
    ' ----------------------------------
End Sub
'
'*************************************************************** 〈p06〉
'*                   [3]-(1)  定数値
'*
Sub CONSTANT_VALUE()
    '
    '【 定数値 】
    '                                           ( 単位, メモ )
    ' ----------------------- 自動設定用定数 ------------------------
    T_END = 10      ' [sec] シミュレーション時間
    T_DELTA = 0.05  ' [sec] 時間刻み幅   (但し T.DELTA<=T.END/200)
    '
    ' ----------------------- 一 般 定 数 ------------------------
    G = 9.8         ' [m/s^2]
    PAI = Math.PI   ' 円周率
    DRC = PAI / 180 ' DEG --> RAD  この値をかければよい
    RDC = 180 / PAI ' RAD --> DEG  この値をかければよい
```

```
'
' ─────────────────────── 質      量 ───────────────────────
M1 = 0.0976 : M2 = 0.093   '[kg]
' ─────────────────────── 粘性減衰係数   ───────────────────────
C1 = 0.00005 : C2 = 0.00005 '[N・m・s/rad](回転減衰)
' ─────────────────────── 寸      法 ───────────────────────
L1 = 0.077 : L2 = 0.076   '[m](長さ)
' ─────────────────────── そ  の  他 ───────────────────────
amp = 0.001      '[m]    加振振幅
omega = 8.84     '[rad/s] 円振動数   1次：8.84，2次：20.62 (rad/s)
'                           0(自由振動)，5，15，25 (rad/s)
' ───────────────────────────────────────────────────
End Sub
'
'*********************************************************** ＜p07＞
'*             [3]-(2) 解析変数の初期値
'*
Sub INITIAL_VALUE()
'
'【 初期値 】
'
'       （角）加速度     （角）速度     （角）変位
'        (m/s^2)         (m/s)         (m)
'        (rad/s^2)       (rad/s)       (rad)
'       ───────────────────────────────
        DDX1 = 0  : DX1 = 0  : X1 = 0   '0.524(自由振動時)
        DDX2 = 0  : DX2 = 0  : X2 = 0
'       ───────────────────────────────
'
End Sub
'
End Module
```

　　　　　　　（注）＜p03＞と＜p08＞については，記述箇所がないので省略した。

（6）　DSS によるシミュレーション

　図 4.13 に，初期値として角変位 θ_1（DSS の中では X1）＝0.524rad を与え，自由振動させた際の角変位 θ_2 の時刻履歴波形（振動波形）を示す。図 4.14 に，図 4.13 に示す振動波形を周波数分析した結果を示す。この系の固有円振動数（固有振動数）は，1 次が 8.84rad/s（1.41Hz），2 次が 20.62rad/s（3.28Hz）であることがわかる。

　図 4.15 に，共振時における θ_1 と θ_2 の時刻履歴波形を示す。全ての解析において，解析時間は 10s とし，粘性減衰係数 c_{t1}，c_{t2} を 5.0×10^{-5}N・m・s/rad とした。

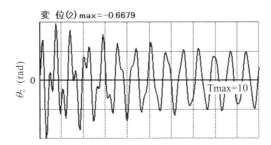

図 4.13　θ_2 の自由振動波形（GRAPH による画像, 10s 間）

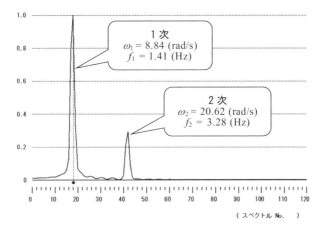

図 4.14　図 4.13 に示す振動波形の周波数分析結果（FFT による画像）

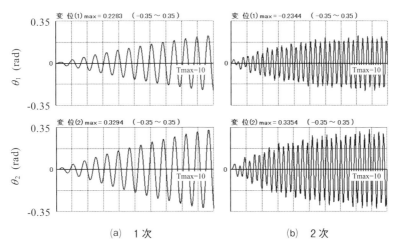

(a)　1 次　　　　　　　　　(b)　2 次

図 4.15　共振時における θ_1 と θ_2 の振動波形（GRAPH による画像, 10s 間）

　図4.16に，簡易アニメーション（ANIMATION）による二重振子の挙動観察の様子を示す。図(a)が1次共振時，図(b)が2次共振時の場合である。ANIMATIONには振子要素が用意されており，図に示すように上の振り子と下の振り子それぞれの挙動が観察できる。ただし，振り子の連結はできない。こうした問題を解決するために，自由出力（FREE）プログラムが用意されている。FREEはMAP同様に基本部分については作成されているが，具体的な出力内容については学習者が必要に応じてプログラムする必要がある。図4.17に，FREEによる出力画面の一例を示す。この画面においては，左が1次共振時，右が2次共振時の場合である。

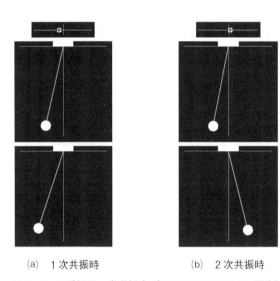

(a)　1次共振時　　　　　　　(b)　2次共振時

図4.16　二重振子の挙動観察（ANIMATIONによる画像）

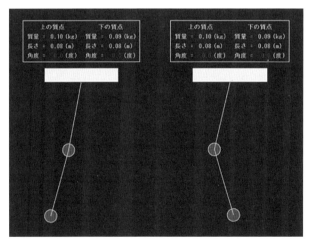

図4.17　二重振子の挙動観察（FREEによる画像）
（この画面においては，左が1次共振時，右が2次共振時の場合）

　ANIMATIONによる挙動観察は，DSSのトップ画面から解析結果表示の簡易アニメーションをクリックし，簡易アニメーション画面→実行→実験教材用→二重振子→解析データ選択の手順で行う。FREEによる挙動観察は，DSSのトップ画面から解析結果表示の自由出力をクリックし，自由出力画面→実行→実験教材用→二重振子→解析データ選択の手順で行う。

　参考までに，図4.18に図4.1(b)のNo.2に示す実験教材の振動モードを示す。この結果は，本実験教材の固有値問題を解いて得られた結果である。詳細については，8.2.3項の(4)を参照せよ。

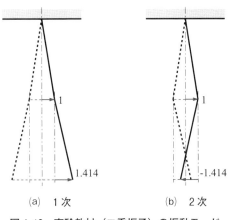

(a)　1次　　　　　(b)　2次

図4.18　実験教材（二重振子）の振動モード

(7)　実験教材の挙動観察

　DSSのトップ画面から観察結果（動画）の実験結果表示をクリックし，データ読込から「水平No.2【二重振子】.txt」を選択すると，二重振子の実験教材の挙動を見ることができる。「1次共振」，「2次共振」，「静止→1次共振→2次共振→高速加振→静止」の3つの動画から，共振現象とそのときの振動モードを観察できる。高速加振をしても二重振子がほとんど揺れない点にも注目せよ。なお，ここでの加振装置は図4.2に示すものではなく，水平方向専用の加振装置を使用している。また，本教材の場合，1次の固有振動数が1.41Hz，2次の固有振動数が3.28Hzと低いことから加振装置を使わなくても手で揺することによってそれぞれの共振状態を体感することもできる。

4.2.2 自動車

（1）　解析モデル

図 4.19 に，自動車振動の解析モデルを示す。解析変数は自動車のバウンシング（x）とピッチング（θ）であり，鉛直方向に変位加振（y）するモデルである。変位加振については，入力変数として扱う。

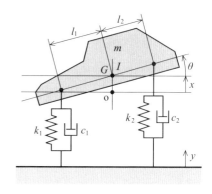

図 4.19　自動車振動系の解析モデル

（2）　運動方程式とマトリックス表示

図 4.19 に示す解析モデルに対する運動方程式は，次式で示される。この運動方程式の立て方については，6.3.3 項の（6）を参照せよ。

$$\begin{cases} m\ddot{x} = -(c_1+c_2)(\dot{x}-\dot{y})-(k_1+k_2)(x-y)+(c_1l_1-c_2l_2)\dot{\theta}+(k_1l_1-k_2l_2)\theta \\ I\ddot{\theta} = -(c_1l_1^2+c_2l_2^2)\dot{\theta}-(k_1l_1^2+k_2l_2^2)\theta+(c_1l_1-c_2l_2)(\dot{x}-\dot{y})+(k_1l_1-k_2l_2)(x-y) \end{cases} \tag{4.5}$$

DSS では，式(4.5)を，次のようなマトリックスにて表現する。

$$\begin{bmatrix} a_{11} & a_{12} \\ a_{21} & a_{22} \end{bmatrix} \begin{Bmatrix} \ddot{x} \\ \ddot{\theta} \end{Bmatrix} = \begin{Bmatrix} a_{13} \\ a_{23} \end{Bmatrix} \tag{4.6}$$

式(4.6)における各要素は，次式のとおりである。

$$\begin{cases} a_{11} = m \\ a_{12} = 0 \\ a_{13} = -(c_1+c_2)(\dot{x}-\dot{y})-(k_1+k_2)(x-y)+(c_1l_1-c_2l_2)\dot{\theta}+(k_1l_1-k_2l_2)\theta \\ a_{21} = 0 \\ a_{22} = I \\ a_{23} = -(c_1l_1^2+c_2l_2^2)\dot{\theta}-(k_1l_1^2+k_2l_2^2)\theta+(c_1l_1-c_2l_2)(\dot{x}-\dot{y})+(k_1l_1-k_2l_2)(x-y) \end{cases} \tag{4.7}$$

図 4.19 および式(4.5)から式(4.7)中の変位加振に関する入力変数（y）は，次式で与える。

$$\begin{cases} y = h\sin\omega t \\ \dot{y} = h\omega\cos\omega t \\ \ddot{y} = -h\omega^2\sin\omega t \end{cases} \tag{4.8}$$

（3）　解析変数と時間の記号

表 4.7 に，図 4.19 および式(4.5)から式(4.8)にある解析変数と時間の記号の一覧を示す。

表 4.7　自動車の解析変数と時間の記号の一覧

名称		記号		単位
		図と式	プログラム	
解析変数 1	加速度，速度，変位	$\ddot{x}, \dot{x}, x$	DDX1, DX1, X1	m/s², m/s, m
解析変数 2	角加速度，角速度，角変位	$\ddot{\theta}, \dot{\theta}, \theta$	DDX2, DX2, X2	rad/s², rad/s, rad
入力変数 1	加速度，速度，変位	$\ddot{y}, \dot{y}, y$	DDY1, DY1, Y1	m/s², m/s, m
時間		t	T	sec

（4）　定数の記号と値

表 4.8 に，図 4.19 および式(4.5)から式(4.8)にある定数の記号と値の一覧を示す。

表 4.8　自動車の定数の記号と値の一覧

名称	記号		値	単位	備考
	図と式	プログラム			
シミュレーション時間	－	T_END	10	sec	規定値は 10
時間刻み幅	－	T_DELTA	0.01	sec	規定値は 0.05
質量	m	M	0.2415	kg	
慣性モーメント	I	I	1.44137×10^{-4}	kg·m²	
前輪のばね定数	k_1	K1	140	N/m	
後輪のばね定数	k_2	K2	140	N/m	
前輪の粘性減衰係数	c_1	C1	0.5	N·s/m	自由振動時：0
後輪の粘性減衰係数	c_2	C2	0.5	N·s/m	自由振動時：0
前輪と重心 G 間の距離	l_1	L1	0.039	m	
後輪と重心 G 間の距離	l_2	L2	0.031	m	
加振振幅	h	h	0.003	m	
円振動数	ω	omega	0 33.75 49.09	rad/s	自由振動時 1 次 2 次

（5）　解析プログラム MAP への記述

プログラム 4.2 に，自動車の振動問題解析用「MAP」リストを示す。このリストには，必要事項のみを示してある。文字に網かけの入っている個所が記述個所である。

プログラム 4.2　自動車の振動問題解析用「MAP」リスト

```
' *EQUATION.S ***************************************************
' **    これより下のサブプログラムの中に，あなたがシミュレーションしよう
' **   とする式等を書いて下さい。　【言語 : Microsoft Visual Basic 2019)】
' EQUATION.E ****************************************************

' ************************************************************ <p00>
' *                [0] 型宣言
'
' ユーザー変数
'
Public M As Double              ' 質量                   (kg)
Public I As Double              ' 慣性モーメント          (kg・m^2)
Public K1, K2 As Double         ' ばね定数               (N/m)
Public C1, C2 As Double         ' 粘性減衰係数           (N・s/m)
Public L1, L2 As Double         ' 寸法                   (m)
Public omega As Double          ' 円振動数（加振力の角速度）(rad/s)
Public h As Double              ' 加振振幅               (m)

'
' ************************************************************ <p01>
' *               [1] タイトル，イメージファイル名，スイッチ
Sub TITLE()
    '
    ' 【 タイトル 】
    '
    TL(0) = "*************************** (2021)年 ( 1)月 ********"
    TL(1) = Space(32) & "解析日 : " & Today_Renamed
    TL(2) = "    運動解析プログラム　《MAP》                    "
    TL(3) = "        ( メモ : 自動車の振動  実験教材   )        "
    TL(4) = "              解析変数の数   = ( 2 )              "
    TL(5) = "              入力変数の数   = ( 1 )              "
    TL(6) = "              補助変数の数   =   6               "
    TL(7) = "                                                 "
    TL(8) = "*************************************************"
    '
    ' 【 スイッチ 】
    '
    '   .........................................................
    SW_AAA = 1 ' <----- 入力変数スイッチ    ( 0 か 1 )
    SW_BBB = 0 ' <----- 特殊解析スイッチ    ( 0 か 1 )
    '   .........................................................
End Sub
'
' ************************************************************ <p02>
' *               [2]-(1) 運動方程式
' *
Sub MATRIX()

    ' 【 運動方程式 】
    '
    ' ---------- 第 1 式 ----------------
    '
    A(1, 1) = M
    A(1, 2) = 0
    A(1, 3) = Q1 - (C1 + C2) * (DX1 - DY1) - (K1 + K2) * (X1 - Y1) +
```

```
'                 (C1 * L1 - C2 * L2) * DX2 + (K1 * L1 - K2 * L2) * X2
'
'      ---------- 第2式 ----------------
'
    A(2, 1) = 0
    A(2, 2) = I
    A(2, 3) = Q2 - (C1 * L1 ^ 2 + C2 * L2 ^ 2) * DX2 - (K1 * L1 ^ 2 + K2 * L2 ^ 2) * X2 +
'                 (C1 * L1 - C2 * L2) * (DX1 - DY1) + (K1 * L1 - K2 * L2) * (X1 - Y1)
'
'      ----------------------------------
End Sub
'
'*************************************************************** <p04>
'*                    [2]-(3) 入力変数の計算式
'*
Sub INPUT_VARIABLE()
'
    '【 入力変数 】
'
    '  ---------- 第1入力変数 ------------- (カムによる強制変位)
'
    DDY1 = -h * omega ^ 2 * Math.Sin(omega * T)
    DY1 = h * omega * Math.Cos(omega * T)
    Y1 = h * Math.Sin(omega * T)
'
    '      ----------------------------------
End Sub
'
'*************************************************************** <p05>
'*                    [2]-(4) 補助変数の計算式
'*
Sub AUX_VARIABLE()
'
    '【 補助変数 】
'
    '      ----------------------------------
'
    S1 = DDY1  '入力変数（加速度）   (m/s^2)
    S2 = DY1   '入力変数（速度）     (m/s)
    S3 = Y1    '入力変数（変位）     (m)
    S4 = K1    '前後輪のばね定数     (N/m)
    S5 = L1    '前輪と重心G間の距離   (m)
    S6 = L2    '後輪と重心G間の距離   (m)
'
    '      ----------------------------------
End Sub
'
'*************************************************************** <p06>
'*                    [3]-(1) 定数値
'*
Sub CONSTANT_VALUE()
'
    '【 定数値 】
'                                              ( 単位, メモ )
    '  ------------------------ 自動設定用定数 ------------------------
    T_END = 10     ' [sec] シミュレーション時間
    T_DELTA = 0.01  ' [sec] 時間刻み幅  （但し T.DELTA<=T.END/200）
'
```

```
'  ------------------------ 一 般 定 数 ------------------------
G = 9.8            ' [m/s^2]
PAI = Math.PI     ' 円周率
DRC = PAI / 180  ' DEG --> RAD   この値をかければよい
RDC = 180 / PAI  ' RAD --> DEG   この値をかければよい

'  ------------------------ 質      量 ------------------------
M = 0.2415              ' [kg]
'  ------------------------ 慣性モーメント ------------------------
I = 0.000144137         ' [kg・m^2]
'  ------------------------ ば ね 定 数 ------------------------
K1 = 140
K2 = 140                ' [N/m]
'  ------------------------ 粘性減衰係数 ------------------------
'C1 = 0
'C2 = 0                 ' [N・s/m]   自由振動時
C1 = 0.5
C2 = 0.5                ' [N・s/m]   自由振動時  と  加振時
'  ------------------------ 寸      法 ------------------------
L1 = 0.039             ' [m] （長さ）
L2 = 0.031             ' [m] （長さ）
'  ------------------------ そ の 他 ------------------------
'omega = 0             ' [rad/s] 自由振動時
omega = 33.75          ' [rad/s] 円振動数  1 次の omega=33.75， 2 次の omega=49.09
h = 0.003              ' [m]     加振振幅（3mm）
'  ------------------------------------------------------------
End Sub
'
'****************************************************************** <p07>
'*                   [3]-(2) 解析変数の初期値
'*
Sub INITIAL_VALUE()
'
'【 初期値 】
'
'         （角）加速度      （角）速度      （角）変位
'           (m/s^2)          (m/s)            (m)
'           (rad/s^2)        (rad/s)          (rad)
'         ----------------------------------------
          DDX1 = 0 : DX1 = 0 : X1 = 0     '0.01:自由振動の初期値(10mm)
          DDX2 = 0 : DX2 = 0 : X1 = 0     '0.30:自由振動の初期値(rad)
'         ----------------------------------------
'
'
End Sub
'
End Module
```

（注）<p03> と <p08> については，記述箇所がないので省略した。

（6） DSS によるシミュレーション

　図 4.20 に，初期値として x（DSS の中では X1）＝10mm，θ（DSS の中では X2）＝0.3rad を与え，自由振動させた際の角変位 θ の時刻履歴波形（振動波形）を示す。図 4.21 に，図 4.20 に示す振動波形を周波数分析した結果を示す。この系の固有円振動数（固有振動数）は，1 次が 33.75rad/s（5.37Hz），2 次が 49.09rad/s（7.81Hz）であることがわかる。

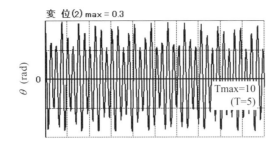

図 4.20　θ の自由振動波形（GRAPH による画像，5s 間）

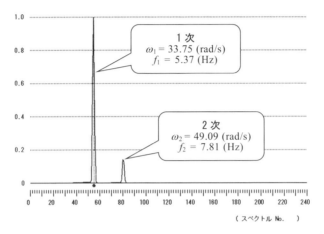

図 4.21　図 4.20 に示す振動波形の周波数分析結果（FFT による画像）

　図 4.22 に，共振時における θ と x の時刻履歴波形を示す。解析時間はいずれも 10s であるが，時刻履歴には最初の 5s の結果を示す。

　図 4.23 に，簡易アニメーション（ANIMATION）による自動車の挙動観察の様子を示す。解析変数 x と θ の時刻歴データに応じて，自動車を表す矩形体が動く。ANIMATION による挙動観察は，DSS のトップ画面から解析結果表示の簡易アニメーションをクリックし，簡易アニメーション画面→実行→実験教材用→自動車→解析データ選択の手順で行う。本アニメーションにより，共振時の自動車のバウンシングとピッチングの挙動が観察できる。

　参考までに，図 4.24 に，図 4.1（c）の No.4 に示す実験教材の固有値問題を解いて得られた振動モードを示す。固有値問題の詳細については，8.2.3 項の（3）を参照せよ。この図から，1 次の振動モードでは回転中心が自動車のはるか前方にあるのに対して，2 次の振動モードでは回転中心が前後輪の間にあることがわかる。

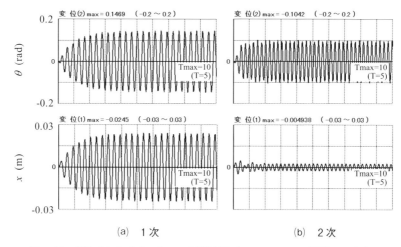

(a)　1次　　　　　　　　　　　(b)　2次

図 4.22　共振時における θ と x の振動波形（GRAPH による画像，5s 間）

図 4.23　自動車の挙動観察（ANIMATION による画像）

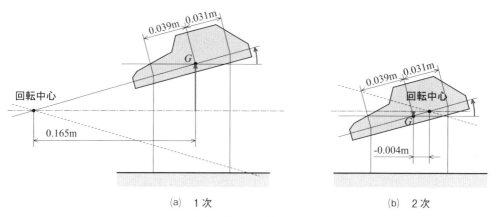

(a)　1次　　　　　　　　　　　(b)　2次

図 4.24　実験教材（自動車）の振動モード

（7）　実験教材の挙動観察

　DSS のトップ画面から観察結果（動画）の実験結果表示をクリックし，データ読込から「鉛直 No.4【自動車】.txt」を選択すると，自動車の実験教材の挙動を見ることができる。「1 次共振」，「2 次共振」，「静止→1 次共振→2 次共振→高速加振→静止」の 3 つの動画から，共振現象とそのときの振動モードを観察できる。高速加振をしても自動車がほとんど揺れない点にも注目せよ。なお，ここでの加振装置は図 4.2 に示すものではなく，鉛直方向専用の加振装置を使用している。

4.2.3　3 自由度ねじり振動系

（1）　解析モデル

　図 4.25 に，3 自由度ねじり振動系（torsional vibration system）の解析モデルを示す。解析変数は θ_1，θ_2，θ_3 であり，最上部の回転板を介して角変位加振（y）するモデルである。角変位加振については，入力変数として扱う。

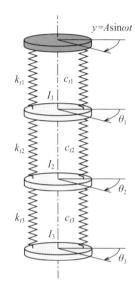

図 4.25　3 自由度ねじり振動系の解析モデル

（2）　運動方程式とマトリックス表示

　図 4.25 に示す解析モデルに対する運動方程式は，次式で示される。この運動方程式の立て方については，演習問題 6.7 の解答を参照せよ。

$$\begin{cases} I_1\ddot{\theta}_1 = -(c_{t1}+c_{t2})\dot{\theta}_1 + c_{t2}\dot{\theta}_2 - (k_{t1}+k_{t2})\theta_1 + k_{t2}\theta_2 + c_{t1}\dot{y} + k_{t1}y \\ I_2\ddot{\theta}_2 = c_{t2}\dot{\theta}_1 - (c_{t2}+c_{t3})\dot{\theta}_2 + c_{t3}\dot{\theta}_3 + k_{t2}\theta_1 - (k_{t2}+k_{t3})\theta_2 + k_{t3}\theta_3 \\ I_3\ddot{\theta}_3 = c_{t3}\dot{\theta}_2 - c_{t3}\dot{\theta}_3 + k_{t3}\theta_2 - k_{t3}\theta_3 \end{cases} \quad (4.9)$$

DSS では，式(4.9)を，次のようなマトリックスにて表現する。

$$\begin{bmatrix} a_{11} & a_{12} & a_{13} \\ a_{21} & a_{22} & a_{23} \\ a_{31} & a_{32} & a_{33} \end{bmatrix} \begin{Bmatrix} \ddot{\theta}_1 \\ \ddot{\theta}_2 \\ \ddot{\theta}_3 \end{Bmatrix} = \begin{Bmatrix} a_{14} \\ a_{24} \\ a_{34} \end{Bmatrix} \quad (4.10)$$

式(4.10)における各要素は，次式のとおりである。

$$\begin{cases} a_{11} = I_1 \\ a_{12} = 0 \\ a_{13} = 0 \\ a_{14} = -(c_{t1}+c_{t2})\dot{\theta}_1 + c_{t2}\dot{\theta}_2 - (k_{t1}+k_{t2})\theta_1 + k_{t2}\theta_2 + c_{t1}\dot{y} + k_{t1}y \\ a_{21} = 0 \\ a_{22} = I_2 \\ a_{23} = 0 \\ a_{24} = c_{t2}\dot{\theta}_1 - (c_{t2}+c_{t3})\dot{\theta}_2 + c_{t3}\dot{\theta}_3 + k_{t2}\theta_1 - (k_{t2}+k_{t3})\theta_2 + k_{t3}\theta_3 \\ a_{31} = 0 \\ a_{32} = 0 \\ a_{33} = I_3 \\ a_{34} = c_{t3}\dot{\theta}_2 - c_{t3}\dot{\theta}_3 + k_{t3}\theta_2 - k_{t3}\theta_3 \end{cases} \quad (4.11)$$

図 4.25 および式(4.9)から式(4.11)中の変位加振に関する入力変数 (y) は，次式で与える。

$$\begin{cases} y = A \sin \omega t \\ \dot{y} = A \omega \cos \omega t \\ \ddot{y} = -A \omega^2 \sin \omega t \end{cases} \tag{4.12}$$

(3) 解析変数と時間の記号

表 4.9 に，図 4.25 および式(4.9)から式(4.12)にある解析変数と時間の記号の一覧を示す。

表 4.9　3 自由度ねじり振動系の解析変数と時間の記号の一覧

名称			記号		単位
			図と式	プログラム	
解析変数 1	角加速度，	角速度，角変位	$\ddot{\theta}_1, \dot{\theta}_1, \theta_1$	DDX1, DX1, X1	rad/s², rad/s, rad
解析変数 2	角加速度，	角速度，角変位	$\ddot{\theta}_2, \dot{\theta}_2, \theta_2$	DDX2, DX2, X2	rad/s², rad/s, rad
解析変数 3	角加速度，	角速度，角変位	$\ddot{\theta}_3, \dot{\theta}_3, \theta_3$	DDX3, DX3, X3	rad/s², rad/s, rad
入力変数 1	角加速度，	角速度，角変位	$\ddot{y}, \dot{y}, y$	DDY1, DY1, Y1	rad/s², rad/s, rad
時間			t	T	sec

(4) 定数の記号と値

表 4.10 に，図 4.25 および式(4.9)から式(4.12)にある定数の記号と値の一覧を示す。

表 4.10　3 自由度ねじり振動系の定数の記号と値の一覧

名称	記号		値	単位	備考
	図と式	プログラム			
シミュレーション時間	−	T_END	10	sec	規定値は 10
時間刻み幅	−	T_DELTA	0.002	sec	規定値 0.05
上部円板慣性モーメント	I_1	I1	7.7068×10^{-5}	kg·m²	
中央円板慣性モーメント	I_2	I2	7.7068×10^{-5}	kg·m²	
下部円板慣性モーメント	I_3	I3	7.2068×10^{-5}	kg·m²	
上部のばね定数	k_{t1}	k1	0.0514	N·m/rad	
中央部のばね定数	k_{t2}	k2	0.0514	N·m/rad	
下部のばね定数	k_{t3}	k3	0.0514	N·m/rad	
上部の粘性減衰係数	c_{t1}	c1	0 0.0009 0.00012 0.000042 0.000042	N·m·s/rad	自由振動時 1 次 2 次 3 次 高速時
中央部の粘性減衰係数	c_{t2}	c2	同上	N·m·s/rad	同上
下部の粘性減衰係数	c_{t3}	c3	同上	N·m·s/rad	同上
加振振幅	A	amp	0.371	rad	
円振動数	ω	omega	0 11.76 32.72 46.53 60	rad/s	自由振動時 1 次 2 次 3 次 高速時

(5)　解析プログラム MAP への記述

　プログラム 4.3 に，3 自由度ねじり振動系の振動問題解析用「MAP」リストを示す。このリストには，必要事項のみを示してある。文字に網かけの入っている個所が記述箇所である。

プログラム 4.3　3 自由度ねじり振動系の振動問題解析用「MAP」リスト

```
'*EQUATION.S **********************************************
'**    これより下のサブプログラムの中に，あなたがシミュレーションしよう
'**    とする式等を書いて下さい。  【言語：Microsoft Visual Basic 2019)】
' EQUATION.E **********************************************

'********************************************************** <p00>
'*              [0] 型宣言
'
'ユーザー変数
'
Public I1, I2, I3 As Double   ' 慣性モーメント      (kg･m^2)
Public k1, k2, k3 As Double   ' ねじりばね定数      (N･m/rad)
Public c1, c2, c3 As Double   ' 粘性減衰係数(回転)  (N･m･s/rad)
Public omega As Double        ' 円振動数            (rad/s)
Public amp As Double          ' 加振振幅            (rad)
'
'********************************************************** <p01>
'*              [1]  タイトル，イメージファイル名，スイッチ
Sub TITLE()
    '
    '【 タイトル 】
    '
    TL(0) = "**************************** (2021)年 ( 1)月 ********"
    TL(1) = Space(32) & "解析日 :" & Today_Renamed
    TL(2) = "      運動解析プログラム  《MAP》                    "
    TL(3) = "          ( メモ：3自由度ねじり振動系  実験教材  )  "
    TL(4) = "          解析変数の数    =    3                    "
    TL(5) = "          入力変数の数    =  ( 1 )                  "
    TL(6) = "          補助変数の数    =    6                    "
    TL(7) = "                                                    "
    TL(8) = "****************************************************"
    '
    '【 スイッチ 】
    '
    '  ....................................................
    SW_AAA = 1 ' <-----  入力変数スイッチ   ( 0 か 1 )
    SW_BBB = 0 ' <-----  特殊解析スイッチ   ( 0 か 1 )
    '  ....................................................
End Sub
'
'********************************************************** <p02>
'*              [2]-(1) 運動方程式
'*
Sub MATRIX()
    '
    '【 運動方程式 】
    '
```

```
'  ---------- 第1式 ----------------
'
    A(1, 1) = I1
    A(1, 2) = 0
    A(1, 3) = 0
    A(1, 4) = Q1 - (c1+c2)*DX1 + c2*DX2 - (k1+k2)*X1 + k2*X2 + c1*DY1 + k1*Y1
'
'  ---------- 第2式 ----------------
'
    A(2, 1) = 0
    A(2, 2) = I2
    A(2, 3) = 0
    A(2, 4) = Q2 + c2*DX1 - (c2+c3)*DX2 + c3*DX3 + k2*X1 - (k2+k3)*X2 + k3*X3

'
'  ---------- 第3式 ----------------
'
    A(3, 1) = 0
    A(3, 2) = 0
    A(3, 3) = I3
    A(3, 4) = Q3 + c3*DX2 - c3*DX3 + k3*X2 - k3*X3
'
'  -----------------------------------
End Sub
'
'************************************************************* 〈p04〉
'*              [2]-(3) 入力変数の計算式
'*
Sub INPUT_VARIABLE()
'
'  【 入力変数 】
'
'  ---------- 第1入力変数 -------------
'
    DDY1 = -amp * omega ^ 2 * Math.Sin(omega * T)
    DY1 = amp * omega * Math.Cos(omega * T)
    Y1 = amp * Math.Sin(omega * T)
'
'  -----------------------------------
End Sub
'
'************************************************************* 〈p05〉
'*              [2]-(4) 補助変数の計算式
'*
Sub AUX_VARIABLE()
'
'  【 補助変数 】
'
'  -----------------------------------
'
    S1 = I1      ' 慣性モーメント     (kg·m^2)
    S2 = k1      ' ねじりばね定数     (N·m/rad)
    S3 = c1      ' 粘性減衰係数(回転) (N·m·s/rad)
    S4 = omega   ' 円振動数           (rad/s)
    S5 = Y1      ' 入力変数  角変位   (rad)
    S6 = DY1     ' 入力変数  角速度   (rad/s)
'
'  -----------------------------------
```

```
End Sub
'
'************************************************************ 〈p06〉
'*                   [3]-(1) 定数値
'*
Sub CONSTANT_VALUE()
    '
    '【 定数値 】
    '                                           ( 単位, メ モ )
    ' --------------------- 自動設定用定数 ----------------------
    T_END = 10      ' [sec] シミュレーション時間
    T_DELTA = 0.002 ' [sec] 時間刻み幅　(但し T.DELTA<=T.END/200)

    ' --------------------- 一 般 定 数 ----------------------
    G = 9.8           ' [m/s^2]
    PAI = Math.PI     ' 円周率
    DRC = PAI / 180 ' DEG --> RAD　この値をかければよい
    RDC = 180 / PAI ' RAD --> DEG　この値をかければよい

    ' --------------------- 慣性モーメント ----------------------
    I1 = 0.000077068 : I2 = 0.000077068 : I3 = 0.000072068    ' [kg・m^2]
    ' --------------------- ば ね 定 数 ----------------------
    k1 = 0.0514 : k2 = 0.0514 : k3 = 0.0514     ' [N・m/rad](ねじりばね)
    ' --------------------- 粘性減衰係数 ----------------------
    ' c1=0       :c2=0       :c3=0       ' [N・m・s/rad](回転) 自由振動時
    c1 = 0.0009 : c2 = 0.0009 : c3 = 0.0009          ' 1 次
    ' c1=0.00012  :c2=0.00012  :c3=0.00012     ' 2 次
    ' c1=0.000042 :c2=0.000042 :c3=0.000042    ' 3 次, 高速
    ' --------------------- そ の 他 ----------------------
    ' omega = 0    ' [rad/s] 自由振動時
    omega = 11.76   ' [rad/s] 円振動数 1 次:11.76, 2 次:32.72, 3 次:46.53, 高速:60
    amp = 0.371    ' [rad]　加振振幅
    ' -------------------------------------------------------
End Sub
'
'************************************************************ 〈p07〉
'*                   [3]-(2) 解析変数の初期値
'*
Sub INITIAL_VALUE()
    '
    '【 初期値 】
    '
    '         (角) 加速度       (角) 速度       (角) 変位
    '         (m/s^2)         (m/s)          (m)
    '         (rad/s^2)        (rad/s)         (rad)
    '         ----------------------------------------
          DDX1 = 0 : DX1 = 0 : X1 = 0
          DDX2 = 0 : DX2 = 0 : X2 = 0
          DDX3 = 0 : DX3 = 0 : X3 = 0        '自由振動時　X3 = 0.5
    '         ----------------------------------------
    '
End Sub
'
End Module
```

（注）〈p03〉,〈p08〉については，記述箇所がないので省略した。

（6）　DSS によるシミュレーション

図 4.26 に，初期値として θ_3（DSS の中では X3）＝0.5rad を与え，自由振動させた際の角変位 θ_3 の時刻履歴波形（振動波形）を示す。図 4.27 に，図 4.26 に示す振動波形を周波数分析した結果を示す。この系の固有円振動数（固有振動数）は， 1 次が 11.76rad/s（1.87Hz）， 2 次が 32.72rad/s（5.21Hz）， 3 次が 46.53rad/s（7.41Hz）であることがわかる。

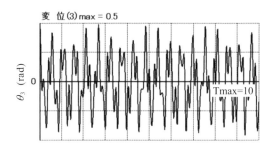

図 4.26　θ_3 の自由振動波形（GRAPH による画像，10s 間）

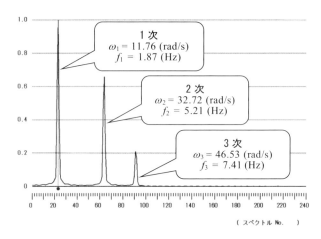

図 4.27　図 4.26 に示す振動波形の周波数分析結果（FFT による画像）

図 4.28 に，共振時における θ_1，θ_2，θ_3 の時刻履歴波形を示す。解析時間はいずれも 10s とした。同図において，図 4.7 に示す 3 自由度ねじり振動系の実験教材の共振現象を表すべく，粘性減衰係数 c_{t1}，c_{t2}，c_{t3} の値の全てを， 1 次共振時 9.0×10^{-4}N・m・s/rad， 2 次共振時 1.2×10^{-4}N・m・s/rad， 3 次共振時 4.2×10^{-5}N・m・s/rad として解析した。図 4.29 に，簡易アニメーション（ANIMATION）にて作成した図 4.28 に対応する振動挙動を示す。各共振時の動きについては，左の図→右の図→左の図→右の図→…をくり返す。これらを比較すると 1 次， 2 次， 3 次の振動モードの違いがわかる。各図中の上部の円板の動きは，加振状態を表している。ANIMATION による挙動観察は，DSS のトップ画面から解析結果表示の簡易アニメーションをクリックし，簡易アニメーション画面→実行→実験教材用→3 自由度ねじり振動系→解析データ選択の手順で行う。

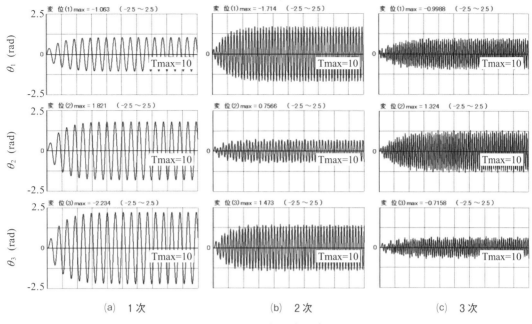

図 4.28 共振時における θ_1, θ_2, θ_3 の振動波形（GRAPH による画像，10s 間）

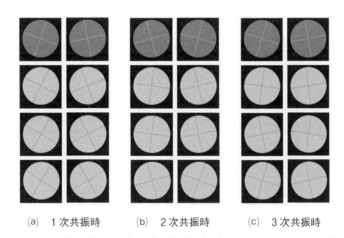

(a) 1 次共振時 (b) 2 次共振時 (c) 3 次共振時

図 4.29 3 自由度ねじり振動系の挙動観察（ANIMATION による画像）

参考までに，図 4.30 に，図 4.7 に示す実験教材の振動モードを示す。この結果は，本実験教材の固有値問題を解いて得られた結果である。詳細については，8.2.4 項の(2)を参照せよ。

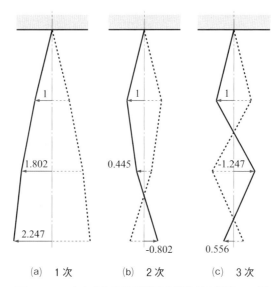

(a) 1 次   (b) 2 次   (c) 3 次

図4.30　3自由度ねじり振動系実験教材の振動モード

(7)　実験教材の挙動観察

　DSS のトップ画面から観察結果（動画）の実験結果表示をクリックし，データ読込から「その3（3自由度ねじり振動系).txt」を選択すると，実験教材の挙動を見ることができる。「1次共振」，「2次共振」，「3次共振」，「高速加振」，「高速加振→3次共振→2次共振→1次共振→静止」の5つの動画から，共振現象とそのときの振動モードを観察できる。高速加振時に，共振時のような振動が生じない点にも注目せよ。また，加振部の実際の動き（1次共振時）についても3つの動画がある。参考までに，図4.31に共振時の様子を示す。2本のバネを用いたことにより，1次，2次，3次の振動モードの違いがよくわかる。図4.30に示す3自由度ねじり振動系実験教材の振動モードとよく一致していることがわかる。表4.11に，実験および解析により得られた共振時の値の一覧を示す。

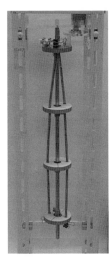  

(a)　1 次　　　　　　(b)　2 次　　　　　　(c)　3 次

図 4.31　共振時の様子

表 4.11　実験および解析により得られた共振時の値の一覧

共振	1 次		2 次		3 次	
	実験	解析	実験	解析	実験	解析
ω（rad/s）	11.52	11.76	32.15	32.72	47.12	46.53
f（Hz）	1.83	1.87	5.12	5.21	7.50	7.41
$\theta_{1(\mathrm{max})}$（rad）	1.19	1.06	2.28	1.71	0.72	1.00
$\theta_{2(\mathrm{max})}$（rad）	1.58	1.82	0.50	0.76	1.33	1.32
$\theta_{3(\mathrm{max})}$（rad）	3.32	2.23	1.50	1.47	0.78	0.72

演習問題

4.1 4.2節で紹介した「二重振子」,「自動車」,「3自由度ねじり振動系」の中から興味のあるテーマを選び,DSS を使用して,次の手順でシミュレーションと実験教材の実際の振動挙動を示した動画の観察を実施せよ。

(1) Work フォルダを作成し,その中に解析プログラム（MAP）を保存せよ。なお,「二重振子」については,自由出力プログラム（FREE）も併せて保存せよ。MAP と FREE の保存は,DSS のトップ画面から解析プログラム選択（実験教材用）→モデル選択→項目選択（解析プログラム保存,自由出力プログラム保存）の順に行え。

(2) Work フォルダ中の MAP を用いて,本文中の各項(6)に示したシミュレーションを実施せよ。必要に応じて,時刻履歴（GRAPH）,簡易アニメーション（ANIMATION）,自由出力（FREE）を使用せよ。なお,FREE は Work フォルダ中の FREE をコンパイルして使うこと。ANIMATION については,各自で作成すること。

(3) DSS を使用して,本文中の各項(7)に示した実験教材の挙動観察を実施せよ。

4.2 DSS をダウンロードした際に,Sample（簡易ぶらんこ）というファイルが添付されている。ここには,図4.8に示す実験教材の「簡易ぶらんこ」に関する全てのデータが入っている。このファイルの内容を,DSS のトップ画面のファイル管理（登録）から入って,「登録の種類選択」の中の「個人用」に全て登録せよ。なお,「ボタン表示文字」は「Sample（簡易ぶらんこ）」とせよ。登録は,モデル説明→プログラム→解析結果データ→簡易アニメーションデータ→観察結果（動画）の順に実施せよ。最後に,観察結果の動画表示画面を作成しデータとして保存せよ。全ての作業が終わったら,登録された内容が,実験教材の「簡易ぶらんこ」と全て同じになっていることを確認せよ。

（注）

・解析結果データ,簡易アニメーションデータ,観察結果（動画）用のフォルダ名は,「Sample（簡易ぶらんこ）」とせよ。

・解析結果データ用フォルダ名の登録後に,登録データ番号→ファイル登録の順でデータファイルを登録せよ。なお,簡易アニメーションデータ,観察結果（動画）についても同様である。

・動画表示画面の作成は,DSS のトップ画面の観察結果（動画）の実験結果表示から入って,「動画画面設定」と「登録データ」を使用して実施せよ。画面に,「こぎ方⑦の場合の動画」と「こぎ方⑧の場合の動画」を同時に見ることができるように設定せよ。なお,必要に応じて操作説明書の6章「観察結果（動画）」も参考にせよ。

第5章
等速度運動と等加速度運動問題の図式解法

物理などの力学において学ぶ「等速度運動」と「等加速度運動」に関する問題は，力学問題の基礎・基本であり非常に重要である。とりわけ，「加速度－速度－変位の関係」については十分理解しておく必要がある。本章では「加速度－速度－変位の関係」を利用した「図式解法」について説明するとともに，その具体例を示し問題の解き方を学習する。「等角速度運動」と「等角加速度運動」に関する問題も扱う。

▶▶▶ 5.1 図式解法

5.1.1 加速度－速度－変位の関係

　加速度，速度および変位には，図 5.1 に示す関係があり，それぞれ微分（傾きを求める）や積分（面積を求める）をすることにより得られる。本章ではこの基礎・基本に着目して，等速度運動と等加速度運動（等角速度運動と等角加速度運動も含む）の問題を対象に，公式を一切使わずに「図式解法（graphical method）」により解くことを示す。

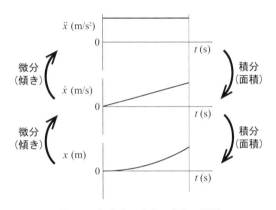

図 5.1　加速度－速度－変位の関係

　物理などの力学における等速度運動と等加速度運動（等角速度運動と等角加速度運動も含む）の問題を整理すると，おおむね表 5.1 のように分類することができる。5.2 節では，この分類に沿って具体的に問題を解く。

表 5.1　力学問題の分類

1	等速度運動の問題
2	等加速度運動の問題
	・一般問題
	・自由落下問題
	・鉛直投げ上げ・投げ下ろし問題
3	等速度運動と等加速度運動を同時に扱う問題
4	放物運動の問題
	・水平投射問題
	・斜方投射問題
5	等角速度運動と等角加速度運動（回転運動）の問題

5.1.2 加速度－速度－変位図と角加速度－角速度－角変位図

図 5.2 に，本章で使用する直線運動問題用の「加速度－速度－変位図」を示す。変位を表す変数には，x を用いる。上から順に，加速度 $\ddot{x}\,(\mathrm{m/s^2})$ － 時間 $t\,(\mathrm{s})$ のグラフ，速度 $\dot{x}\,(\mathrm{m/s})$ － 時間 $t\,(\mathrm{s})$ のグラフ，変位 $x\,(\mathrm{m})$ － 時間 $t\,(\mathrm{s})$ のグラフを示す。

図 5.3 に，回転運動問題用の「角加速度－角速度－角変位図」を示す。角変位を表す変数には，θ を用いる。上から順に，角加速度 $\ddot{\theta}\,(\mathrm{rad/s^2})$ － 時間 $t\,(\mathrm{s})$ のグラフ，角速度 $\dot{\theta}\,(\mathrm{rad/s})$ － 時間 $t\,(\mathrm{s})$ のグラフ，角変位 $\theta\,(\mathrm{rad})$ － 時間 $t\,(\mathrm{s})$ のグラフを示す。

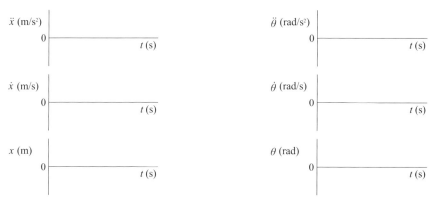

図 5.2　加速度－速度－変位図　　　　　図 5.3　角加速度－角速度－角変位図

放物運動（parabolic motion）のような平面運動（plane motion）を扱う場合には，図 5.4 に示す 2 つの変数からなる「加速度－速度－変位図」を用いる。変数には，水平方向の変位 x と鉛直方向の変位 y を用いる。

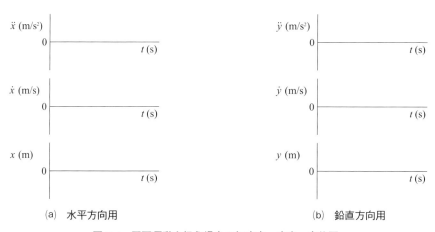

(a)　水平方向用　　　　　　　　　　(b)　鉛直方向用

図 5.4　平面運動を扱う場合の加速度－速度－変位図

5.1.3　解法手順

次の①→②→③の手順で対象とする問題を解く。

① 問題から得られた情報を，直線運動問題については「加速度－速度－変位図」に，回転運動問題については「角加速度－角速度－角変位図」に記入する。

② 得られた情報をもとに，問題で問われていることを作図・計算しながら解答する。その際，計算過程も記入する。

③ 問われていないことでも，全て計算・記入し，全ての図を完成する。

なお，①，②，③を行う際，解答の過程をわかりやすくするために，できるだけ補助線や説明線を入れるとよい。本図式解法では，以下を必ず実行するものとする。

・傾きを求めた箇所には「⊿」を付け，その計算過程を記入する。

・面積を求めた箇所には「○」を付け，その中に面積の計算過程を記入する。

図 5.5 に，以下の例題に対する図式解法の一例を示す。図(a)に上記手順①に基づき問題から得られた情報（問題情報）を書き込みしたもの，図(b)に上記手順②，③に基づき完成したものを示す。

例題

速度 8.0m/s で走っていた自動車の運転手がアクセルを踏み，自動車が等加速度直線運動して速度 16m/s になった。その間 60m 進んだとすると，加速度はいくらか。

（解答　1.6m/s^2）

＜解答＞

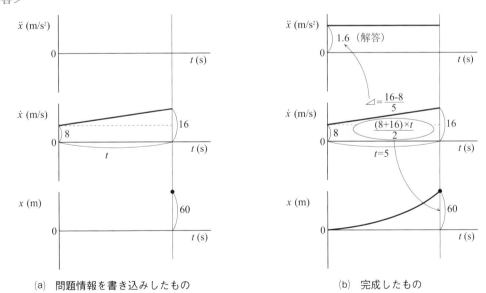

(a)　問題情報を書き込みしたもの　　　　(b)　完成したもの

図 5.5　図式解法の一例

5.1.4 図式解法と公式の関係

図 5.6 と図 5.7 に，等速度運動および等加速度運動の図式解法と公式の関係を示す。図 5.1 に示した加速度－速度－変位の関係を，具体的に示したものである。

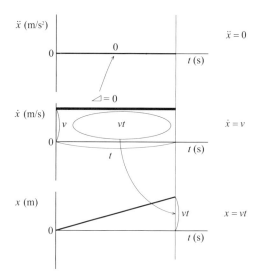

図 5.6　等速度運動の図式解法と公式の関係

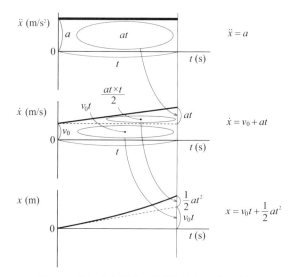

図 5.7　等加速度運動の図式解法と公式の関係

▶▶▶ 5.2　図式解法の具体例

5.2.1　等速度運動の問題

問題 1

　下図は，ある物体の運動を表す $\dot{x}-t$ グラフである。次の問いに答えよ。

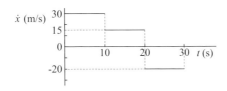

（1）0〜10s，10〜20s，20〜30s のそれぞれの間における物体の変位を求めよ。

（解答　3.0×10^2m，1.5×10^2m，-2.0×10^2m）

（2）（1）の結果をもとに，$x-t$ グラフを描け。

（解答　図 5.8（b）参照のこと）

＜解答＞

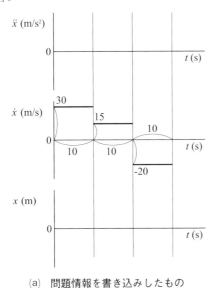

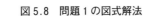

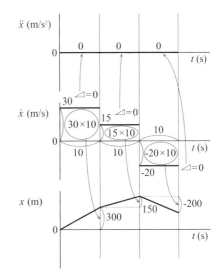

（a）問題情報を書き込みしたもの　　　　（b）完成したもの

図 5.8　問題 1 の図式解法

5.2.2 等加速度運動の問題

問題 2

下図は，ある物体の運動を表す $\dot{x}-t$ グラフである。次の問いに答えよ。

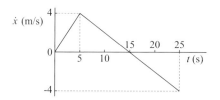

(1) $\ddot{x}-t$ グラフ，$x-t$ グラフを描け。

(解答　図 5.9(b)参照のこと)

(2) 0〜5.0s, 5.0〜25s の間における物体の加速度はそれぞれいくらか。

(解答　0.80m/s^2, −0.40m/s^2)

(3) 物体が出発してから正の向きのもっとも遠くの位置にあるのは何秒後か。

(解答　15s 後)

(4) t＝25s における物体の変位はいくらか。

(解答　10m)

＜解答＞

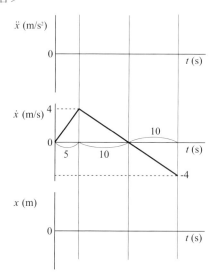

(a)　問題情報を書き込みしたもの

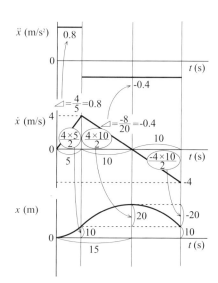

(b)　完成したもの

図 5.9　問題 2 の図式解法

問題 3

　ボールを 20m/s で鉛直方向に投げ上げた。次の問いに答えよ。重力加速度（gravitational acceleration）の大きさを 9.8m/s² とし，空気抵抗（air resistance）は無視する。

　（1）ボールが最高点に達するまでの時間と，そのときの高さはいくらか。

（解答　2.0s，20m）

　（2）ボールが投げ上げた点にもどるまでの時間と，もどってきたときの速度はいくらか。

（解答　4.0s，−20m/s）

＜解答＞

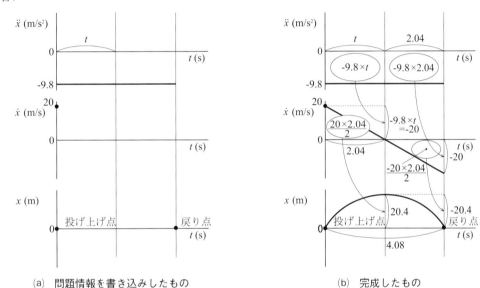

(a)　問題情報を書き込みしたもの　　　　　(b)　完成したもの

図 5.10　問題 3 の図式解法

問題4

　4.0m/s の速度で真上に上昇している飛行体から物体を落としたら，5.0秒後に地面に達した。次の問いに答えよ。重力加速度の大きさを9.8m/s² とし，空気抵抗は無視する。

　（1）物体を落としたときの飛行体の高さはいくらか。

（解答　1.0×10^2m）

　（2）物体が地面に達する直前の速度はいくらか。

（解答　−45m/s）

＜解答＞

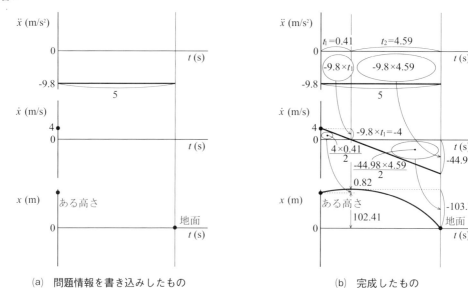

（a）問題情報を書き込みしたもの　　　　　　（b）完成したもの

図5.11　問題4の図式解法

5.2.3　等速度運動と等加速度運動を同時に扱う問題

問題5

　下図は，自転車が直線上を動き始めてから停止するまでの速度 $\dot{x}$ と時間 t の関係を示したものである。次の問いに答えよ。

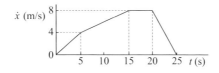

（1）0〜5.0s，5.0〜15s，15〜20s，20〜25s のそれぞれの間における加速度はいくらか。

（解答　0.80m/s^2，0.40m/s^2，0m/s^2，−1.6m/s^2）

（2）自転車が動き始めてから停止するまでに走った距離はいくらか。

（解答　1.3×10^{2}m）

＜解答＞

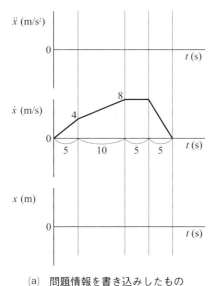

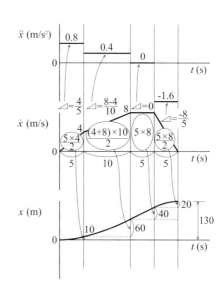

（a）問題情報を書き込みしたもの　　　（b）完成したもの

図5.12　問題5の図式解法

問題6

　小石を静かに落として（離して）井戸の深さ（ここでは，井戸の入口から水面までの距離とする）を測定する。井戸の入口にて小石を静かに落とした（離した）ところ，その1.2秒後に井戸に溜まっている水に小石が当たる音がした。このとき，井戸の深さはいくらか。重力加速度の大きさを9.8m/s²とし，空気抵抗は無視する。音の速さは340m/sとする。

（解答　6.8m）

＜解答＞

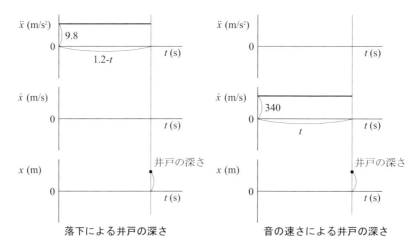

(a)　問題情報を書き込みしたもの

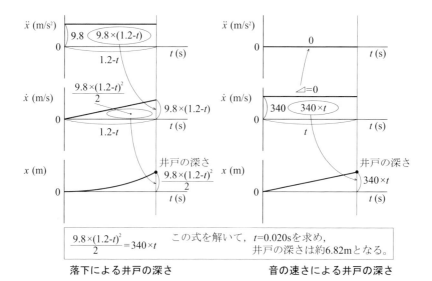

(b)　完成したもの

図5.13　問題6の図式解法

5.2.4　放物運動の問題

問題 7【水平投射問題】

　地上 400m の高さを水平に 100km/h（27.8m/s）で飛ぶヘリコプターから物体を落とす。次の問いに答えよ。重力加速度の大きさを 9.8m/s² とし，空気抵抗は無視する。

（1）物体は投下されてから何秒で地面に到達するか。

（解答　9.0s）

（2）物体が地面に到達したとき，物体は投下点の真下から何 m 離れたところに落下するか（左図に示す距離 s の大きさを求めよ）。

（解答　2.5×10²m）

＜解答＞

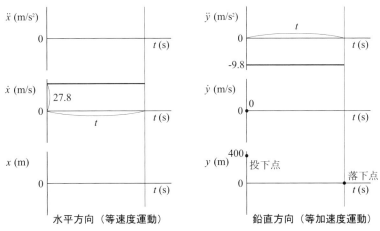

（a）問題情報を書き込みしたもの

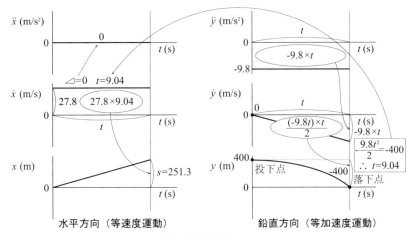

（b）完成したもの

図 5.14　問題 7 の図式解法

問題 8【斜方投射問題】

ボールを，初速度 30m/s で水平面に対し 40°上方に投げ上げた。重力加速度の大きさを 9.8m/s^2，空気抵抗は無視するものとして，次の値を求めよ。

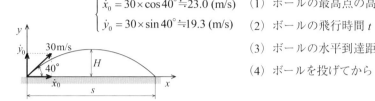

$$\begin{cases} \dot{x}_0 = 30 \times \cos 40° \fallingdotseq 23.0 \ (\text{m/s}) \\ \dot{y}_0 = 30 \times \sin 40° \fallingdotseq 19.3 \ (\text{m/s}) \end{cases}$$

（1）ボールの最高点の高さ H　　　（解答　19m）

（2）ボールの飛行時間 t　　　　　（解答　3.9s）

（3）ボールの水平到達距離 s　　　（解答　91m）

（4）ボールを投げてから 2.3 秒後の鉛直方向の速度

（解答　−3.2m/s）

<解答>

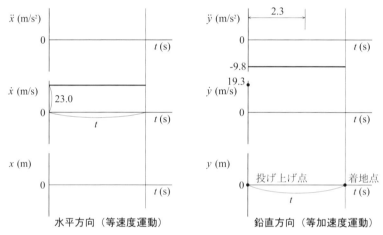

(a) 問題情報を書き込みしたもの

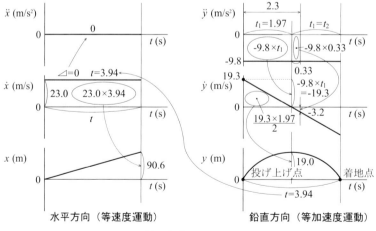

(b) 完成したもの

図 5.15　問題 8 の図式解法

5.2.5　等角速度運動と等角加速度運動（回転運動）の問題

問題 9

　クレーンが旋回運動をした。下図は，そのときの旋回角速度 $\dot{\theta}$ と時間 t の関係を示したものである。次の問いに答えよ。

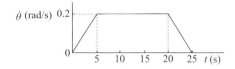

（1）0〜5.0s，5.0〜20s，15〜20s のそれぞれの間における角加速度はいくらか。

　　　　　　　（解答　$4.0 \times 10^{-2}\mathrm{rad/s^2}$，$0\mathrm{rad/s^2}$，$-4.0 \times 10^{-2}\mathrm{rad/s^2}$）

（2）クレーンが動き始めてから止まるまでの旋回角度はいくらか。

　　　　　　　　　　　　　　　　　（解答　2.3×10^{2}度）

＜解答＞

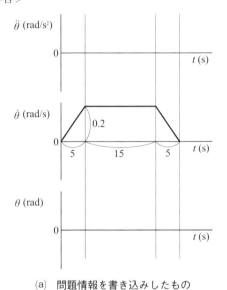

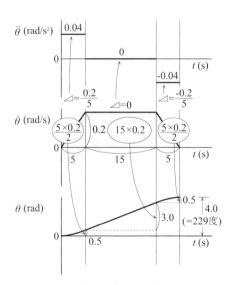

（a）問題情報を書き込みしたもの　　　（b）完成したもの

図 5.16　問題 9 の図式解法

問題 10

150rpm（15.7rad/s）で回転している物体（回転体）が，等角加速度運動して 50 秒後に 500rpm（52.4rad/s）になった。次の問いに答えよ。

（1）回転体に生じた角加速度はいくらか。

（解答　0.73rad/s²）

（2）回転体は 50 秒間で何回転（回転数）したか。

（解答　2.7×10²回転）

＜解答＞

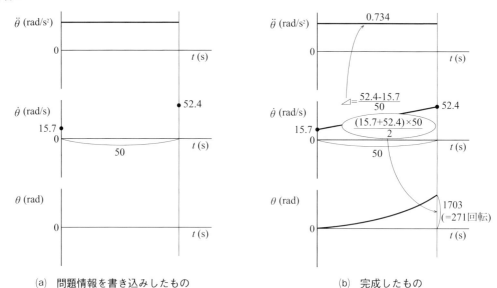

(a) 問題情報を書き込みしたもの　　　　(b) 完成したもの

図 5.17　問題10の図式解法

問題 11

　600rpm（62.8rad/s）で回転している物体（回転体）が，等角加速度運動して 10 秒後に 450rpm（47.1rad/s）になった。次の問いに答えよ。

　（1）回転体に生じた角加速度はいくらか。

（解答　-1.6rad/s^2）

　（2）（1）にて求めた角加速度にて減速した場合，回転体は何秒後に止まるか（600 → 0rpm に要する時間）。また，止まるまでに何回転するか。

（解答　40s，2.0×10^2回転）

<解答>

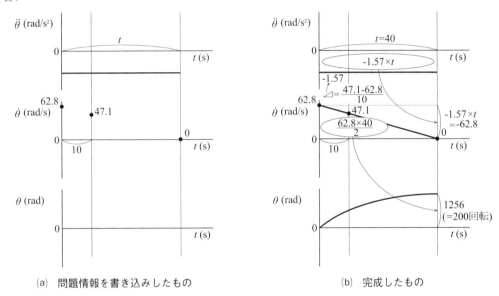

(a)　問題情報を書き込みしたもの　　　　　　(b)　完成したもの

図 5.18　問題11の図式解法

演習問題

演習問題 5.1 から 5.5 を，次の①から③の方法にて解答せよ。

    ①　図式解法を用いる方法

    ②　公式を用いる方法

    ③　微分積分を用いる方法

必要に応じて加速度の記号には a を，速度の記号には v を，変位の記号には x または y を使うこととする。

5.1　x 軸上の原点（位置 $x=0$m）に静止していた物体が，時刻 $t=0$s に運動を始めた。物体の t(s) 後の速さ v(m/s) が次式で表されるとき，以下の問いに答えよ。

$$v = 2.4t \tag{q.5.1}$$

(1) 物体が運動を始めてから，5.0 秒後における加速度を求めよ。

(2) 時刻 $t=5.0$s における，物体の変位を求めよ。

5.2　x 軸上の原点（位置 $x=0$m）に静止していた物体が，時刻 $t=0$s に初速度 2.0m/s で等加速度直線運動を始めた。時刻 t(s) における物体の変位 x(m) が次式で表されるとき，以下の問いに答えよ。

$$x = 2.0t + t^2 \tag{q.5.2}$$

(1) 物体の加速度を求めよ。

(2) 時刻 $t=5.0$s における，物体の変位を求めよ。

5.3　オートバイが，水平な直線道路を 36km/h（10m/s）の速さで走行している。このオートバイがブレーキをかけてから時刻 t(s) 後までに等加速度で走る距離 x(m) が次式で表されるとき，以下の問いに答えよ。

$$x = 10t - t^2 \tag{q.5.3}$$

(1) ブレーキをかけてから，停止するまでの間のオートバイの加速度を求めよ。

(2) ブレーキをかけてから，オートバイが停止するまでに要する時間を求めよ。

(3) ブレーキをかけてから停止するまでに，オートバイが走行した距離を求めよ。

5.4　小球を鉛直下向きに，初速度 1.0m/s で投げ下ろした。小球の t(s) 後の落下距離 y(m) が次式で表されるとき，以下の問いに答えよ。なお，重力加速度の大きさは 9.8m/s^2 とする。

$$y = t + 4.9t^2 \tag{q.5.4}$$

(1) 小球の t 秒後における落下速度を求めよ。

(2) 小球を落下させてから，10 秒後までの落下距離を求めよ。

5.5　　小球を鉛直上向きに初速度 39.2m/s で投げ上げた。小球の $t\,(\mathrm{s})$ 後の高さ $y\,(\mathrm{m})$ が次式で表されるとき，以下の問いに答えよ。なお，重力加速度の大きさは 9.8m/s² とする。

$$y = 39.2t - 4.9t^2 \tag{q.5.5}$$

（1）小球の t 秒後における速度を求めよ。

（2）小球が最高点に達するのは，投げ上げてから何秒後か。

（3）小球が最高点に達したときの高さを求めよ。

第6章
ニュートンとオイラーの方程式を用いた運動方程式の立て方

> 本章では，ニュートンとオイラーの方程式を用いた運動方程式の立て方を述べる。最初に運動方程式の立て方の手順を示し，次に①1自由度問題（7例），②2自由度問題（6例），③3自由度問題（6例），④6自由度問題（1例）の順に，運動方程式の立て方を具体的に示す。なお，必要に応じて＜メモ＞と称して内容の補足説明を行い，学習者の理解が深まるように配慮してある。本章の最後には，運動と振動系に対する外力の加え方としての力加振と基礎加振について説明している。

▶▶▶ 6.1 運動方程式の立て方の基本

1.6 節で述べたように，並進運動の運動方程式を求める際には，式(1.5)に示すニュートンの方程式を，回転運動の運動方程式を求める際には，式(1.6)に示すオイラーの方程式を用いる。式(1.5)および式(1.6)を再掲すると以下のとおりである。

$$\text{並進運動用}: m\ddot{x} = \sum_{i=1}^{n} F_i \tag{1.5}$$

$$\text{回転運動用}: I\ddot{\theta} = \sum_{i=1}^{n} T_i \tag{1.6}$$

ここで，式(1.5)の右辺は質量 m の物体に作用する全ての力(N)の和であることを示す。式(1.6)の右辺は慣性モーメント I の物体に作用する全てのトルク(N·m)の和であることを示す。

式(1.5)と式(1.6)を用いた運動方程式の立て方の一般的な手順を以下に示す。

① 対象とする運動と振動問題に対する解析変数を決め，力学モデル（解析モデル）を作る。この際，1.3 節で述べたように解析変数の数，すなわち自由度を必要以上に多くしないことがポイントである。

② 解析変数の正方向を決める。この際，解析モデルにおける静止平衡位置を座標の原点にするのが一般的である。ただし，軸のねじり振動を考える際の回転物体の角変位の原点のように静止平衡位置が1つに限定されない場合には，原点を自由に決めてよい。

③ 解析モデルに応じて，並進運動においてはその物体に作用する全ての力の和を，回転運動においてはその物体に作用する全てのトルクの和を求め，運動方程式を立てる。よって，ニュートンとオイラーの方程式を用いて運動方程式を立てるためには，物体に作用する力とトルクを正確に求めることが大切である。

次節では1自由度問題，2自由度問題，3自由度問題およびそれ以上の多自由度問題を対象に，上記手順③の全ての力の和，または全てのトルクの和の求め方について示す。

▶▶▶ 6.2　全ての力・全てのトルクの和の求め方

1自由度問題

　解析変数の正方向に物体（【m】の場合と【I】の場合あり）が動くまたは動いたものとして，並進運動においては物体に作用する力を，回転運動においては物体に作用するトルクを，正負をつけて全て求める。解析変数の正方向に力またはトルクが作用する場合にはそれらの符号を正とし，反対方向に作用する場合には負とする。図 6.1 に物体に作用する力とトルクの一例を示す。図(a)と図(b)に示す解析モデルに対する力とトルクの和は，それぞれ次式のようになる。

$$\sum_{i=1}^{n} F_i = F_1 + F_2 - F_3 - F_4 + F\sin\omega t \tag{6.1}$$

$$\sum_{i=1}^{n} T_i = T_1 - T_2 + T\sin\omega t \tag{6.2}$$

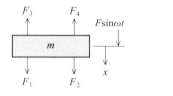 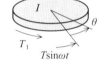

(a)　並進運動の場合　　　　(b)　回転運動の場合

図 6.1　物体に作用する力とトルクの一例

2自由度問題

　2 自由度以上の問題に対しては，問題を線形化（linearization）して考え，重ね合わせの原理（principle of superposition）を用いる。線形化の方法については，次節の具体例の中で述べる。

(1)　【m_1】と【m_2】の 2 つの物体からなる 2 自由度問題

　次のようにして，【m_1】と【m_2】の物体に作用する全ての力の和を求める。

$$\left\{ \begin{array}{l} \text{【}m_1\text{】に作用する全ての力の和} = \\ \quad \text{「【}m_1\text{】：動く，【}m_2\text{】：静止」時に【}m_1\text{】に作用する力の和} \\ \quad + \text{「【}m_1\text{】：静止，【}m_2\text{】：動く」時に【}m_1\text{】に作用する力の和} \\ \text{【}m_2\text{】に作用する全ての力の和} = \\ \quad \text{「【}m_2\text{】：動く，【}m_1\text{】：静止」時に【}m_2\text{】に作用する力の和} \\ \quad + \text{「【}m_2\text{】：静止，【}m_1\text{】：動く」時に【}m_2\text{】に作用する力の和} \end{array} \right. \tag{6.3}$$

(2)　【I_1】と【I_2】の 2 つの物体からなる 2 自由度問題

　次のようにして，【I_1】と【I_2】の物体に作用する全てのトルクの和を求める。

$$
\left\{
\begin{array}{l}
\text{【}I_1\text{】に作用する全てのトルクの和＝} \\
\qquad \text{「【}I_1\text{】：動く，【}I_2\text{】：静止」時に 【}I_1\text{】に作用するトルクの和} \\
\quad + \text{「【}I_1\text{】：静止，【}I_2\text{】：動く」時に 【}I_1\text{】に作用するトルクの和} \\
\text{【}I_2\text{】に作用する全てのトルクの和＝} \\
\qquad \text{「【}I_2\text{】：動く，【}I_1\text{】：静止」時に 【}I_2\text{】に作用するトルクの和} \\
\quad + \text{「【}I_2\text{】：静止，【}I_1\text{】：動く」時に 【}I_2\text{】に作用するトルクの和}
\end{array}
\right. \tag{6.4}
$$

(3)　1 つの物体が並進運動と回転運動をする 2 自由度問題

　物体を【m】と【I】として，次のように【m】と【I】に作用する全ての力とトルクの和を求める。

$$
\left\{
\begin{array}{l}
\text{【}m\text{】に作用する全ての力の和＝} \\
\qquad \text{「【}m\text{】：動く，【}I\text{】：静止」時に 【}m\text{】に作用する力の和} \\
\quad + \text{「【}m\text{】：静止，【}I\text{】：動く」時に 【}m\text{】に作用する力の和} \\
\text{【}I\text{】に作用する全てのトルクの和＝} \\
\qquad \text{「【}I\text{】：動く，【}m\text{】：静止」時に 【}I\text{】に作用するトルクの和} \\
\quad + \text{「【}I\text{】：静止，【}m\text{】：動く」時に 【}I\text{】に作用するトルクの和}
\end{array}
\right. \tag{6.5}
$$

6.2.3　3 自由度問題およびそれ以上の多自由度問題

　【a】，【b】，【c】の 3 つの物体からなる 3 自由度問題を考える。基本的な考え方は，2 自由度問題の場合と同様であり，次のようにして，【a】，【b】，【c】のそれぞれに作用する全ての力またはトルクの和を求める。

$$
\left\{
\begin{array}{l}
\text{【a】に作用する全ての力またはトルクの和＝} \\
\qquad \text{「【a】：動く，【b】：静止，【c】：静止」時に 【a】に作用する力またはトルクの和} \\
\quad + \text{「【a】：静止，【b】：動く，【c】：静止」時に 【a】に作用する力またはトルクの和} \\
\quad + \text{「【a】：静止，【b】：静止，【c】：動く」時に 【a】に作用する力またはトルクの和} \\
\text{【b】に作用する全ての力またはトルクの和＝} \\
\qquad \text{「【b】：動く，【a】：静止，【c】：静止」時に 【b】に作用する力またはトルクの和} \\
\quad + \text{「【b】：静止，【a】：動く，【c】：静止」時に 【b】に作用する力またはトルクの和} \\
\quad + \text{「【b】：静止，【a】：静止，【c】：動く」時に 【b】に作用する力またはトルクの和} \\
\text{【c】に作用する全ての力またはトルクの和＝} \\
\qquad \text{「【c】：動く，【a】：静止，【b】：静止」時に 【c】に作用する力またはトルクの和} \\
\quad + \text{「【c】：静止，【a】：動く，【b】：静止」時に 【c】に作用する力またはトルクの和} \\
\quad + \text{「【c】：静止，【a】：静止，【b】：動く」時に 【c】に作用する力またはトルクの和}
\end{array}
\right. \tag{6.6}
$$

式(6.6)において，1つの物体が並進運動と回転運動をする場合には，例えば【a】＝【m】，【b】＝【l】とし，それ以外の物体を【c】として考えればよい。なお，式(6.6)においては，【a】，【b】，【c】は全て隣り合っているものとして一般化しているので，必要のない場合はその部分を削除して考える。図6.2に，3自由度問題の一例を示す。この問題に関しては，【a】＝【m_1】，【b】＝【m_2】，【c】＝【m_3】として考える。この問題におけるそれぞれの物体に作用する全ての力の和は，次のようになる。

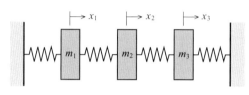

図6.2　3自由度問題の一例

$$
\begin{cases}
【m_1】\text{に作用する全ての力の和＝} \\
\quad「【m_1】：動く，【m_2】：静止」時に【m_1】に作用する力の和 \\
\quad+「【m_1】：静止，【m_2】：動く」時に【m_1】に作用する力の和 \\
【m_2】\text{に作用する全ての力の和＝} \\
\quad「【m_2】：動く，【m_1】：静止，【m_3】：静止」時に【m_2】に作用する力の和 \\
\quad+「【m_2】：静止，【m_1】：動く，【m_3】：静止」時に【m_2】に作用する力の和 \\
\quad+「【m_2】：静止，【m_1】：静止，【m_3】：動く」時に【m_2】に作用する力の和 \\
【m_3】\text{に作用する全ての力の和＝} \\
\quad「【m_3】：動く，【m_2】：静止」時に【m_3】に作用する力の和 \\
\quad+「【m_3】：静止，【m_2】：動く」時に【m_3】に作用する力の和
\end{cases}
\tag{6.7}
$$

4自由度以上の多自由度問題に対しては，基本的に3自由度問題と同様に扱う。

▶▶▶ 6.3　運動方程式の立て方の具体例

6.3.1　基本手順

1自由度問題（7例），2自由度問題（6例），3自由度問題（6例），6自由度問題（1例）の順に，運動方程式の立て方を具体的に示す。ただし，解析モデルはすでに得られたもの，すなわち6.1節に示す手順①と手順②が終わった段階として，その解析モデルに対する運動方程式の立て方（6.1節の手順③）について述べる。なお，理解を深めるために，全ての問題を次の手順で解くこととする。

①　物体の動きが並進運動もしくは回転運動のいずれかを確認し，運動方程式の基本形を決める。

②　解析モデルをもとに，全ての力の和または全てのトルクの和の求め方を示す。

③　運動方程式を立てる。

以上の手順で，自由度の数だけ運動方程式を求める。なお，必要に応じて，＜メモ＞と称して内容の補足説明をしているので参考にせよ。

6.3.2　1自由度問題

（1）　質点の直線運動

図6.3に，質点の直線運動についての解析モデルを示す。解析変数は x であり，m が質点の質量，F が外力である。なお，質点とそれを支えている面との間に摩擦はないものとする。

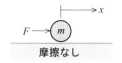

図6.3　質点の直線運動の解析モデル

① 【m】の動きが並進運動（この場合，直線運動のこと）なので，運動方程式の基本形は次式となる。

$$m\ddot{x} = \sum_{i=1}^{n} F_i \tag{6.8}$$

② 全ての力の和の求め方は次のようになる。

【m】に作用する全ての力の和＝「【m】：動く」時に【m】に作用する力の和 　　(6.9)

③ 運動方程式を立てる。

$$m\ddot{x} = F \tag{6.10}$$

（2）　直線振動系

図6.4に，直線振動系の解析モデルを示す。解析変数は x であり，m が物体の質量，k がばね定数，c が粘性減衰係数，$F\sin\omega t$ が加振力である。

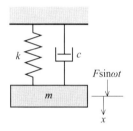

図6.4　直線振動系の解析モデル

① 【m】の動きが並進運動なので，運動方程式の基本形は次式となる。

$$m\ddot{x} = \sum_{i=1}^{n} F_i \tag{6.11}$$

② 全ての力の和の求め方は次のようになる。

【m】に作用する全ての力の和＝「【m】：動く」時に【m】に作用する力の和 　　(6.12)

③ 運動方程式を立てる。

$$m\ddot{x} = -c\dot{x} - kx + F\sin\omega t \tag{6.13}$$

＜メモ＞

> ・質量 m の物体が動くとは，この物体に x, $\dot{x}$, $\ddot{x}$ が生じるということである。
>
> ・$\dot{x}$ が生じると，質量 m の物体には，粘性減衰係数 c のダンパにより $\dot{x}$ の方向と反対方向に $c\dot{x}$ の内力が生じる。
>
> ・x が生じると，質量 m の物体には，ばね定数 k のばねにより x の方向と反対方向に kx の内力が生じる。
>
> ・$F\sin\omega t$ は外力である。

（3）　ねじり振動系

　図6.5 に，ねじり振動系の解析モデルを示す。解析変数は θ であり，I が円板の慣性モーメント，k_t がねじりばね定数，c_t がねじりの粘性減衰係数である。

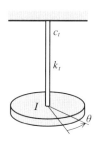

図6.5　ねじり振動系の解析モデル

①　【I】の動きが回転運動なので，運動方程式の基本形は次式となる。

$$I\ddot{\theta} = \sum_{i=1}^{n} T_i \tag{6.14}$$

②　全てのトルクの和の求め方は次のようになる。

　　【I】に作用する全てのトルクの和＝「【I】：動く」時に【I】に作用するトルクの和

$$\tag{6.15}$$

③　運動方程式を立てる。

$$I\ddot{\theta} = -c_t\dot{\theta} - k_t\theta \tag{6.16}$$

＜メモ＞

> ・慣性モーメント I の円板が動くとは，この円板に θ, $\dot{\theta}$, $\ddot{\theta}$ が生じるということである。
>
> ・$\dot{\theta}$ が生じると，円板には，ねじりの粘性減衰係数 c_t のダンパにより $\dot{\theta}$ の方向と反対方向に $c_t\dot{\theta}$ のトルクが生じる。
>
> ・θ が生じると，円板には，ねじりばね定数 k_t のばねにより θ の方向と反対方向に $k_t\theta$ のトルクが生じる。

（4）　摩擦振動系

図6.6に，摩擦振動系の解析モデルを示す。解析変数は x であり，m が物体の質量，k がばね定数である。F は物体とそれを支えている面との摩擦力（friction force）である。

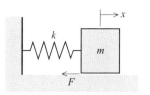

図6.6　摩擦振動系の解析モデル

① 【m】の動きが並進運動なので，運動方程式の基本形は次式となる。

$$m\ddot{x} = \sum_{i=1}^{n} F_i \tag{6.17}$$

② 全ての力の和の求め方は次のようになる。

　　【m】に作用する全ての力の和＝「【m】：動く」時に【m】に作用する力の和　　(6.18)

③ 運動方程式を立てる。

$$\begin{cases} \dot{x} > 0 \text{ のとき : } m\ddot{x} = -kx - F \\ \dot{x} < 0 \text{ のとき : } m\ddot{x} = -kx + F \end{cases} \tag{6.19}$$

＜メモ＞

> ・この振動系は，1自由度直線振動系に固体摩擦（solid friction）による減衰力が作用する場合の自由振動となる。摩擦による減衰力は，2つの物体間の垂直抗力（normal force）に比例するクーロン摩擦としており，変位（位置）の影響は受けない。摩擦力の大きさ F は，2つの物体間の摩擦係数を μ とすると次式で得られる。
>
> $$F = \mu m g \tag{6.20}$$
>
> ・物体に作用する摩擦力 F は，x の位置により決まるものではなく，速度の正負により決まり，$\dot{x} > 0$ のときは $-F$，$\dot{x} < 0$ のときは $+F$ になる。

（5）　単振り子

図6.7に，単振り子（single pendulum）の解析モデルを示す。解析変数は θ であり，m が物体の質量，l が振り子の長さである。振り子の振れの減衰については粘性減衰係数 c_t を用いて考慮する。

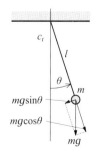

図6.7　単振り子の解析モデル

① 振り子（【l】）の動きは回転運動なので，運動方程式の基本形は次式となる。

$$I\ddot{\theta} = \sum_{i=1}^{n} T_i \tag{6.21}$$

② 全てのトルクの和の求め方は次のようになる。

　　【*l*】に作用する全てのトルクの和＝「【*l*】：動く」時に【*l*】に作用するトルクの和

$$\tag{6.22}$$

③ 運動方程式を立てる。

$$ml^2\ddot{\theta} = -c_i\dot{\theta} - mgl\sin\theta \tag{6.23}$$

＜メモ＞

> ・長さ *l* のひもの先端に取り付けられた質量 *m* の物体の，ひもの固定端（天井に固定されて
> いる部分）まわりの慣性モーメントは，式(1.1)から $I=ml^2$ となる。
> ・$c_i\dot{\theta}$ は，振動を減衰させる項であり，空気抵抗などにより生じるトルクである。
> ・$mgl\sin\theta$ は，$(mg\sin\theta)\times l$（トルク＝力×半径）を整理した式である。
> ・θ が小さく微小振動（small vibration）として扱える場合には，$\sin\theta \fallingdotseq \theta$ とみなすことがで
> きるので，式(6.23)は次式のように線形化できる。
>
> $$ml^2\ddot{\theta} = -c_i\dot{\theta} - mgl\theta \tag{6.24}$$

(6) 横つり下げ振子

　図6.8に，長さ l_1 の質量が無視できる軽い剛体棒の先端に
質量 *m* の物体が取り付けられた横つり下げ振子の解析モデ
ルを示す。解析変数は振り子の角変位 θ である。この振り
子は，回転支持点から距離 l_2 の位置において，ばね定数 *k*
のばねと粘性減衰係数 *c* のダンパでつり下げられている。な
お，静止平衡位置は $\theta=0$ の位置ではないものとする。

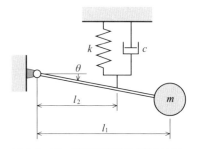

図6.8　横つり下げ振子の解析モデル

① 振り子（【*l*】）の動きは回転運動なので，運動方程式の基本形は次式となる。

$$I\ddot{\theta} = \sum_{i=1}^{n} T_i \tag{6.25}$$

② 全てのトルクの和の求め方は次のようになる。

　　【*l*】に作用する全てのトルクの和＝「【*l*】：動く」時に【*l*】に作用するトルクの和

$$\tag{6.26}$$

③ 運動方程式を立てる。

$$ml_1^2\ddot{\theta} = -cl_2^2\dot{\theta} - kl_2^2\theta + mgl_1 \tag{6.27}$$

＜メモ1＞

- ・この問題においては，$I = m l_1^2$ である。
- ・このような振動問題を考える際，振動の振れ角 θ が小さい微小振動であると仮定すると，$\sin\theta \fallingdotseq \theta$ および $\cos\theta \fallingdotseq 1$ の関係が使用できるので，式(6.27)の右辺に示すように各トルクを線形化して扱うことができる。
- ・$c l_2^2 \dot{\theta}$ は，$\{c(l_2\dot{\theta})\} \times l_2$ （トルク＝力×半径）を整理した式である。なお，式中の $l_2\dot{\theta}$ は，振り子の角加速度 $\dot{\theta}$ により生じるダンパの速度である。
- ・$k l_2^2 \theta$ は，$\{k(l_2\sin\theta)\} \times l_2 \fallingdotseq \{k(l_2\theta)\} \times l_2$ （トルク＝力×半径）を整理した式である。なお，式中の $l_2\theta$ は，振り子の角変位 θ により生じるばねの変位量である。
- ・mgl_1 は，$(mg) \times l_1$ （トルク＝力×半径）を整理した式である。

＜メモ2＞

　式(6.27)中の mgl_1 について考えてみる。図6.9に，図6.8の質量 m の物体の動きの例を示す。図(a)は微小振動時，すなわち θ が小さい場合，図(b)は θ が大きい場合を示す。質量 m の物体によって生じるトルクは $mg\cos\theta \times l_1$ となる。図(a)に示すように θ が小さい場合には，$mg\cos\theta \fallingdotseq mg$ の関係が成り立つが，図(b)に示すように θ が大きい場合にはこの関係が成立しない。よって，$T = mgl_1$ として扱うためには，微小振動の範囲でなければならないことがわかる。

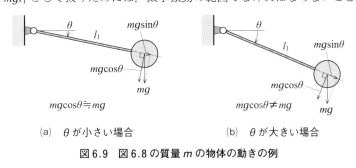

(a)　θ が小さい場合　　　(b)　θ が大きい場合

図6.9　図6.8の質量 m の物体の動きの例

(7)　滑車・ばね・質量系

　図6.10(a)に，滑車・ばね・質量系の解析モデルを示す。質量 m の物体が慣性モーメント I，半径 r の滑車（pulley）を介して伸縮しないロープにつながれている。ロープはばね定数 k のばねを介して床と固定されている。このとき，解析変数は滑車の角変位 θ である。滑車の振動の減衰を回転の粘性減衰係数 c_t を用いて考慮する。

　このモデルに対する運動方程式を立てるにあたり，図6.10(b)に示す2自由度モデルを使用して考える。図(a)に示すモデルにロープ張力 T を加え，質量 m の物体の静的なつり合い位置からの変位を x とし，この物体の動きを変数（x）として表すこととする。最初に θ と x に関する2つの運動方程式を立て，その後 $x = r\theta$ の関係を用いて張力 T が入らない形での θ に関する運動方程式を求める。このとき，質量 m の物体も加速度運動しているので $T \neq mg$ の関係が成り立つことがポイントである。

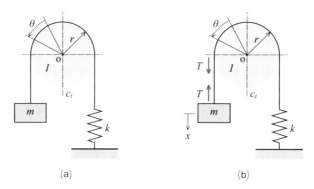

図6.10　滑車・ばね・質量系の解析モデル

① 【I】と【m】の動きは，それぞれ回転運動と並進運動なので，運動方程式の基本形はそれぞれ次式となる。

$$\begin{cases} I\ddot{\theta} = \sum_{i=1}^{n} T_i \\ m\ddot{x} = \sum_{i=1}^{n} F_i \end{cases} \tag{6.28}$$

② この問題においては，【I】と【m】は一緒に動くので，全てのトルクと力の和の求め方は次のようになる。

$$\begin{cases} 【I】\text{に作用する全てのトルクの和}= \\ \qquad \text{「【I】と【m】：動く」時に【I】に作用するトルクの和} \\ 【m】\text{に作用する全ての力の和}= \\ \qquad \text{「【m】と【I】：動く」時に【m】に作用する力の和} \end{cases} \tag{6.29}$$

③ それぞれの運動方程式を立てる。

$$\begin{cases} I\ddot{\theta} = -c_t\dot{\theta} - \{k(r\theta)\}r + Tr \\ m\ddot{x} = -T \end{cases} \tag{6.30}$$

ここで，$x=r\theta$ から，$\ddot{x}=r\ddot{\theta}$ の関係を導くことができ，この関係を上式に代入して整理すると次式が求まる。

$$(I + mr^2)\ddot{\theta} = -c_t\dot{\theta} - kr^2\theta \tag{6.31}$$

＜メモ＞

- $c_t\dot{\theta}$ は回転振動を減衰させる項であり，この場合は回転体の動きに応じて生じるトルクとして扱っている。
- $kr^2\theta$ は，$\{k(r\theta)\} \times r$（トルク＝力×半径）を整理した式である。なお，式中の $r\theta$ は，滑車の角変位 θ により生じるばねの変位量である。

6.3.3　2自由度問題

（1）　質点の放物運動

　図6.11に，初速度 v_0 で水平面に対し角度 α をなす方向に
投げ上げられた質点の放物運動の解析モデルを示す。解析変
数は，質点の水平方向距離 x と鉛直方向距離 y である。空気
抵抗の影響を粘性減衰係数 c を用いて考慮する。

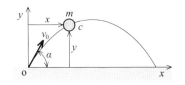

図6.11　質点の放物運動の解析モデル

①　【m】の水平方向 x と鉛直方向 y の動きは，いずれも並進運動なので，運動方程式の基本形は次
　　式となる。

$$\begin{cases} m\ddot{x} = \displaystyle\sum_{i=1}^{n} F_{xi} \\ m\ddot{y} = \displaystyle\sum_{i=1}^{n} F_{yi} \end{cases} \tag{6.32}$$

②　全ての力の和の求め方は次のようになる。

$$\begin{cases} 【m】の x 方向に作用する全ての力の和＝ \\ \quad「【m】：x 方向に動く」時に【m】の x 方向に作用する力の和 \\ 【m】の y 方向に作用する全ての力の和＝ \\ \quad「【m】：y 方向に動く」時に【m】の y 方向に作用する力の和 \end{cases} \tag{6.33}$$

③　それぞれの運動方程式を立てる。

$$\begin{cases} m\ddot{x} = -c\dot{x} \\ m\ddot{y} = -c\dot{y} - mg \end{cases} \tag{6.34}$$

＜メモ＞

> ・式(6.34)の $c\dot{x}$ と $c\dot{y}$ は空気抵抗を表している。
> ・式(6.34)を用いて放物運動をシミュレーションするとき，水平方向には $\dot{x}_{t=0}＝v_0\cos\alpha$，鉛
> 　直方向には $\dot{y}_{t=0}＝v_0\sin\alpha$ の初速度があるものとする。
> ・$c＝0$ のとき，水平方向の運動は等速度運動，鉛直方向の運動は等加速度運動になる。

(2) 直線振動系（その1）

図6.12 に，2自由度直線振動系の解析モデルを示す。解析変数は x_1 と x_2 であり，m_1，m_2 が物体の質量，k_1，k_2，k_3 がばね定数，c_1，c_2，c_3 が粘性減衰係数である。

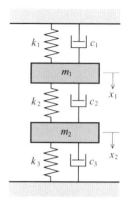

図6.12　2自由度直線振動系（その1）の解析モデル

① 【m_1】と【m_2】の動きは，いずれも並進運動なので，運動方程式の基本形は次式となる。

$$\begin{cases} m_1\ddot{x}_1 = \displaystyle\sum_{i=1}^{n} F_{x_1 i} \\ m_2\ddot{x}_2 = \displaystyle\sum_{i=1}^{n} F_{x_2 i} \end{cases} \tag{6.35}$$

② 全ての力の和の求め方は次のようになる。

$$\begin{cases} 【m_1】 \text{に作用する全ての力の和}= \\ \quad 「【m_1】：動く，【m_2】：静止」時に【m_1】に作用する力の和 \\ \quad +「【m_1】：静止，【m_2】：動く」時に【m_1】に作用する力の和 \\ 【m_2】 \text{に作用する全ての力の和}= \\ \quad 「【m_2】：動く，【m_1】：静止」時に【m_2】に作用する力の和 \\ \quad +「【m_2】：静止，【m_1】：動く」時に【m_2】に作用する力の和 \end{cases} \tag{6.36}$$

③ それぞれの運動方程式を立てる。

$$\begin{cases} m_1\ddot{x}_1 = (-c_1\dot{x}_1 - c_2\dot{x}_1 - k_1 x_1 - k_2 x_1) + (c_2\dot{x}_2 + k_2 x_2) \\ m_2\ddot{x}_2 = (-c_2\dot{x}_2 - c_3\dot{x}_2 - k_2 x_2 - k_3 x_2) + (c_2\dot{x}_1 + k_2 x_1) \end{cases} \tag{6.37}$$

＜メモ＞

- 式(6.37)の右辺にある2つの（　）は，式(6.36)に対応している。
- 式(6.37)を整理して，内力項を全て左辺に移項すると次式が得られる。

$$\begin{cases} m_1\ddot{x}_1 + (c_1 + c_2)\dot{x}_1 + (k_1 + k_2)x_1 - c_2\dot{x}_2 - k_2 x_2 = 0 \\ m_2\ddot{x}_2 + (c_2 + c_3)\dot{x}_2 + (k_2 + k_3)x_2 - c_2\dot{x}_1 - k_2 x_1 = 0 \end{cases} \tag{6.38}$$

この式は，外力が作用しない自由振動の運動方程式になっている。

・式(6.37)は，次のように整理することもできる。

$$\begin{cases} m_1\ddot{x}_1 + c_1\dot{x}_1 + c_2(\dot{x}_1 - \dot{x}_2) + k_1 x_1 + k_2(x_1 - x_2) = 0 \\ m_2\ddot{x}_2 + c_2(\dot{x}_2 - \dot{x}_1) + c_3\dot{x}_2 + k_2(x_2 - x_1) + k_3 x_2 = 0 \end{cases} \tag{6.39}$$

式(6.37)のように，x_1 と x_2 それぞれに関する運動方程式の中に変数 x_1 と x_2 が入っている振動を連成振動という。以下に述べる振動問題の多くはこの連成振動になっていることに注目せよ。

（3）　直線振動系（その2）

図6.13に，2自由度直線振動系の解析モデルを示す。解析変数は x_1 と x_2 であり，m_1，m_2 が物体の質量，k_1，k_2 がばね定数，c が粘性減衰係数，$F\sin\omega t$ が加振力である。

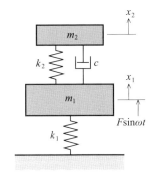

図6.13　2自由度直線振動系（その2）の解析モデル

① 　【m_1】と【m_2】の動きは，いずれも並進運動であるので，運動方程式の基本形は前述の(2)と同様に式(6.35)となる。

② 　全ての力の和の求め方も，前述の(2)と同様に式(6.36)となる。

③ 　それぞれの運動方程式を立てる。

$$\begin{cases} m_1\ddot{x}_1 = (-c\dot{x}_1 - k_1 x_1 - k_2 x_1 + F\sin\omega t) + (c\dot{x}_2 + k_2 x_2) \\ m_2\ddot{x}_2 = (-c\dot{x}_2 - k_2 x_2) + (c\dot{x}_1 + k_2 x_1) \end{cases} \tag{6.40}$$

＜メモ＞

・式(6.40)を整理して，内力項を全て左辺に移項すると次式が得られる。

$$\begin{cases} m_1\ddot{x}_1 + c\dot{x}_1 + (k_1 + k_2)x_1 - c\dot{x}_2 - k_2 x_2 = F\sin\omega t \\ m_2\ddot{x}_2 + c\dot{x}_2 + k_2 x_2 - c\dot{x}_1 - k_2 x_1 = 0 \end{cases} \tag{6.41}$$

この式は，外力が作用する強制振動の運動方程式になっている。

・式(6.40)は，次のように整理することもできる。

$$\begin{cases} m_1\ddot{x}_1 + c(\dot{x}_1 - \dot{x}_2) + k_1 x_1 + k_2(x_1 - x_2) = F\sin\omega t \\ m_2\ddot{x}_2 + c(\dot{x}_2 - \dot{x}_1) + k_2(x_2 - x_1) = 0 \end{cases} \tag{6.42}$$

（4）　並列二重振子

　図 6.14 に，並列二重振子（coupled pendulum）の解析モデルを示す。質量が無視できる長さ l_1, l_2 の剛体棒が距離 h の位置において，ばね定数 k のばねで連結されており，これら剛体棒の先端に質量 m_1, m_2 の物体が取り付けられている。解析変数はそれぞれの振り子の角変位 θ_1 と θ_2 である。振り子の振れの減衰を粘性減衰係数 c_t を用いて考慮する。

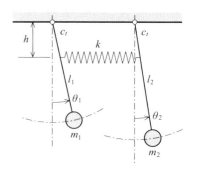

図 6.14　並列二重振子の解析モデル

①　2 つの振り子（【I_1】と【I_2】）の動きは，いずれも回転運動なので，運動方程式の基本形は次式となる。

$$\begin{cases} I_1\ddot{\theta}_1 = \displaystyle\sum_{i=1}^{n} T_{\theta_1 i} \\ I_2\ddot{\theta}_2 = \displaystyle\sum_{i=1}^{n} T_{\theta_2 i} \end{cases} \tag{6.43}$$

②　全てのトルクの和の求め方は次のようになる。

$$\begin{cases} \text{【I_1】に作用する全てのトルクの和＝} \\ \quad \text{「【I_1】：動く，【I_2】：静止」時に【I_1】に作用するトルクの和} \\ \quad +\text{「【I_1】：静止，【I_2】：動く」時に【I_1】に作用するトルクの和} \\ \text{【I_2】に作用する全てのトルクの和＝} \\ \quad \text{「【I_2】：動く，【I_1】：静止」時に【I_2】に作用するトルクの和} \\ \quad +\text{「【I_2】：静止，【I_1】：動く」時に【I_2】に作用するトルクの和} \end{cases} \tag{6.44}$$

③　それぞれの運動方程式を立てる。

$$\begin{cases} m_1 l_1^2 \ddot{\theta}_1 = (-c_t\dot{\theta}_1 - kh^2\theta_1 - m_1 g l_1 \theta_1) + (kh^2\theta_2) \\ m_2 l_2^2 \ddot{\theta}_2 = (-c_t\dot{\theta}_2 - kh^2\theta_2 - m_2 g l_2 \theta_2) + (kh^2\theta_1) \end{cases} \tag{6.45}$$

＜メモ＞

- この問題においては，$I_1 = m_1 l_1^2$, $I_2 = m_2 l_2^2$ となる。
- $c_t\dot{\theta}_1$ と $c_t\dot{\theta}_2$ は，振動減衰の項であり，空気抵抗などにより生じるトルクである。
- この問題は微小振動問題として扱い，$\sin\theta \fallingdotseq \theta$ の関係を使用している。
- $kh^2\theta_1$ は，$\{k(h\sin\theta_1)\} \times h \fallingdotseq \{k(h\theta_1)\} \times h$ （トルク＝力×半径）を整理した式である。同様に，$kh^2\theta_2$ は，$\{k(h\sin\theta_2)\} \times h \fallingdotseq \{k(h\theta_2)\} \times h$ （トルク＝力×半径）を整理した式である。

・ $m_1 g l_1 \theta_1$ は，$(m_1 g \sin\theta_1) \times l_1 \fallingdotseq (m_1 g \theta_1) \times l_1$（トルク＝力×半径）を整理した式である。同様に，$m_2 g l_2 \theta_2$ は，$(m_2 g \sin\theta_2) \times l_2 \fallingdotseq (m_2 g \theta_2) \times l_2$（トルク＝力×半径）を整理した式である。

・式(6.45)を整理すると，式(6.46)または式(6.47)が得られる。

$$\begin{cases} m_1 l_1^2 \ddot{\theta}_1 = -c_t \dot{\theta}_1 - (kh^2 + m_1 g l_1)\theta_1 + kh^2 \theta_2 \\ m_2 l_2^2 \ddot{\theta}_2 = -c_t \dot{\theta}_2 - (kh^2 + m_2 g l_2)\theta_2 + kh^2 \theta_1 \end{cases} \quad (6.46)$$

$$\begin{cases} m_1 l_1^2 \ddot{\theta}_1 = -c_t \dot{\theta}_1 - kh^2(\theta_1 - \theta_2) - m_1 g l_1 \theta_1 \\ m_2 l_2^2 \ddot{\theta}_2 = -c_t \dot{\theta}_2 - kh^2(\theta_2 - \theta_1) - m_2 g l_2 \theta_2 \end{cases} \quad (6.47)$$

(5)　滑車・ばね・質量系

図6.15に，滑車・ばね・質量系の解析モデルを示す。この振動系は，伸縮しないロープがかけられた慣性モーメント I，半径 r の滑車と，ばね定数 k_2 のばねを介して連結された質量 m の物体が連成する。滑車の左端のロープはばね定数 k_1 のばねを介して上部の壁に，質量 m の物体の下端はばね定数 k_3 のばねを介して床に固定されている。このとき，質量 m の物体は $F\sin\omega t$ で加振される。解析変数は，滑車の角変位 θ と物体の変位 x である。滑車の振動の減衰を，回転の粘性減衰係数 c_t を用いて考慮する。

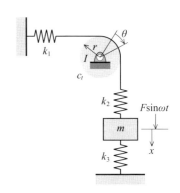

図6.15　滑車・ばね・質量系の解析モデル

① 【I】と【m】の動きは，それぞれ回転運動と並進運動なので，運動方程式の基本形は次式となる。

$$\begin{cases} I\ddot{\theta} = \sum_{i=1}^{n} T_i \\ m\ddot{x} = \sum_{i=1}^{n} F_i \end{cases} \quad (6.48)$$

② 全てのトルクの和と力の和の求め方は次のようになる。

$$\begin{cases} 【I】に作用する全てのトルクの和＝ \\ \quad 「【I】：動く，【m】：静止」時に【I】に作用するトルクの和 \\ \quad +「【I】：静止，【m】：動く」時に【I】に作用するトルクの和 \\ 【m】に作用する全ての力の和＝ \\ \quad 「【m】：動く，【I】：静止」時に【m】に作用する力の和 \\ \quad +「【m】：静止，【I】：動く」時に【m】に作用する力の和 \end{cases} \quad (6.49)$$

③ それぞれの運動方程式を立てる。

$$\begin{cases} I\ddot{\theta} = (-c_t\dot{\theta} - k_1r^2\theta - k_2r^2\theta) + (k_2rx) \\ m\ddot{x} = (-k_2x - k_3x + F\sin\omega t) + (k_2r\theta) \end{cases} \quad (6.50)$$

＜メモ＞

・$c_t\dot{\theta}$ は，振動減衰の項であり，回転体の空気抵抗などにより生じるトルクである。

・$k_ir^2\theta$ （$i=1, 2$）は，$\{k_i(r\theta)\}\times r$ （トルク＝力×半径）を整理した式である。

・k_2rx は，$(k_2x)\times r$ （トルク＝力×半径）を整理した式である。

・$k_2r\theta$ は，$k_2\times(r\theta)$ （力＝ばね定数×変位）を整理した式である。なお，式中の $r\theta$ は，滑車の角変位 θ により生じるばね定数 k_2 のばねの変位量である。

・式(6.50)を整理すると，次式が得られる。

$$\begin{cases} I\ddot{\theta} = -c_t\dot{\theta} - (k_1+k_2)r^2\theta + k_2rx \\ m\ddot{x} = -(k_2+k_3)x + k_2r\theta + F\sin\omega t \end{cases} \quad (6.51)$$

(6)　1つの物体が並進運動と回転運動をする振動系

　1つの物体が並進運動と回転運動をする振動系の一例として，図 6.16 に自動車の振動解析モデルを示す。車体の質量を m，重心を G とし，鉛直方向に変位加振（y）を加える。自動車の重心 G まわりの慣性モーメントを I とする。重心 G から前後のタイヤまでの距離を l_1，l_2，前後のタイヤのばね定数を k_1，k_2 とする。振動の減衰を粘性減衰係数 c_1，c_2 を用いて考慮する。解析変数は x と θ であり，x の動きはバウンシング，θ の動きはピッチングとよばれる。

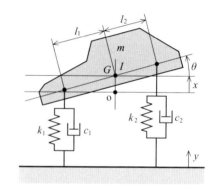

図 6.16　自動車の振動解析モデル

①　【m】 と 【I】 の動きは，それぞれ並進運動と回転運動なので，運動方程式の基本形は次式となる。

$$\begin{cases} m\ddot{x} = \sum_{i=1}^{n}F_i \\ I\ddot{\theta} = \sum_{i=1}^{n}T_i \end{cases} \quad (6.52)$$

②　全ての力の和とトルクの求め方は次のようになる。

$$
\begin{cases}
\text{【}m\text{】に作用する全ての力の和}= \\
\qquad \text{「【}m\text{】：動く，【}l\text{】：静止，【地面】：静止」時に【}m\text{】に作用する力の和} \\
\quad + \text{「【}m\text{】：静止，【}l\text{】：動く，【地面】：静止」時に【}m\text{】に作用する力の和} \\
\quad + \text{「【}m\text{】：静止，【}l\text{】：静止，【地面】：動く」時に【}m\text{】に作用する力の和} \\
\text{【}l\text{】に作用する全てのトルクの和}= \\
\qquad \text{「【}l\text{】：動く，【}m\text{】：静止，【地面】：静止」時に【}l\text{】に作用するトルクの和} \\
\quad + \text{「【}l\text{】：静止，【}m\text{】：動く，【地面】：静止」時に【}l\text{】に作用するトルクの和} \\
\quad + \text{「【}l\text{】：静止，【}m\text{】：静止，【地面】：動く」時に【}l\text{】に作用するトルクの和}
\end{cases}
\tag{6.53}
$$

③　それぞれの運動方程式を立てる。

$$
\begin{cases}
m\ddot{x} = (-c_1\dot{x} - k_1 x - c_2\dot{x} - k_2 x) + \left\{ c_1(l_1\dot{\theta}) + k_1(l_1\theta) - c_2(l_2\dot{\theta}) - k_2(l_2\theta) \right\} \\
\qquad + (c_1\dot{y} + k_1 y + c_2\dot{y} + k_2 y) \\
I\ddot{\theta} = \left[-\left\{ c_1(l_1\dot{\theta}) \right\}l_1 - \left\{ k_1(l_1\theta) \right\}l_1 - \left\{ c_2(l_2\dot{\theta}) \right\}l_2 - \left\{ k_2(l_2\theta) \right\}l_2 \right] \\
\qquad + \left\{ (c_1\dot{x})l_1 + (k_1 x)l_1 - (c_2\dot{x})l_2 - (k_2 x)l_2 \right\} + \left\{ -(c_1\dot{y})l_1 - (k_1 y)l_1 + (c_2\dot{y})l_2 + (k_2 y)l_2 \right\}
\end{cases}
\tag{6.54}
$$

＜メモ＞

- ・この問題は微小振動問題として扱い，$\sin\theta \fallingdotseq \theta$ の関係を使用している。
- ・式(6.54)を整理すると，次式が得られる。

$$
\begin{cases}
m\ddot{x} = -(c_1 + c_2)(\dot{x} - \dot{y}) - (k_1 + k_2)(x - y) + (c_1 l_1 - c_2 l_2)\dot{\theta} + (k_1 l_1 - k_2 l_2)\theta \\
I\ddot{\theta} = -(c_1 l_1{}^2 + c_2 l_2{}^2)\dot{\theta} - (k_1 l_1{}^2 + k_2 l_2{}^2)\theta + (c_1 l_1 - c_2 l_2)(\dot{x} - \dot{y}) + (k_1 l_1 - k_2 l_2)(x - y)
\end{cases}
\tag{6.55}
$$

6.3.4　3自由度問題

（1）　直線振動系

図 6.17 に，3自由度直線振動系の解析モデルを示す。解析変数は x_1，x_2，x_3 であり，m_1，m_2，m_3 がそれぞれの物体の質量，k_1，k_2，k_3，k_4 がばね定数，c_1，c_2，c_3，c_4 が粘性減衰係数，$F\sin\omega t$ が加振力である。

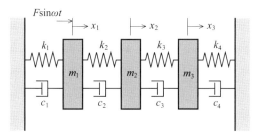

図6.17　3自由度直線振動系の解析モデル

①　【m_1】，【m_2】，【m_3】の動きは，いずれも並進運動なので，運動方程式の基本形は次式となる。

$$\begin{cases} m_1\ddot{x}_1 = \displaystyle\sum_{i=1}^{n} F_{x_1 i} \\[2mm] m_2\ddot{x}_2 = \displaystyle\sum_{i=1}^{n} F_{x_2 i} \\[2mm] m_3\ddot{x}_3 = \displaystyle\sum_{i=1}^{n} F_{x_3 i} \end{cases} \tag{6.56}$$

② 全ての力の和の求め方は次のようになる。

$$\begin{cases} \text{【}m_1\text{】に作用する全ての力の和} = \\[1mm] \qquad \text{「【}m_1\text{】：動く，【}m_2\text{】：静止」時に 【}m_1\text{】に作用する力の和} \\[1mm] \qquad + \text{「【}m_1\text{】：静止，【}m_2\text{】：動く」時に 【}m_1\text{】に作用する力の和} \\[1mm] \text{【}m_2\text{】に作用する全ての力の和} = \\[1mm] \qquad \text{「【}m_2\text{】：動く，【}m_1\text{】：静止，【}m_3\text{】：静止」時に 【}m_2\text{】に作用する力の和} \\[1mm] \qquad + \text{「【}m_2\text{】：静止，【}m_1\text{】：動く，【}m_3\text{】：静止」時に 【}m_2\text{】に作用する力の和} \\[1mm] \qquad + \text{「【}m_2\text{】：静止，【}m_1\text{】：静止，【}m_3\text{】：動く」時に 【}m_2\text{】に作用する力の和} \\[1mm] \text{【}m_3\text{】に作用する全ての力の和} = \\[1mm] \qquad \text{「【}m_3\text{】：動く，【}m_2\text{】：静止」時に 【}m_3\text{】に作用する力の和} \\[1mm] \qquad + \text{「【}m_3\text{】：静止，【}m_2\text{】：動く」時に 【}m_3\text{】に作用する力の和} \end{cases} \tag{6.57}$$

③ それぞれの運動方程式を立てる。

$$\begin{cases} m_1\ddot{x}_1 = (-c_1\dot{x}_1 - c_2\dot{x}_1 - k_1 x_1 - k_2 x_1 + F\sin\omega t) + (c_2\dot{x}_2 + k_2 x_2) \\[1mm] m_2\ddot{x}_2 = (-c_2\dot{x}_2 - c_3\dot{x}_2 - k_2 x_2 - k_3 x_2) + (c_2\dot{x}_1 + k_2 x_1) + (c_3\dot{x}_3 + k_3 x_3) \\[1mm] m_3\ddot{x}_3 = (-c_3\dot{x}_3 - c_4\dot{x}_3 - k_3 x_3 - k_4 x_3) + (c_3\dot{x}_2 + k_3 x_2) \end{cases} \tag{6.58}$$

＜メモ＞

・式(6.58)を整理すると，式(6.59)または式(6.60)が得られる。

$$\begin{cases} m_1\ddot{x}_1 = -(c_1 + c_2)\dot{x}_1 + c_2\dot{x}_2 - (k_1 + k_2)x_1 + k_2 x_2 + F\sin\omega t \\[1mm] m_2\ddot{x}_2 = c_2\dot{x}_1 - (c_2 + c_3)\dot{x}_2 + c_3\dot{x}_3 + k_2 x_1 - (k_2 + k_3)x_2 + k_3 x_3 \\[1mm] m_3\ddot{x}_3 = c_3\dot{x}_2 - (c_3 + c_4)\dot{x}_3 + k_3 x_2 - (k_3 + k_4)x_3 \end{cases} \tag{6.59}$$

$$\begin{cases} m_1\ddot{x}_1 = -c_1\dot{x}_1 - c_2(\dot{x}_1 - \dot{x}_2) - k_1 x_1 - k_2(x_1 - x_2) + F\sin\omega t \\[1mm] m_2\ddot{x}_2 = -c_2(\dot{x}_2 - \dot{x}_1) - c_3(\dot{x}_2 - \dot{x}_3) - k_2(x_2 - x_1) - k_3(x_2 - x_3) \\[1mm] m_3\ddot{x}_3 = -c_3(\dot{x}_3 - \dot{x}_2) - c_4\dot{x}_3 - k_3(x_3 - x_2) - k_4 x_3 \end{cases} \tag{6.60}$$

(2)　ねじり振動系

　図 6.18 に，ねじり振動系の解析モデルを示す。慣性モーメント I_1, I_2, I_3 の 3 つの回転円板をねじりばね定数 k_{t1}, k_{t2} の 2 つのねじりばねで連結したねじり振動系に対して，慣性モーメント I_1 の回転円板に加わるトルク T で加振する。解析変数は各円板の角変位 θ_1, θ_2, θ_3 である。なお，この系のねじり振動の減衰をねじりの粘性減衰係数 c_{t1}, c_{t2}, c_{t3} を用いて考慮する。

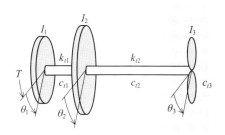

図 6.18　ねじり振動系の解析モデル

①　【I_1】，【I_2】，【I_3】の動きは，いずれも回転運動なので，運動方程式の基本形は次式となる。

$$
\begin{cases}
I_1\ddot{\theta}_1 = \displaystyle\sum_{i=1}^{n} T_{\theta_i i} \\[2mm]
I_2\ddot{\theta}_2 = \displaystyle\sum_{i=1}^{n} T_{\theta_i i} \\[2mm]
I_3\ddot{\theta}_3 = \displaystyle\sum_{i=1}^{n} T_{\theta_i i}
\end{cases}
\tag{6.61}
$$

②　全てのトルクの和の求め方は次のようになる。

$$
\left\{
\begin{array}{l}
\text{【I_1】に作用する全てのトルクの和＝} \\
\quad\text{「【I_1】：動く，【I_2】：静止」時に【I_1】に作用するトルクの和} \\
\quad+\text{「【I_1】：静止，【I_2】：動く」時に【I_1】に作用するトルクの和} \\
\text{【I_2】に作用する全てのトルクの和＝} \\
\quad\text{「【I_2】：動く，【I_1】：静止，【I_3】：静止」時に【I_2】に作用するトルクの和} \\
\quad+\text{「【I_2】：静止，【I_1】：動く，【I_3】：静止」時に【I_2】に作用するトルクの和} \\
\quad+\text{「【I_2】：静止，【I_1】：静止，【I_3】：動く」時に【I_2】に作用するトルクの和} \\
\text{【I_3】に作用する全てのトルクの和＝} \\
\quad\text{「【I_3】：動く，【I_2】：静止」時に【I_3】に作用するトルクの和} \\
\quad+\text{「【I_3】：静止，【I_2】：動く」時に【I_3】に作用するトルクの和}
\end{array}
\right.
\tag{6.62}
$$

③　それぞれの運動方程式を立てる。

$$
\begin{cases}
I_1\ddot{\theta}_1 = (-c_{t1}\dot{\theta}_1 - k_{t1}\theta_1 + T) + (c_{t1}\dot{\theta}_2 + k_{t1}\theta_2) \\
I_2\ddot{\theta}_2 = (-c_{t1}\dot{\theta}_2 - c_{t2}\dot{\theta}_2 - k_{t1}\theta_2 - k_{t2}\theta_2) + (c_{t1}\dot{\theta}_1 + k_{t1}\theta_1) + (c_{t2}\dot{\theta}_3 + k_{t2}\theta_3) \\
I_3\ddot{\theta}_3 = (-c_{t2}\dot{\theta}_3 - c_{t3}\dot{\theta}_3 - k_{t2}\theta_3) + (c_{t2}\dot{\theta}_2 + k_{t2}\theta_2)
\end{cases}
\tag{6.63}
$$

＜メモ＞

> ・式(6.63)を整理すると，式(6.64)または式(6.65)が得られる。
>
> $$\begin{cases} I_1\ddot{\theta}_1 = -c_{t1}\dot{\theta}_1 + c_{t1}\dot{\theta}_2 - k_{t1}\theta_1 + k_{t1}\theta_2 + T \\ I_2\ddot{\theta}_2 = c_{t1}\dot{\theta}_1 - (c_{t1}+c_{t2})\dot{\theta}_2 + c_{t2}\dot{\theta}_3 + k_{t1}\theta_1 - (k_{t1}+k_{t2})\theta_2 + k_{t2}\theta_3 \\ I_3\ddot{\theta}_3 = c_{t2}\dot{\theta}_2 - (c_{t2}+c_{t3})\dot{\theta}_3 + k_{t2}\theta_2 - k_{t2}\theta_3 \end{cases} \quad (6.64)$$
>
> $$\begin{cases} I_1\ddot{\theta}_1 = -c_{t1}(\dot{\theta}_1 - \dot{\theta}_2) - k_{t1}(\theta_1 - \theta_2) + T \\ I_2\ddot{\theta}_2 = -c_{t1}(\dot{\theta}_2 - \dot{\theta}_1) - c_{t2}(\dot{\theta}_2 - \dot{\theta}_3) - k_{t1}(\theta_2 - \theta_1) - k_{t2}(\theta_2 - \theta_3) \\ I_3\ddot{\theta}_3 = -c_{t2}(\dot{\theta}_3 - \dot{\theta}_2) - c_{t3}\dot{\theta}_3 - k_{t2}(\theta_3 - \theta_2) \end{cases} \quad (6.65)$$

(3) 並列三重振子

図 6.19 に，並列三重振子（three-way coupled pendulum）の解析モデルを示す。質量が無視できる長さ l_1, l_2, l_3 の剛体棒が距離 h の位置において，ばね定数 k_1, k_2 のばねで連結されており，これら剛体棒の先端に質量 m_1, m_2, m_3 の物体が取り付けられている。解析変数はそれぞれの振り子の角変位 θ_1, θ_2, θ_3 である。振り子の振れの減衰を，粘性減衰係数 c_t を用いて考慮する。

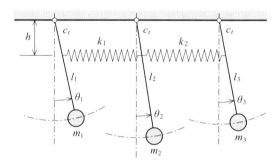

図 6.19 並列三重振子の解析モデル

① 3つの振り子（【I_1】，【I_2】，【I_3】）の動きは，いずれも回転運動なので，運動方程式の基本形は次式となる。

$$\begin{cases} I_1\ddot{\theta}_1 = \displaystyle\sum_{i=1}^{n} T_{\theta_1 i} \\ I_2\ddot{\theta}_2 = \displaystyle\sum_{i=1}^{n} T_{\theta_2 i} \\ I_3\ddot{\theta}_3 = \displaystyle\sum_{i=1}^{n} T_{\theta_3 i} \end{cases} \quad (6.66)$$

② 全てのトルクの和の求め方は次のようになる。

> 【I_1】に作用する全てのトルクの和＝
>
> 　　「【I_1】：動く，【I_2】：静止」時に【I_1】に作用するトルクの和
>
> 　＋「【I_1】：静止，【I_2】：動く」時に【I_1】に作用するトルクの和
>
> 【I_2】に作用する全てのトルクの和＝
>
> 　　「【I_2】：動く，【I_1】：静止，【I_3】：静止」時に【I_2】に作用するトルクの和
>
> 　＋「【I_2】：静止，【I_1】：動く，【I_3】：静止」時に【I_2】に作用するトルクの和
>
> 　＋「【I_2】：静止，【I_1】：静止，【I_3】：動く」時に【I_2】に作用するトルクの和

$$\left\{\begin{array}{l} 【I_3】 に作用する全てのトルクの和＝ \\ \qquad 「【I_3】：動く，【I_2】：静止」時に【I_3】に作用するトルクの和 \\ \quad +「【I_3】：静止，【I_2】：動く」時に【I_3】に作用するトルクの和 \end{array}\right. \tag{6.67}$$

③　それぞれの運動方程式を立てる。

$$\left\{\begin{array}{l} m_1 l_1^2 \ddot{\theta}_1 = (-c_t \dot{\theta}_1 - k_1 h^2 \theta_1 - m_1 g l_1 \theta_1) + (k_1 h^2 \theta_2) \\ m_2 l_2^2 \ddot{\theta}_2 = (-c_t \dot{\theta}_2 - k_1 h^2 \theta_2 - k_2 h^2 \theta_2 - m_2 g l_2 \theta_2) + (k_1 h^2 \theta_1) + (k_2 h^2 \theta_3) \\ m_3 l_3^2 \ddot{\theta}_3 = (-c_t \dot{\theta}_3 - k_2 h^2 \theta_3 - m_3 g l_3 \theta_3) + (k_2 h^2 \theta_2) \end{array}\right. \tag{6.68}$$

＜メモ＞

> ・この問題では，$I_1 = m_1 l_1^2$，$I_2 = m_2 l_2^2$，$I_3 = m_3 l_3^2$ となる。
>
> ・$c_t \dot{\theta}_1$，$c_t \dot{\theta}_2$，$c_t \dot{\theta}_3$ は，空気抵抗などによる振動減衰を考慮するための項である。
>
> ・この問題は微小振動問題として扱い，$\sin\theta \fallingdotseq \theta$ の関係を使用している。
>
> ・$k_i h^2 \theta_j$（$i=1, 2$, $j=1 \sim 3$）は，$\{k_i (h\sin\theta_j)\} \times h \fallingdotseq \{k_i (h\theta_j)\} \times h$（トルク＝力×半径）を，$m_j g l_j \theta_j$ は，$(m_j g \sin\theta_j) \times l_j \fallingdotseq (m_j g \theta_j) \times l_j$（トルク＝力×半径）をそれぞれ整理した式である。
>
> ・式(6.68)を整理すると，式(6.69)または式(6.70)が得られる。
>
> $$\left\{\begin{array}{l} m_1 l_1^2 \ddot{\theta}_1 = -c_t \dot{\theta}_1 - (k_1 h^2 + m_1 g l_1)\theta_1 + k_1 h^2 \theta_2 \\ m_2 l_2^2 \ddot{\theta}_2 = -c_t \dot{\theta}_2 + k_1 h^2 \theta_1 - (k_1 h^2 + k_2 h^2 + m_2 g l_2)\theta_2 + k_2 h^2 \theta_3 \\ m_3 l_3^2 \ddot{\theta}_3 = -c_t \dot{\theta}_3 + k_2 h^2 \theta_2 - (k_2 h^2 + m_3 g l_3)\theta_3 \end{array}\right. \tag{6.69}$$
>
> $$\left\{\begin{array}{l} m_1 l_1^2 \ddot{\theta}_1 = -c_t \dot{\theta}_1 - k_1 h^2 (\theta_1 - \theta_2) - m_1 g l_1 \theta_1 \\ m_2 l_2^2 \ddot{\theta}_2 = -c_t \dot{\theta}_2 - k_1 h^2 (\theta_2 - \theta_1) - k_2 h^2 (\theta_2 - \theta_3) - m_2 g l_2 \theta_2 \\ m_3 l_3^2 \ddot{\theta}_3 = -c_t \dot{\theta}_3 - k_2 h^2 (\theta_3 - \theta_2) - m_3 g l_3 \theta_3 \end{array}\right. \tag{6.70}$$

(4)　3 階建て構造物振動系

図 6.20 に，3 階建ての構造物（three-storey structure）が加速度 $\ddot{y}$ を受けて横揺れする解析モデルを示す。各階の質量がそれぞれの屋根に集中するものとし，それぞれの質量を m_1，m_2，m_3 とする。各階の水平剛性をそれぞればね定数 k_1，k_2，k_3 とし，各階の振動減衰を粘性減衰係数 c_1，c_2，c_3 を用いて考慮する。解析変数は，図 6.20 に示す各階の水平方向の変位 x_1，x_2，x_3 である。図(a)は地面が加速度 $\ddot{y}$ で揺れている状態を示しており，図(b)は各階に，すなわち各質量 m_i にそれぞれ $-m_i \ddot{y}$（$i=1, 2, 3$）の外力が作用した状態を示す。両者は等価な力学系であることから，運動方程式は図(b)に示すモデルを用いて立てる。なお，図 6.20(a)と(b)が力学的に等価であることについては，6.4 節にて説明する。

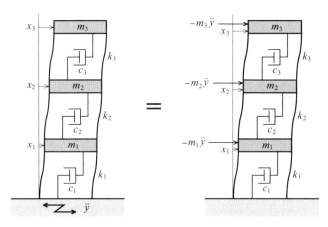

(a) 地面が加速度 $\ddot{y}$ で
揺れている状態

(b) 各階（各質量）に $-m_i\ddot{y}$ が
外力として作用した状態

図 6.20　3 階建て構造物の解析モデル

① 【m_1】，【m_2】，【m_3】の動きは，いずれも並進運動なので，運動方程式の基本形は次式となる。

$$\begin{cases} m_1\ddot{x}_1 = \displaystyle\sum_{i=1}^{n} F_{x_1 i} \\[2mm] m_2\ddot{x}_2 = \displaystyle\sum_{i=1}^{n} F_{x_2 i} \\[2mm] m_3\ddot{x}_3 = \displaystyle\sum_{i=1}^{n} F_{x_3 i} \end{cases} \tag{6.71}$$

② 全ての力の和の求め方は次のようになる。

$$\begin{cases} \text{【m_1】に作用する全ての力の和＝} \\ \qquad \text{「【m_1】：動く，【m_2】：静止」時に【m_1】に作用する力の和} \\ \qquad +\,\text{「【m_1】：静止，【m_2】：動く」時に【m_1】に作用する力の和} \\ \text{【m_2】に作用する全ての力の和＝} \\ \qquad \text{「【m_2】：動く，【m_1】：静止，【m_3】：静止」時に【m_2】に作用する力の和} \\ \qquad +\,\text{「【m_2】：静止，【m_1】：動く，【m_3】：静止」時に【m_2】に作用する力の和} \\ \qquad +\,\text{「【m_2】：静止，【m_1】：静止，【m_3】：動く」時に【m_2】に作用する力の和} \\ \text{【m_3】に作用する全ての力の和＝} \\ \qquad \text{「【m_3】：動く，【m_2】：静止」時に【m_3】に作用する力の和} \\ \qquad +\,\text{「【m_3】：静止，【m_2】：動く」時に【m_3】に作用する力の和} \end{cases}$$

$$\tag{6.72}$$

③ それぞれの運動方程式を立てる。

$$
\begin{cases}
m_1\ddot{x}_1 = (m_1\ddot{y} - c_1\dot{x}_1 - c_2\dot{x}_1 - k_1x_1 - k_2x_1) + (c_2\dot{x}_2 + k_2x_2) \\
m_2\ddot{x}_2 = (m_2\ddot{y} - c_2\dot{x}_2 - c_3\dot{x}_2 - k_2x_2 - k_3x_2) + (c_2\dot{x}_1 + k_2x_1) + (c_3\dot{x}_3 + k_3x_3) \\
m_3\ddot{x}_3 = (m_3\ddot{y} - c_3\dot{x}_3 - k_3x_3) + (c_3\dot{x}_2 + k_3x_2)
\end{cases}
\tag{6.73}
$$

＜メモ＞

> ・式(6.73)を整理すると，式(6.74)または式(6.75)が得られる。
>
> $$
> \begin{cases}
> m_1\ddot{x}_1 = -m_1\ddot{y} - c_1\dot{x}_1 - c_2(\dot{x}_1 - \dot{x}_2) - k_1x_1 - k_2(x_1 - x_2) \\
> m_2\ddot{x}_2 = -m_2\ddot{y} - c_2(\dot{x}_2 - \dot{x}_1) - c_3(\dot{x}_2 - \dot{x}_3) - k_2(x_2 - x_1) - k_3(x_2 - x_3) \\
> m_3\ddot{x}_3 = -m_3\ddot{y} - c_3(\dot{x}_3 - \dot{x}_2) - k_3(x_3 - x_2)
> \end{cases}
> \tag{6.74}
> $$
>
> $$
> \begin{cases}
> m_1\ddot{x}_1 = -m_1\ddot{y} - (c_1 + c_2)\dot{x}_1 + c_2\dot{x}_2 - (k_1 + k_2)x_1 + k_2x_2 \\
> m_2\ddot{x}_2 = -m_2\ddot{y} + c_2\dot{x}_1 - (c_2 + c_3)\dot{x}_2 + c_3\dot{x}_3 + k_2x_1 - (k_2 + k_3)x_2 + k_3x_3 \\
> m_3\ddot{x}_3 = -m_3\ddot{y} + c_3\dot{x}_2 - c_3\dot{x}_3 + k_3x_2 - k_3x_3
> \end{cases}
> \tag{6.75}
> $$

(5)　質量のついた弦の振動

　図6.21に，質量のついた弦の振動（vibration of a string）の解析モデルを示す。張力 F で張られた弦に長さ l_1，l_2，l_3，l_4 の間隔で質量 m_1，m_2，m_3 の物体がついた振動系である。振動減衰を粘性減衰係数 c を用いて考慮する。解析変数は各物体の変位 y_1，y_2，y_3 である。この問題における座標の原点は，無重力状態における物体の静止位置とする。よって，物体の静止位置は弦の張力の大きさにより変化する。

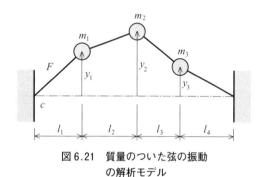

図6.21　質量のついた弦の振動の解析モデル

①　【m_1】，【m_2】，【m_3】の動きは，いずれも並進運動なので，運動方程式の基本形は次式となる。

$$
\begin{cases}
m_1\ddot{y}_1 = \displaystyle\sum_{i=1}^{n} F_{y_1 i} \\
m_2\ddot{y}_2 = \displaystyle\sum_{i=1}^{n} F_{y_2 i} \\
m_3\ddot{y}_3 = \displaystyle\sum_{i=1}^{n} F_{y_3 i}
\end{cases}
\tag{6.76}
$$

②　全ての力の和の求め方は次のようになる。

　【m_1】に作用する全ての力の和＝

　　　「【m_1】：動く，【m_2】：静止」時に【m_1】に作用する力の和

　　＋「【m_1】：静止，【m_2】：動く」時に【m_1】に作用する力の和

　【m_2】に作用する全ての力の和＝

　　　「【m_2】：動く，【m_1】：静止，【m_3】：静止」時に【m_2】に作用する力の和

$$+ \lceil \llbracket m_2 \rrbracket : \text{静止, } \llbracket m_1 \rrbracket : \text{動く, } \llbracket m_3 \rrbracket : \text{静止} \rfloor \text{ 時に } \llbracket m_2 \rrbracket \text{ に作用する力の和}$$
$$+ \lceil \llbracket m_2 \rrbracket : \text{静止, } \llbracket m_1 \rrbracket : \text{静止, } \llbracket m_3 \rrbracket : \text{動く} \rfloor \text{ 時に } \llbracket m_2 \rrbracket \text{ に作用する力の和}$$

$$\llbracket m_3 \rrbracket \text{ に作用する全ての力の和} =$$
$$\lceil \llbracket m_3 \rrbracket : \text{動く, } \llbracket m_2 \rrbracket : \text{静止} \rfloor \text{ 時に } \llbracket m_3 \rrbracket \text{ に作用する力の和}$$
$$+ \lceil \llbracket m_3 \rrbracket : \text{静止, } \llbracket m_2 \rrbracket : \text{動く} \rfloor \text{ 時に } \llbracket m_3 \rrbracket \text{ に作用する力の和}$$

$$(6.77)$$

③ それぞれの運動方程式を立てる。

$$\begin{cases} m_1 \ddot{y}_1 = \left(-c\dot{y}_1 - F\dfrac{y_1}{l_1} - F\dfrac{y_1}{l_2} - m_1 g \right) + \left(F\dfrac{y_2}{l_2} \right) \\[2ex] m_2 \ddot{y}_2 = \left(-c\dot{y}_2 - F\dfrac{y_2}{l_2} - F\dfrac{y_2}{l_3} - m_2 g \right) + \left(F\dfrac{y_1}{l_2} \right) + \left(F\dfrac{y_3}{l_3} \right) \\[2ex] m_3 \ddot{y}_3 = \left(-c\dot{y}_3 - F\dfrac{y_3}{l_3} - F\dfrac{y_3}{l_4} - m_3 g \right) + \left(F\dfrac{y_2}{l_3} \right) \end{cases} \quad (6.78)$$

＜メモ＞

・式(6.78)を整理すると，次式が得られる。

$$\begin{cases} m_1 \ddot{y}_1 = -c\dot{y}_1 - F\left(\dfrac{y_1}{l_1} + \dfrac{y_1 - y_2}{l_2} \right) - m_1 g \\[2ex] m_2 \ddot{y}_2 = -c\dot{y}_2 - F\left(\dfrac{y_2 - y_1}{l_2} + \dfrac{y_2 - y_3}{l_3} \right) - m_2 g \\[2ex] m_3 \ddot{y}_3 = -c\dot{y}_3 - F\left(\dfrac{y_3 - y_2}{l_3} + \dfrac{y_3}{l_4} \right) - m_3 g \end{cases} \quad (6.79)$$

・$c\dot{y}_1$, $c\dot{y}_2$, $c\dot{y}_3$ は，空気抵抗などによる振動減衰を考慮するための項である。シミュレーションによって物体の静止平衡位置を求める際には，この項が必要である。

・この問題は微小振動問題として扱っている。図 6.22 は，式(6.78)中の，質量 m の物体に作用する弦の張力 F の分力の求め方を示す。

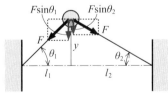

$$F\sin\theta_1 \fallingdotseq F\tan\theta_1 \fallingdotseq F\frac{y}{l_1} \qquad F\sin\theta_2 \fallingdotseq F\tan\theta_2 \fallingdotseq F\frac{y}{l_2}$$

図 6.22　質量 m の物体に作用する弦の張力 F の分力の求め方

（6）　偏心円板のふれまわり運動

　図 6.23 に，偏心円板（eccentric disc）のふれまわり運動（whirling motion）の解析モデルを示す。両端が軸受にて単純支持されている軸の中央に質量 m の円板が角速度 ω で回転しているとき，この円板を中心から e だけ偏心させた際のふれまわり運動をモデル化したものである。ここで，G は円板の重心位置（円板の幾何学中心でもある），k は軸のばね定数であり，軸の質量は無視する。振動減衰の影響を粘性減衰係数 c を用いて考慮する。この問題は，回転を含めると 3 自由度問題であるが，回転角速度 ω が一定であることから解析変数は軸心の変位 x，y の 2 つである。

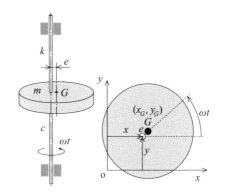

図6.23　偏心円板のふれまわり運動の解析モデル

①　最初に円板の重心（x_G, y_G）に対する運動方程式を立てる。x 軸方向に動く【m】と y 軸方向に動く【m】の動きは，いずれも並進運動なので，運動方程式の基本形はそれぞれ次式となる。

$$\begin{cases} m\ddot{x}_G = \sum_{i=1}^{n} F_{x_G i} \\ m\ddot{y}_G = \sum_{i=1}^{n} F_{y_G i} \end{cases} \tag{6.80}$$

②　全ての力の和の求め方は次のようになる。

$$\begin{cases} \text{【m】の x 軸方向に作用する全ての力の和＝} \\ \quad \text{「【m】：x 軸方向に動く」時に【m】の x 軸方向に作用する力の和} \\ \text{【m】の y 軸方向に作用する全ての力の和＝} \\ \quad \text{「【m】：y 軸方向に動く」時に【m】の y 軸方向に作用する力の和} \end{cases} \tag{6.81}$$

③　円板の重心（x_G, y_G）に対する運動方程式をそれぞれ立てる。

$$\begin{cases} m\ddot{x}_G = -c\dot{x} - kx \\ m\ddot{y}_G = -c\dot{y} - ky \end{cases} \tag{6.82}$$

ここで，x_G, y_G を，x と y を用いて表すと次式となる。

$$\begin{cases} x_G = x + e\cos\omega t \\ y_G = y + e\sin\omega t \end{cases} \tag{6.83}$$

よって，

$$\begin{cases} \ddot{x}_G = \ddot{x} - e\omega^2\cos\omega t \\ \ddot{y}_G = \ddot{y} - e\omega^2\sin\omega t \end{cases} \tag{6.84}$$

となり，この式を式(6.82)に代入すると次式が得られる。

$$\begin{cases} m(\ddot{x} - e\omega^2 \cos\omega t) = -c\dot{x} - kx \\ m(\ddot{y} - e\omega^2 \sin\omega t) = -c\dot{y} - ky \end{cases} \tag{6.85}$$

式(6.85)を整理すると，解析変数 x と y に対する運動方程式が次のように求まる。

$$\begin{cases} m\ddot{x} + c\dot{x} + kx = me\omega^2 \cos\omega t \\ m\ddot{y} + c\dot{y} + ky = me\omega^2 \sin\omega t \end{cases} \tag{6.86}$$

＜メモ＞

- ・式(6.82)では強制外力は働いていないように見えるが，式(6.86)のように整理すると右辺が強制力項であることがわかる。$me\omega^2$ はロータの遠心力（centrifugal force）である。
- ・式(6.86)より，x と y の運動はお互いに独立であることがわかる。

6.3.5 6自由度問題

図6.24に，6自由度（six degrees of freedom）問題の解析モデルを示す。4つの物体（質量 m_1, m_2, m_3, m_4）と6つのばね（ばね定数 k_1, k_2, k_3, k_4, k_5, k_6）および2つのダンパ（粘性減衰係数 c）から構成される。質量 m_1 と質量 m_2 の2つの物体（各物体の重心まわりの慣性モーメントは I_1, I_2）はそれぞれ重心の上下運動と回転運動を，質量 m_3 と質量 m_4 の2つの物体は上下運動のみをするものとする。各物体と各ばねは質量 m_2 の物体の中心（重心）を基準にそれぞれ長さ l_1, l_2, l_3, l_4, l_5 の位置に取り付けられている。このとき質量 m_2 の物体を，上下方向に $F\sin\omega t$ で加振する。解析変数は，各物体の上下変位 x_1, x_2, x_3, x_4 と角変位 θ_1, θ_2 の6つである。

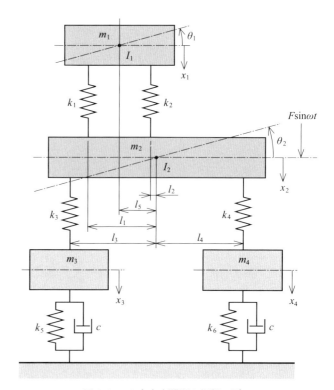

図6.24 6自由度問題の解析モデル

① 【m_1】，【I_1】，【m_2】，【I_2】，【m_3】，【m_4】の動きは，それぞれ m_i（$i=1\sim4$）は並進運動，I_j（$j=1$, 2）は回転運動なので，運動方程式の基本形は次式となる。

$$
\begin{cases}
m_1 \ddot{x}_1 = \displaystyle\sum_{i=1}^{n} F_{x_1 i} \\[2.5ex]
I_1 \ddot{\theta}_1 = \displaystyle\sum_{i=1}^{n} T_{\theta_1 i} \\[2.5ex]
m_2 \ddot{x}_2 = \displaystyle\sum_{i=1}^{n} F_{x_2 i} \\[2.5ex]
I_2 \ddot{\theta}_2 = \displaystyle\sum_{i=1}^{n} T_{\theta_2 i} \\[2.5ex]
m_3 \ddot{x}_3 = \displaystyle\sum_{i=1}^{n} F_{x_3 i} \\[2.5ex]
m_4 \ddot{x}_4 = \displaystyle\sum_{i=1}^{n} F_{x_4 i}
\end{cases} \tag{6.87}
$$

② 全ての力の和およびトルクの和の求め方は次のようになる。ここで，式中の「動」は「動く」，「止」は「静止」を意味する。

【m_1】に作用する全ての力の和＝

　　　「【m_1】：動，【I_1】：止，【m_2】：止，【I_2】：止」時に【m_1】に作用する力の和

　＋「【m_1】：止，【I_1】：動，【m_2】：止，【I_2】：止」時に【m_1】に作用する力の和

　＋「【m_1】：止，【I_1】：止，【m_2】：動，【I_2】：止」時に【m_1】に作用する力の和

　＋「【m_1】：止，【I_1】：止，【m_2】：止，【I_2】：動」時に【m_1】に作用する力の和

【I_1】に作用する全てのトルクの和＝

　　　「【I_1】：動，【m_1】：止，【m_2】：止，【I_2】：止」時に【I_1】に作用するトルクの和

　＋「【I_1】：止，【m_1】：動，【m_2】：止，【I_2】：止」時に【I_1】に作用するトルクの和

　＋「【I_1】：止，【m_1】：止，【m_2】：動，【I_2】：止」時に【I_1】に作用するトルクの和

　＋「【I_1】：止，【m_1】：止，【m_2】：止，【I_2】：動」時に【I_1】に作用するトルクの和

【m_2】に作用する全ての力の和＝

　　　「【m_2】：動，【I_2】：止，【m_1】：止，【I_1】：止，【m_3】：止，【m_4】：止」時に
　　　　　　　　　　　　　　　　　　　　　　　　　　　　　　【m_2】に作用する力の和

　＋「【m_2】：止，【I_2】：動，【m_1】：止，【I_1】：止，【m_3】：止，【m_4】：止」時に
　　　　　　　　　　　　　　　　　　　　　　　　　　　　　　【m_2】に作用する力の和

　＋「【m_2】：止，【I_2】：止，【m_1】：動，【I_1】：止，【m_3】：止，【m_4】：止」時に
　　　　　　　　　　　　　　　　　　　　　　　　　　　　　　【m_2】に作用する力の和

　＋「【m_2】：止，【I_2】：止，【m_1】：止，【I_1】：動，【m_3】：止，【m_4】：止」時に
　　　　　　　　　　　　　　　　　　　　　　　　　　　　　　【m_2】に作用する力の和

　＋「【m_2】：止，【I_2】：止，【m_1】：止，【I_1】：止，【m_3】：動，【m_4】：止」時に
　　　　　　　　　　　　　　　　　　　　　　　　　　　　　　【m_2】に作用する力の和

　＋「【m_2】：止，【I_2】：止，【m_1】：止，【I_1】：止，【m_3】：止，【m_4】：動」時に
　　　　　　　　　　　　　　　　　　　　　　　　　　　　　　【m_2】に作用する力の和

【I_2】 に作用する全てのトルクの和＝

「【I_2】：動, 【m_2】：止, 【m_1】：止, 【I_1】：止, 【m_3】：止, 【m_4】：止」時に
【I_2】 に作用するトルクの和

＋「【I_2】：止, 【m_2】：動, 【m_1】：止, 【I_1】：止, 【m_3】：止, 【m_4】：止」時に
【I_2】 に作用するトルクの和

＋「【I_2】：止, 【m_2】：止, 【m_1】：動, 【I_1】：止, 【m_3】：止, 【m_4】：止」時に
【I_2】 に作用するトルクの和

＋「【I_2】：止, 【m_2】：止, 【m_1】：止, 【I_1】：動, 【m_3】：止, 【m_4】：止」時に
【I_2】 に作用するトルクの和

＋「【I_2】：止, 【m_2】：止, 【m_1】：止, 【I_1】：止, 【m_3】：動, 【m_4】：止」時に
【I_2】 に作用するトルクの和

＋「【I_2】：止, 【m_2】：止, 【m_1】：止, 【I_1】：止, 【m_3】：止, 【m_4】：動」時に
【I_2】 に作用するトルクの和

【m_3】 に作用する全ての力の和＝

「【m_3】：動, 【m_2】：止, 【I_2】：止」時に 【m_3】 に作用する力の和

＋「【m_3】：止, 【m_2】：動, 【I_2】：止」時に 【m_3】 に作用する力の和

＋「【m_3】：止, 【m_2】：止, 【I_2】：動」時に 【m_3】 に作用する力の和

【m_4】 に作用する全ての力の和＝

「【m_4】：動, 【m_2】：止, 【I_2】：止」時に 【m_4】 に作用する力の和

＋「【m_4】：止, 【m_2】：動, 【I_2】：止」時に 【m_4】 に作用する力の和

＋「【m_4】：止, 【m_2】：止, 【I_2】：動」時に 【m_4】 に作用する力の和

$$(6.88)$$

③ それぞれの運動方程式を立てる。

$$
\begin{aligned}
m_1\ddot{x}_1 &= (-k_1 x_1 - k_2 x_1) + \left[-k_1\{(l_1-l_5)\theta_1\} + k_2\{(l_5-l_2)\theta_1\} \right] + (k_1 x_2 + k_2 x_2) \\
&\quad + \{k_1(l_1\theta_2) + k_2(l_2\theta_2)\} \\
I_1\ddot{\theta}_1 &= \left\| -\left[k_1\{(l_1-l_5)\theta_1\} \right](l_1-l_5) - \left[k_2\{(l_5-l_2)\theta_1\} \right](l_5-l_2) \right\| \\
&\quad + \{-(k_1 x_1)(l_1-l_5) + (k_2 x_1)(l_5-l_2)\} + \{(k_1 x_2)(l_1-l_5) - k_2 x_2(l_5-l_2)\} \\
&\quad + \left[\{k_1(l_1\theta_2)\}(l_1-l_5) - \{k_2(l_2\theta_2)\}(l_5-l_2) \right] \\
m_2\ddot{x}_2 &= (-k_1 x_2 - k_2 x_2 - k_3 x_2 - k_4 x_2 + F\sin\omega t) \\
&\quad + \{-k_1(l_1\theta_2) - k_2(l_2\theta_2) - k_3(l_3\theta_2) + k_4(l_4\theta_2)\} \\
&\quad + (k_1 x_1 + k_2 x_1) + \left[k_1\{(l_1-l_5)\theta_1\} - k_2\{(l_5-l_2)\theta_1\} \right] + (k_3 x_3) + (k_4 x_4) \\
I_2\ddot{\theta}_2 &= \left[-\{k_1(l_1\theta_2)\}l_1 - \{k_2(l_2\theta_2)\}l_2 - \{k_3(l_3\theta_2)\}l_3 - \{k_4(l_4\theta_2)\}l_4 \right] \\
&\quad + \{-(k_1 x_2)l_1 - (k_2 x_2)l_2 - (k_3 x_2)l_3 + (k_4 x_2)l_4\} + \{(k_1 x_1)l_1 + (k_2 x_1)l_2\} \\
&\quad + \left[\left[k_1\{(l_1-l_5)\theta_1\} \right]l_1 - \left[k_2\{(l_5-l_2)\theta_1\} \right]l_2 \right] + \{(k_3 x_3)l_3\} + \{-(k_4 x_4)l_4\} \\
m_3\ddot{x}_3 &= (-c\dot{x}_3 - k_3 x_3 - k_5 x_3) + (k_3 x_2) + \{k_3(l_3\theta_2)\} \\
m_4\ddot{x}_4 &= (-c\dot{x}_4 - k_4 x_4 - k_6 x_4) + (k_4 x_2) + \{-k_4(l_4\theta_2)\}
\end{aligned}
$$

$$(6.89)$$

＜メモ＞

・この問題は微小振動問題として扱い，$\sin\theta \fallingdotseq \theta$ の関係を使用している。

・式(6.89)を整理すると，次式が得られる。

$$
\begin{cases}
m_1\ddot{x}_1 = -(k_1+k_2)x_1 - \{k_1(l_1-l_5)-k_2(l_5-l_2)\}\theta_1 + (k_1+k_2)x_2 + (k_1l_1+k_2l_2)\theta_2 \\
I_1\ddot{\theta}_1 = -\{k_1(l_1-l_5)^2+k_2(l_5-l_2)^2\}\theta_1 - \{k_1(l_1-l_5)-k_2(l_5-l_2)\}x_1 \\
\qquad + \{k_1(l_1-l_5)-k_2(l_5-l_2)\}x_2 + \{k_1l_1(l_1-l_5)-k_2l_2(l_5-l_2)\}\theta_2 \\
m_2\ddot{x}_2 = -(k_1+k_2+k_3+k_4)x_2 - (k_1l_1+k_2l_2+k_3l_3-k_4l_4)\theta_2 + (k_1+k_2)x_1 \\
\qquad + \{k_1(l_1-l_5)-k_2(l_5-l_2)\}\theta_1 + k_3x_3 + k_4x_4 + F\sin\omega t \\
I_2\ddot{\theta}_2 = -(k_1l_1^2+k_2l_2^2+k_3l_3^2+k_4l_4^2)\theta_2 - (k_1l_1+k_2l_2+k_3l_3-k_4l_4)x_2 \\
\qquad + (k_1l_1+k_2l_2)x_1 + \{k_1l_1(l_1-l_5)-k_2l_2(l_5-l_2)\}\theta_1 + k_3l_3x_3 - k_4l_4x_4 \\
m_3\ddot{x}_3 = -c\dot{x}_3 - (k_3+k_5)x_3 + k_3x_2 + k_3l_3\theta_2 \\
m_4\ddot{x}_4 = -c\dot{x}_4 - (k_4+k_6)x_4 + k_4x_2 - k_4l_4\theta_2
\end{cases}
\tag{6.90}
$$

▶▶▶ 6.4　力加振と基礎加振

4.1.3 項でふれたように，運動と振動系に対する外力の加え方には，力加振と基礎加振がある。力加振は外力を質点や剛体に直接加えることにより加振する方法で，強制振動の基本となるものである。これに対して基礎加振は振動系の支持部分を加振する方法で，質点や剛体に間接的に外力を加えるものである。

図 6.25 に，1 自由度直線振動系の強制振動モデルを示す。図(a)が力加振のモデルであり，図(b)が基礎加振のモデルである。ここで，F が外力，y が基礎加振変位である。いずれのモデルにおいても，座標系は任意の固定点に設定される絶対座標系（absolute (world) coordinate system）で考えており，x と y は絶対変位（absolute displacement）である。

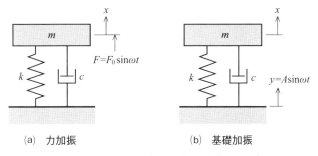

(a)　力加振　　　　　　(b)　基礎加振

図 6.25　1 自由度直線振動系の強制振動モデル

本章で示した手順で図 6.25(a)に示すモデルに対する運動方程式を立て整理すると，次式となる。

$$m\ddot{x} + c\dot{x} + kx = F \tag{6.91}$$

式(6.91)は，一般的な力加振による強制振動の場合の運動方程式である。

同様に図 6.25(b)に示すモデルに対する運動方程式を立て整理すると，次式となる。

$$m\ddot{x} + c\dot{x} + kx = c\dot{y} + ky \tag{6.92}$$

式(6.91)と式(6.92)を見比べると，図6.25(b)に示す基礎加振の場合，外力として $c\dot{y}+ky$ が作用することがわかり，これは力加振時の外力 F と等価である。このようにモデル化した基礎加振を変位加振という。

　ここまでの説明では変位 x と y はいずれも絶対座標系による絶対変位である。しかし，質点の変位を考える座標系として相対座標系（relative coordinate system）を考えると，式(6.93)で示す絶対変位 x と y より得られる相対変位（relative displacement）z を使用することができる。図6.25(b)のモデルに対して次式で示される相対変位 z と絶対変位 x, y の関係を使用する。

$$z = x - y \ (\dot{z} = \dot{x} - \dot{y}, \ddot{z} = \ddot{x} - \ddot{y}) \tag{6.93}$$

式(6.93)を式(6.92)に代入して座標変換（coordinate transformation）を行うと，次式が得られる。

$$m(\ddot{z} + \ddot{y}) + c(\dot{z} + \dot{y}) + k(z + y) = c\dot{y} + ky \tag{6.94}$$

式(6.94)の右辺の項を全て左辺に移項し，左辺の $m\ddot{y}$ を右辺に移項して整理すると，次式が得られる。

$$m\ddot{z} + c\dot{z} + kz = -m\ddot{y} \tag{6.95}$$

式(6.95)と式(6.91)または式(6.92)を見比べると，相対変位の考え方を使用した場合，外力として $-m\ddot{y}$ が作用することがわかり，これは力加振時の外力 F および変位加振時の外力 $c\dot{y}+ky$ と等価である。このようにモデル化した基礎加振を加速度加振という。$-m\ddot{y}$ は下端が動くことによって質点に作用する見かけの力であり慣性力である。なお，式(6.92)から式(6.95)中の y, $\dot{y}$, $\ddot{y}$ はそれぞれ次式で示される。

$$\begin{cases} y = A\sin\omega t \\ \dot{y} = A\omega\cos\omega t \\ \ddot{y} = -A\omega^2\sin\omega t \end{cases} \tag{6.96}$$

　ここで，基礎加振について整理しておく。図6.26に，1自由度直線振動系の基礎加振による強制振動モデルを示す。図(a)は変位加振モデルであり，運動方程式は式(6.92)にて示される。図(b)は加速度加振モデルであり，運動方程式は式(6.95)にて示される。上述のとおり，変位加振と加速度加振は力学的には等価であることから，解析の目的に応じて使い分ければよい。例えば，路面の凹凸が変位データとして与えられたときの自動車の振動解析は，変位加振にて行えばよく，一方，地震動の加速度データが与えられたときの構造物の振動解析は，加速度加振にて行えばよい。本書において，6.3.3項の(6)の自動車の振動モデルと演習問題6.7のねじり振動系を変位加振問題として，6.3.4項の(4)の3階建て構造物振動系を加速度加振問題として扱っている。

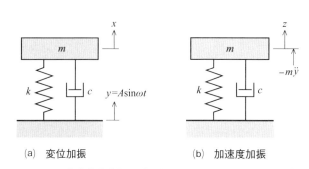

(a) 変位加振　　　　　　(b) 加速度加振

図6.26　1自由度直線振動系の基礎加振による強制振動モデル

本節の最後に，6.3.4 項の(4)の 3 階建て構造物振動系の変位加振モデルと加速度加振モデルが等価であることを，運動方程式をもとに示す。図 6.27 に 3 階建て構造物の解析モデルを示す。地面の横揺れ変位を y，加速度を $\ddot{y}$ とするとき，図(a)が変位加振モデル，図(b)が加速度加振モデルである。なお，図(a)では，各階の水平方向の変位を絶対変位で考えていることから解析変数を u_1，u_2，u_3 とし，図(b)の相対変位 x_1，x_2，x_3 と区別した。

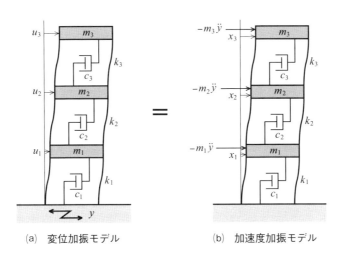

(a)　変位加振モデル　　　　　　(b)　加速度加振モデル

図 6.27　3 階建て構造物の解析モデル

まず，本章で示した手順で図(a)の変位加振モデルに対する運動方程式を立てると，次式が得られる。

$$\begin{cases} m_1\ddot{u}_1 = (-c_1\dot{u}_1 - c_2\dot{u}_1 - k_1u_1 - k_2u_1) + (c_2\dot{u}_2 + k_2u_2) + (k_1y + c_1\dot{y}) \\ m_2\ddot{u}_2 = (-c_2\dot{u}_2 - c_3\dot{u}_2 - k_2u_2 - k_3u_2) + (c_2\dot{u}_1 + k_2u_1) + (c_3\dot{u}_3 + k_3u_3) \\ m_3\ddot{u}_3 = (-c_3\dot{u}_3 - k_3u_3) + (c_3\dot{u}_2 + k_3u_2) \end{cases} \tag{6.97}$$

式(6.97)を整理すると，次式となる。

$$\begin{cases} m_1\ddot{u}_1 = -c_1(\dot{u}_1 - \dot{y}) - c_2(\dot{u}_1 - \dot{u}_2) - k_1(u_1 - y) - k_2(u_1 - u_2) \\ m_2\ddot{u}_2 = -c_2(\dot{u}_2 - \dot{u}_1) - c_3(\dot{u}_2 - \dot{u}_3) - k_2(u_2 - u_1) - k_3(u_2 - u_3) \\ m_3\ddot{u}_3 = -c_3(\dot{u}_3 - \dot{u}_2) - k_3(u_3 - u_2) \end{cases} \tag{6.98}$$

次に，質点の変位を考える座標系として，絶対座標系から相対座標系へ座標変換を行う。地面の横揺れ変位が y であるから，次式で示される絶対変位 u_1，u_2，u_3 と相対変位 x_1，x_2，x_3 の関係が成立する。

$$\begin{cases} x_i = u_i - y \\ \dot{x}_i = \dot{u}_i - \dot{y} \quad (i = 1,2,3) \\ \ddot{x}_i = \ddot{u}_i - \ddot{y} \end{cases} \tag{6.99}$$

式(6.99)を式(6.98)に代入すると，次式が得られる。

$$\begin{cases} m_1(\ddot{x}_1 + \ddot{y}) = -c_1\dot{x}_1 - c_2\left\{(\dot{x}_1 + \dot{y}) - (\dot{x}_2 + \dot{y})\right\} - k_1 x_1 - k_2\left\{(x_1 + y) - (x_2 + y)\right\} \\ m_2(\ddot{x}_2 + \ddot{y}) = -c_2\left\{(\dot{x}_2 + \dot{y}) - (\dot{x}_1 + \dot{y})\right\} - c_3\left\{(\dot{x}_2 + \dot{y}) - (\dot{x}_3 + \dot{y})\right\} \\ \qquad\qquad - k_2\left\{(x_2 + y) - (x_1 + y)\right\} - k_3\left\{(x_2 + y) - (x_3 + y)\right\} \\ m_3(\ddot{x}_3 + \ddot{y}) = -c_3\left\{(\dot{x}_3 + \dot{y}) - (\dot{x}_2 + \dot{y})\right\} - k_3\left\{(x_3 + y) - (x_2 + y)\right\} \end{cases} \tag{6.100}$$

式(6.100)の右辺を整理し，左辺の $m\ddot{y}$ を右辺に移項すると，最終的に次式が得られる。

$$\begin{cases} m_1\ddot{x}_1 = -m_1\ddot{y} - c_1\dot{x}_1 - c_2(\dot{x}_1 - \dot{x}_2) - k_1 x_1 - k_2(x_1 - x_2) \\ m_2\ddot{x}_2 = -m_2\ddot{y} - c_2(\dot{x}_2 - \dot{x}_1) - c_3(\dot{x}_2 - \dot{x}_3) - k_2(x_2 - x_1) - k_3(x_2 - x_3) \\ m_3\ddot{x}_3 = -m_3\ddot{y} - c_3(\dot{x}_3 - \dot{x}_2) - k_3(x_3 - x_2) \end{cases} \tag{6.101}$$

式(6.101)は，図6.27(b)のモデルを用いて立てた式(6.74)の運動方程式そのものである。このことから，6.3.4項の(4)の3階建て構造物振動系の変位加振モデルと加速度加振モデルが等価であることがわかる。

演習問題

6.1　　図 6.28 に示す，距離 h の位置において，ばね定数 k の 2 つのばねで支持された質量 m（質点として考えよ），長さ l の倒立振子（inverted pendulum）の運動方程式を，振り子の角変位を θ として立てよ。なお，この系の振動の減衰を回転の粘性減衰係数 c_t を用いて考慮するものとする。

6.2　　図 6.29 に示す，質量が m で重心 G まわりの慣性モーメントが I_G の実態振子（physical pendulum）の運動方程式を，振り子の角変位を θ として立てよ。図中の l は支点から重心 G までの距離である。なお，この系の振動の減衰を回転の粘性減衰係数 c_t を用いて考慮するものとする。

6.3　　図 6.30 に示す，慣性モーメントが I で内側の半径 r_1，外側の半径 r_2 の 2 連滑車の運動方程式を，滑車の角変位を θ として立てよ。なお，内側の滑車には伸縮しないロープを介して質量 m の物体がつり下げられ，外側の滑車は伸縮しないロープとばね定数 k のばねを介して壁に固定されている。この系の振動の減衰を回転の粘性減衰係数 c_t を用いて考慮するものとする。

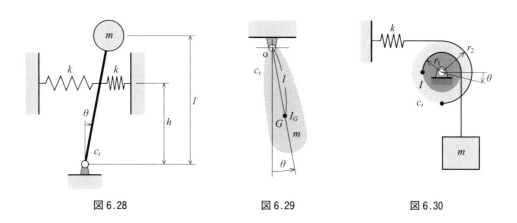

図 6.28　　　　　　　　　　図 6.29　　　　　　　　　　図 6.30

6.4　　図 6.31 に示す，質量が m で半径 r の円柱が，水平面から角度 α をなす斜面をすべりながら転がる（rolling）ときの運動方程式を，円柱の並進運動における変位を x，回転運動における角変位を θ として立てよ。ここで，円柱と斜面との間には摩擦力 F が生じるものとし，摩擦係数を μ とする。

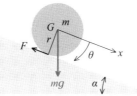

図 6.31

6.5　図 6.32 に示す，o_1 と o_2 を中心に回転できる慣性モーメントがそれぞれ I_1，I_2 の 2 つの剛体と，o_1 と o_2 の位置から距離 l_1，l_2，l_3 離れた位置に取り付けられたばね定数がそれぞれ k_1，k_2，k_3 のばねからなる振動系の運動方程式を，それぞれの剛体の角変位を θ_1，θ_2 として立てよ。なお，慣性モーメント I_1 の剛体の先端に加振力 $F\sin\omega t$ が作用するものとする。また，加振により生じる変位は非常に小さいものとする。

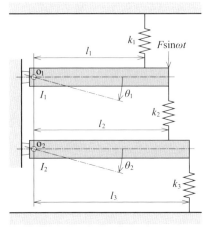

図 6.32

6.6　図 6.33 に示す，質量がそれぞれ m_1，m_2，m_3 の 3 つの物体をばね定数がそれぞれ k_1，k_2，k_3 の 3 つのばねと粘性減衰係数がそれぞれ c_1，c_2，c_3 の 3 つのダンパにて鉛直方向に連結した直線振動系に対して，偏心カムを用いて変位加振することを考える。この振動系の運動方程式を立てよ。ここで，各物体の変位を x_1，x_2，x_3，偏心カムによる変位加振量を $y=A\sin\omega t$ とする。なお，運動方程式は重力の影響を考慮したものとせよ。

6.7　図 6.34 に示す，慣性モーメントがそれぞれ I_1, I_2, I_3 の 3 つの回転円板をねじりばね定数がそれぞれ k_{t1}, k_{t2}, k_{t3} の 3 つのねじりばねで連結したねじり振動系に対して，最上部の加振用回転円板を介して角変位加振することを考える。この振動系の運動方程式を立てよ。ここで，各円板の角変位を θ_1, θ_2, θ_3, 加振用回転円板の角変位加振量を $y=A\sin\omega t$ とする。なお，この系のねじり振動の減衰をねじりの粘性減衰係数 c_{t1}, c_{t2}, c_{t3} を用いて考慮するものとする。

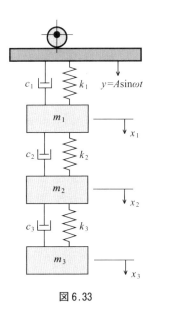

図 6.33

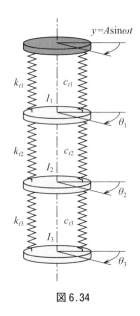

図 6.34

第7章
ラグランジュの方程式を用いた運動方程式の立て方

前章では，ニュートンとオイラーの方程式を用いた運動方程式の立て方を述べたが，多自由度問題や複雑な力学系，例えば，並進運動と回転運動が混在し力のつり合いから運動方程式を導くのが難しいような力学系においては，ラグランジュの運動方程式が用いられる。ラグランジュの運動方程式はその系の全てのエネルギを求めた後，機械的に運動方程式を導くことができる便利な式である。

本章では，ラグランジュの方程式を用いた運動方程式の立て方を述べる。最初に使用しやすく整理したラグランジュの運動方程式を紹介し，次にこの式を用いた運動方程式の立て方の手順を示す。そして，①単振り子，②ぶらんこ，③ばね支持台車と振り子からなる振動系，④二重振子，⑤凹型剛体と円柱からなる振動系，⑥クレーンの旋回運動の順に，運動方程式の立て方を具体的に示す。

▶▶▶ 7.1　ラグランジュの運動方程式の概要

7.1.1　使用しやすく整理したラグランジュの運動方程式

ラグランジュの運動方程式については式(1.7)に示すとおりであるが，図7.1の式(1)と式(2)に使用しやすく整理したラグランジュの運動方程式と各エネルギの基本計算式を示す。図7.2にエネルギと一般化力の計算シート，図7.3にそれぞれの一般化座標におけるラグランジュの運動方程式の各項の計算シートを示す。これらを必要に応じて利用されたい。本書では図7.1の式(1)に示すラグランジュの運動方程式において，位置エネルギを重力による位置エネルギと弾性力による位置エネルギに分けて扱う。

ラグランジュの運動方程式では，一般化座標（一般座標ともよばれる）と一般化力（一般力ともよばれる）が使用される。

7.1.2　一般化座標

力学系の各物体の位置を決めるのに必要十分な独立変数を，その力学系の一般化座標という。n自由度の力学系においては，変位と角変位からなるn個の独立変数が必要である。よって，一般化座標としては直交座標（rectangular coordinate）に限らず極座標（polar coordinate）や相対座標も使用される。すなわち，与えられた力学系に対して適したものを選べばよい。重要な点は，一般化座標と直交座標との間に1対1の関係が成り立つことである。

7.1.3　一般化力

一般化力とは一般化座標に対するラグランジュの運動方程式に現れる量のことであり，一般化座標が変位ならば一般化力の項には「力」が入り，一般化座標が角変位ならば一般化力の項には「トルク（力のモーメント）」が入る。一般化力は，厳密には保存力（conservative force）と非保存力（nonconservative force）からなる。保存力とは，ある力の物体にする仕事が経路に依存しない，すなわちはじめの位置とおわりの位置のみで決まる力のことである。具体的には，重力や弾性力などである。これに対して非保存力とは，経路に依存する力のことである。具体的には，粘性減衰力や外力などであ

ラグランジュ（Lagrange）の運動方程式について

1. 方程式

$$\frac{d}{dt}\left(\frac{\partial T}{\partial \dot{q}_i}\right) - \frac{\partial T}{\partial q_i} + \frac{\partial V}{\partial q_i} + \frac{\partial U}{\partial q_i} + \frac{\partial D}{\partial \dot{q}_i} = Q_i \ (i=1, 2, \cdots, n) \quad \cdots\cdots (1) ※$$

ここで，

q_i：一般化座標
$\dot{q}_i$：一般化座標の時間微分（一般化速度）

T：運動エネルギ
V：重力による位置エネルギ
U：弾性力による位置エネルギ
D：粘性減衰による消散エネルギ

Q_i：一般化力
（注）
　・一般化座標に変位をとるときは，一般化力の項には「力」が入る。
　・一般化座標に角変位をとるときは，一般化力の項には「トルク（力のモーメント）」が入る。

2. エネルギの基本計算式

$$\left.\begin{aligned} &T = \frac{1}{2}m\dot{x}^2, \ \frac{1}{2}I\dot{\theta}^2 \\ &V = mgh \\ &U = \frac{1}{2}kx^2, \ \frac{1}{2}k_t\theta \\ &D = \frac{1}{2}c\dot{x}^2, \ \frac{1}{2}c_t\dot{\theta}^2 \end{aligned}\right\} \quad \cdots\cdots (2)$$

ここで，

m　：質量
I　：慣性モーメント
$x, \ \dot{x}$：変位，速度
$\theta, \ \dot{\theta}$：角変位，角速度
g　：重力加速度
h　：高さ
k, k_t：ばね定数
c, c_t：粘性減衰係数

※　式(1)を用いて運動方程式を立てるとき，不必要な項は全て無視して
　　考えればよい。

図7.1　使用しやすく整理したラグランジュの運動方程式と各エネルギの基本計算式

計算シート（その 1 ）

エネルギおよび一般化力の一覧表

（運動エネルギ）
$T =$

（重力による位置エネルギ）
$V =$

（弾性力による位置エネルギ）
$U =$

（消散エネルギ）
$D =$

（一般化力）
$Q_i =$

図 7.2　エネルギおよび一般化力の計算シート

計算シート（その 2）

変数 ◯ について

$$\frac{\partial T}{\partial \dot{\bigcirc}} =$$

$$\frac{d}{dt}\left(\frac{\partial T}{\partial \dot{\bigcirc}}\right) =$$

$$\frac{\partial T}{\partial \bigcirc} =$$

$$\frac{\partial V}{\partial \bigcirc} =$$

$$\frac{\partial U}{\partial \bigcirc} =$$

$$\frac{\partial D}{\partial \dot{\bigcirc}} =$$

以上から，運動方程式は次のようになる。

図 7.3　ラグランジュの運動方程式の各項の計算シート

る。よって，図7.1中の式(1)における $\dfrac{\partial V}{\partial q_i}$ と $\dfrac{\partial U}{\partial q_i}$ は保存力の項であり，$\dfrac{\partial D}{\partial \dot{q}_i}$ は非保存力の項である。本書における Q_i は，それ以外の非保存力であり，外力（摩擦などによる損失力も含む）が入ると考えればよい。なお，本書では空気抵抗などによる減衰力も粘性減衰力として扱う。

一般化力を扱う上で注意する点は，直交座標における外力の直交成分 $\{F_j\}$ を，一般化座標 $\{q_i\}$ における一般化力 $\{Q_i\}$ に変換する必要があることである。この変換は，次の①から③の手順にて行う。

① 外力の作用点の直交座標 $\{x_j\}$ を，一般化座標 $\{q_i\}$ を使用して表す。

$$\begin{Bmatrix} x_1 \\ \vdots \\ x_m \end{Bmatrix} = \begin{Bmatrix} x_1(q_1, \cdots, q_n) \\ \vdots \\ x_m(q_1, \cdots, q_n) \end{Bmatrix} \tag{7.1}$$

② 作用点に加わる外力の直交成分 $\{F_j\}$ を求める。

③ 一般化力 $\{Q_i\}$ を，上記①と②の手順をもとに次式より求める。

$$Q_i = \sum_{j=1}^{m} F_j \frac{\partial x_j}{\partial q_i} = F_1 \frac{\partial x_1}{\partial q_i} + F_2 \frac{\partial x_2}{\partial q_i} + \cdots + F_m \frac{\partial x_m}{\partial q_i} \quad (i=1, 2, \cdots, n), (j=1, 2, \cdots, m) \tag{7.2}$$

具体例として，図7.4に示す単振り子を考えてみると，手順①から手順③はそれぞれ次のようになる。ここで一般化座標は θ，一般化力は Q_θ である。

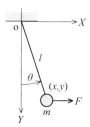

図7.4　単振り子

① $\quad \begin{Bmatrix} x \\ y \end{Bmatrix} = \begin{Bmatrix} l\sin\theta \\ l\cos\theta \end{Bmatrix}$ $\tag{7.3}$

② $\quad \begin{Bmatrix} F_x \\ F_y \end{Bmatrix} = \begin{Bmatrix} F \\ 0 \end{Bmatrix}$ $\tag{7.4}$

③ $\quad Q_\theta = F_x \dfrac{\partial x}{\partial \theta} + F_y \dfrac{\partial y}{\partial \theta} = Fl\cos\theta$ $\tag{7.5}$

さらに，本書では一般化力を上記の手順により求める必要がある具体例として，7.3.3項の「ばね支持台車と振り子からなる振動系」の問題と演習問題7.4の「ひもと剛体からなる振動系」の2つが用意されているので参考にせよ。

▶▶▶ 7.2 運動方程式の立て方

7.2.1 立て方の手順

以下①から⑥の手順により，運動方程式を立てる。

① 解析モデルを作成する。

② 図 7.1 をもとに，解析モデルに対応したラグランジュの運動方程式を記述する。

③ 解析モデルをもとに，その系のエネルギと一般化力を計算する。この際，図 7.2 を使用するとよい。

④ ②で記述したラグランジュの運動方程式の各項を計算する。この際，図 7.3 を使用するとよい。

⑤ ④で得られた結果を整理すると，運動方程式が求まる。

⑥ 一般化座標の数だけ，④と⑤をくり返す。

7.2.2 立て方の一例

前項の手順に基づくラグランジュの方程式を用いた運動方程式の立て方の一例として，図 7.5 に示す直線振動系の解析モデルを対象に，図 7.1 をもとに，図 7.2 と図 7.3 の計算シートを使用して運動方程式を立てる手順を示す。図 7.5 において，m が物体の質量，k がばね定数，c が粘性減衰係数，$F\sin\omega t$ が加振力であり，一般化座標は x とする。ここではラグランジュの方程式を用いた運動方程式の立て方の基本ということで，簡単な 1 自由度問題を用いる。なお，この問題は 6.3.2 項の(2)でニュートンの方程式を用いて運動方程式を立てたそれと同じである。

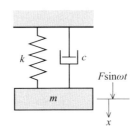

図 7.5　直線振動系の解析モデル

図 7.5 の解析モデルに対するラグランジュの運動方程式は，図 7.1 中の式(1)より，次のようになる。

$$\frac{d}{dt}\left(\frac{\partial T}{\partial \dot{x}}\right) - \frac{\partial T}{\partial x} + \frac{\partial V}{\partial x} + \frac{\partial U}{\partial x} + \frac{\partial D}{\partial \dot{x}} = Q_x \tag{7.6}$$

図 7.6 にエネルギおよび一般化力の計算例（図 7.2 に示すエネルギおよび一般化力の計算シートの使用例）を，図 7.7 にラグランジュの運動方程式の各項の計算結果およびそれらを整理して得られた運動方程式（図 7.3 に示すラグランジュの運動方程式の各項の計算シートの使用例）を示す。図 7.7 の下に記述されているラグランジュの運動方程式を用いて得られた運動方程式は，式(6.13)に示されるニュートンの方程式を用いて得られた運動方程式と同じである。

計算シート（その1）

エネルギおよび一般化力の一覧表

（運動エネルギ）

$$T = \frac{1}{2}m\dot{x}^2$$

（重力による位置エネルギ）

$$V = 0$$

（弾性力による位置エネルギ）

$$U = \frac{1}{2}kx^2$$

（消散エネルギ）

$$D = \frac{1}{2}c\dot{x}^2$$

（一般化力）

$$Q_x = F\sin\omega t$$

図7.6　エネルギおよび一般化力の計算シートの使用例

計算シート（その2）

変数 x について

$$\frac{\partial T}{\partial \dot{x}} = m\dot{x}$$

$$\frac{d}{dt}\left(\frac{\partial T}{\partial \dot{x}}\right) = m\ddot{x}$$

$$\frac{\partial T}{\partial x} = 0$$

$$\frac{\partial V}{\partial x} = 0$$

$$\frac{\partial U}{\partial x} = kx$$

$$\frac{\partial D}{\partial \dot{x}} = c\dot{x}$$

以上から，運動方程式は次のようになる。

$$m\ddot{x} + c\dot{x} + kx = F\sin\omega t$$

図7.7　ラグランジュの運動方程式の各項の計算シートの使用例

7.2.3 一般化座標とラグランジュの運動方程式

一般化座標とその自由度に応じて，ラグランジュの運動方程式は機械的に決まる。別の言い方をすると，ラグランジュの方程式を用いると，機械的に運動方程式を導くことができるということである。以下に，2自由度および3自由度のラグランジュの運動方程式の例を示す。

(1) 一般化座標 (x_1, x_2) の2自由度問題におけるラグランジュの運動方程式は，次のようになる。

$$\begin{cases} \dfrac{d}{dt}\left(\dfrac{\partial T}{\partial \dot{x}_1}\right) - \dfrac{\partial T}{\partial x_1} + \dfrac{\partial V}{\partial x_1} + \dfrac{\partial U}{\partial x_1} + \dfrac{\partial D}{\partial \dot{x}_1} = Q_{x_1} \\[3mm] \dfrac{d}{dt}\left(\dfrac{\partial T}{\partial \dot{x}_2}\right) - \dfrac{\partial T}{\partial x_2} + \dfrac{\partial V}{\partial x_2} + \dfrac{\partial U}{\partial x_2} + \dfrac{\partial D}{\partial \dot{x}_2} = Q_{x_2} \end{cases} \tag{7.7}$$

(2) 一般化座標 (θ_1, θ_2) の2自由度問題におけるラグランジュの運動方程式は，次のようになる。

$$\begin{cases} \dfrac{d}{dt}\left(\dfrac{\partial T}{\partial \dot{\theta}_1}\right) - \dfrac{\partial T}{\partial \theta_1} + \dfrac{\partial V}{\partial \theta_1} + \dfrac{\partial U}{\partial \theta_1} + \dfrac{\partial D}{\partial \dot{\theta}_1} = Q_{\theta_1} \\[3mm] \dfrac{d}{dt}\left(\dfrac{\partial T}{\partial \dot{\theta}_2}\right) - \dfrac{\partial T}{\partial \theta_2} + \dfrac{\partial V}{\partial \theta_2} + \dfrac{\partial U}{\partial \theta_2} + \dfrac{\partial D}{\partial \dot{\theta}_2} = Q_{\theta_2} \end{cases} \tag{7.8}$$

(3) 一般化座標 (x, θ) の2自由度問題におけるラグランジュの運動方程式は，次のようになる。

$$\begin{cases} \dfrac{d}{dt}\left(\dfrac{\partial T}{\partial \dot{x}}\right) - \dfrac{\partial T}{\partial x} + \dfrac{\partial V}{\partial x} + \dfrac{\partial U}{\partial x} + \dfrac{\partial D}{\partial \dot{x}} = Q_x \\[3mm] \dfrac{d}{dt}\left(\dfrac{\partial T}{\partial \dot{\theta}}\right) - \dfrac{\partial T}{\partial \theta} + \dfrac{\partial V}{\partial \theta} + \dfrac{\partial U}{\partial \theta} + \dfrac{\partial D}{\partial \dot{\theta}} = Q_\theta \end{cases} \tag{7.9}$$

(4) 一般化座標 $(\theta_1, \theta_2, \theta_3)$ の3自由度問題におけるラグランジュの運動方程式は，次のようになる。

$$\begin{cases} \dfrac{d}{dt}\left(\dfrac{\partial T}{\partial \dot{\theta}_1}\right) - \dfrac{\partial T}{\partial \theta_1} + \dfrac{\partial V}{\partial \theta_1} + \dfrac{\partial U}{\partial \theta_1} + \dfrac{\partial D}{\partial \dot{\theta}_1} = Q_{\theta_1} \\[3mm] \dfrac{d}{dt}\left(\dfrac{\partial T}{\partial \dot{\theta}_2}\right) - \dfrac{\partial T}{\partial \theta_2} + \dfrac{\partial V}{\partial \theta_2} + \dfrac{\partial U}{\partial \theta_2} + \dfrac{\partial D}{\partial \dot{\theta}_2} = Q_{\theta_2} \\[3mm] \dfrac{d}{dt}\left(\dfrac{\partial T}{\partial \dot{\theta}_3}\right) - \dfrac{\partial T}{\partial \theta_3} + \dfrac{\partial V}{\partial \theta_3} + \dfrac{\partial U}{\partial \theta_3} + \dfrac{\partial D}{\partial \dot{\theta}_3} = Q_{\theta_3} \end{cases} \tag{7.10}$$

(5) 一般化座標 (x, y, θ) の3自由度問題におけるラグランジュの運動方程式は，次のようになる。

$$\begin{cases} \dfrac{d}{dt}\left(\dfrac{\partial T}{\partial \dot{x}}\right) - \dfrac{\partial T}{\partial x} + \dfrac{\partial V}{\partial x} + \dfrac{\partial U}{\partial x} + \dfrac{\partial D}{\partial \dot{x}} = Q_x \\[3mm] \dfrac{d}{dt}\left(\dfrac{\partial T}{\partial \dot{y}}\right) - \dfrac{\partial T}{\partial y} + \dfrac{\partial V}{\partial y} + \dfrac{\partial U}{\partial y} + \dfrac{\partial D}{\partial \dot{y}} = Q_y \\[3mm] \dfrac{d}{dt}\left(\dfrac{\partial T}{\partial \dot{\theta}}\right) - \dfrac{\partial T}{\partial \theta} + \dfrac{\partial V}{\partial \theta} + \dfrac{\partial U}{\partial \theta} + \dfrac{\partial D}{\partial \dot{\theta}} = Q_\theta \end{cases} \tag{7.11}$$

▶▶▶ 7.3　運動方程式の立て方の具体例

7.3.1　単振り子

（1）　解析モデル

図 7.8 に，物体の質量 m，長さ l の単振り子の解析モデルを示す。一般化座標は θ であり，1 自由度問題である。

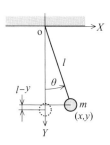

図7.8　単振り子の解析モデル

（2）　ラグランジュの運動方程式

$$\frac{d}{dt}\left(\frac{\partial T}{\partial \dot{\theta}}\right) - \frac{\partial T}{\partial \theta} + \frac{\partial V}{\partial \theta} + \frac{\partial U}{\partial \theta} + \frac{\partial D}{\partial \dot{\theta}} = Q_\theta \tag{7.12}$$

（3）　系のエネルギおよび一般化力の計算

系のエネルギ計算に先立ち，図 7.8 に示す幾何学的位置関係から質量 m の物体の位置と速度を求めると，それぞれ次式となる。

$$\begin{cases} x = l\sin\theta \\ y = l\cos\theta \end{cases} \tag{7.13}$$

$$\begin{cases} \dot{x} = \dfrac{dx}{dt} = \dfrac{dx}{d\theta}\dfrac{d\theta}{dt} = l\cos\theta \times \dot{\theta} = l\dot{\theta}\cos\theta \\ \dot{y} = \dfrac{dy}{dt} = \dfrac{dy}{d\theta}\dfrac{d\theta}{dt} = l(-\sin\theta) \times \dot{\theta} = -l\dot{\theta}\sin\theta \end{cases} \tag{7.14}$$

＜運動エネルギ＞

$$T = \frac{1}{2}m\left(\dot{x}^2 + \dot{y}^2\right) = \frac{1}{2}m\left(l^2\dot{\theta}^2\cos^2\theta + l^2\dot{\theta}^2\sin^2\theta\right) = \frac{1}{2}ml^2\dot{\theta}^2\left(\sin^2\theta + \cos^2\theta\right) = \frac{1}{2}ml^2\dot{\theta}^2 \tag{7.15}$$

＜重力による位置エネルギ＞

$$V = mg\left(l - y\right) = mg\left(l - l\cos\theta\right) = mgl(1 - \cos\theta) \tag{7.16}$$

＜弾性力による位置エネルギ＞

$$U = 0 \tag{7.17}$$

＜消散エネルギ＞

$$D = 0 \tag{7.18}$$

＜一般化力について＞

$$Q_\theta = 0 \tag{7.19}$$

（4）　θ に関するラグランジュの運動方程式の各項の計算

$$\frac{\partial T}{\partial \dot{\theta}} = ml^2\dot{\theta} \tag{7.20}$$

$$\frac{d}{dt}\left(\frac{\partial T}{\partial \dot\theta}\right) = ml^2\ddot\theta \tag{7.21}$$

$$\frac{\partial T}{\partial \theta} = 0 \tag{7.22}$$

$$\frac{\partial V}{\partial \theta} = mgl\sin\theta \tag{7.23}$$

$$\frac{\partial U}{\partial \theta} = 0 \tag{7.24}$$

$$\frac{\partial D}{\partial \dot\theta} = 0 \tag{7.25}$$

(5)　単振り子の運動方程式

　式(7.19)および式(7.21)から式(7.25)を，式(7.12)に代入すると，次のように運動方程式が求まる。

$$ml^2\ddot\theta + mgl\sin\theta = 0 \tag{7.26}$$

式(7.26)の両辺を ml^2 で除すると，次式が得られる。

$$\ddot\theta + \frac{g}{l}\sin\theta = 0 \tag{7.27}$$

式(7.27)が単振り子の基礎になる運動方程式である。ここで，θ が比較的小さい場合には $\sin\theta \fallingdotseq \theta$ の関係が成立するので，

$$\ddot\theta + \frac{g}{l}\theta = 0 \tag{7.28}$$

のように線形化され，運動は単振動となる。

7.3.2　ぶらんこ

(1)　解析モデル

　図 7.9 に，物体の質量 m，長さ l のぶらんこ（swing）の解析モデルを示す。一般化座標は θ と l であり，2 自由度問題である。ぶらんこは，振れ角度 θ に応じて質量 m の物体の重心を上下移動（ぶらんこの長さ l を変化）させることにより，その振れ角度が大きくなる。一般的にはこのことを「ぶらんこをこぐ」という。この問題のように，本来は定数である l が周期関数（periodic function）となり，このことにより振動が発生するものを係数励振振動という。

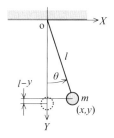

図 7.9　ぶらんこの解析モデル

　図 7.9 に示すぶらんこの解析モデルは，基本的には図 7.8 の単振り子の解析モデルと同じであるが，異なる点として振り子の長さ l が単振り子では定数であるのに対して，ぶらんこでは一般化座標（ここでは，入力変数として扱う）となる点である。この違いを，以下に示す運動方程式を立てる過程で確認されたい。

(2)　ラグランジュの運動方程式

$$\begin{cases} \dfrac{d}{dt}\left(\dfrac{\partial T}{\partial \dot{\theta}}\right) - \dfrac{\partial T}{\partial \theta} + \dfrac{\partial V}{\partial \theta} + \dfrac{\partial U}{\partial \theta} + \dfrac{\partial D}{\partial \dot{\theta}} = Q_\theta \\ \dfrac{d}{dt}\left(\dfrac{\partial T}{\partial \dot{l}}\right) - \dfrac{\partial T}{\partial l} + \dfrac{\partial V}{\partial l} + \dfrac{\partial U}{\partial l} + \dfrac{\partial D}{\partial \dot{l}} = Q_l \end{cases} \tag{7.29}$$

ここでは，物体の重心の上下移動によって変化するぶらんこの長さは入力変数（l, $\dot{l}$, $\ddot{l}$）として与えるものとし，運動方程式はぶらんこの振れを表す一般化座標 θ についてのみ求める。よって，式(7.29)の第 2 式，すなわち l に関する式は立てない。

(3)　系のエネルギおよび一般化力の計算

　系のエネルギ計算に先立ち，図 7.9 に示す幾何学的位置関係から質量 m の物体の位置と速度を求めると，それぞれ次式となる。

$$\begin{cases} x = l\sin\theta \\ y = l\cos\theta \end{cases} \tag{7.30}$$

$$\begin{cases} \dot{x} = \dot{l}\sin\theta + l\dot{\theta}\cos\theta \\ \dot{y} = \dot{l}\cos\theta - l\dot{\theta}\sin\theta \end{cases} \tag{7.31}$$

＜運動エネルギ＞

$$\begin{aligned} T &= \frac{1}{2}m\left(\dot{x}^2 + \dot{y}^2\right) = \frac{1}{2}m\left\{(\dot{l}\sin\theta + l\dot{\theta}\cos\theta)^2 + (\dot{l}\cos\theta - l\dot{\theta}\sin\theta)^2\right\} \\ &= \frac{1}{2}m\left\{\dot{l}^2\left(\sin^2\theta + \cos^2\theta\right) + l^2\dot{\theta}^2\left(\sin^2\theta + \cos^2\theta\right)\right\} = \frac{1}{2}m\left(\dot{l}^2 + l^2\dot{\theta}^2\right) \end{aligned} \tag{7.32}$$

＜重力による位置エネルギ＞

$$V = mg(l - y) = mg(l - l\cos\theta) = mgl(1 - \cos\theta) \tag{7.33}$$

＜弾性力による位置エネルギ＞

$$U = 0 \tag{7.34}$$

＜消散エネルギ＞

$$D = 0 \tag{7.35}$$

＜一般化力について＞

$$Q_\theta = 0 \tag{7.36}$$

(4)　θ に関するラグランジュの運動方程式の各項の計算

$$\frac{\partial T}{\partial \dot{\theta}} = ml^2\dot{\theta} \tag{7.37}$$

$$\frac{d}{dt}\left(\frac{\partial T}{\partial \dot{\theta}}\right) = 2ml\dot{l}\dot{\theta} + ml^2\ddot{\theta} \tag{7.38}$$

$$\frac{\partial T}{\partial \theta} = 0 \tag{7.39}$$

$$\frac{\partial V}{\partial \theta} = mgl \sin \theta \tag{7.40}$$

$$\frac{\partial U}{\partial \theta} = 0 \tag{7.41}$$

$$\frac{\partial D}{\partial \dot{\theta}} = 0 \tag{7.42}$$

(5)　ぶらんこの運動方程式

　式(7.36)および式(7.38)から式(7.42)を，式(7.29)の第1式に代入すると，次のように運動方程式が得られる。

$$ml^2 \ddot{\theta} + 2ml\dot{l}\dot{\theta} + mgl \sin \theta = 0 \tag{7.43}$$

式(7.43)の両辺を ml で除して，次式のように整理することもできる。

$$l\ddot{\theta} + 2\dot{l}\dot{\theta} + g \sin \theta = 0 \tag{7.44}$$

7.3.3　ばね支持台車と振り子からなる振動系

(1)　解析モデル

　図7.10に，ばね支持台車と振り子（pendulum）からなる振動系の解析モデルを示す。このモデルは，壁に取り付けられたばね定数 k のばねと粘性減衰係数 c のダンパで支持された質量 m_1 の台車と，その台車に取り付けられた質量 m_2，長さ l の振り子からなる振動系である。台車と振り子には，F_1 と F_2 の外力が作用するものとする。台車と床面との間の摩擦は考慮しない。一般化座標は x と θ であり，2自由度問題である。

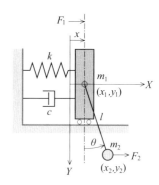

図7.10　ばね支持台車と振り子からなる振動系の解析モデル

(2)　ラグランジュの運動方程式

$$\begin{cases} \dfrac{d}{dt}\left(\dfrac{\partial T}{\partial \dot{x}}\right) - \dfrac{\partial T}{\partial x} + \dfrac{\partial V}{\partial x} + \dfrac{\partial U}{\partial x} + \dfrac{\partial D}{\partial \dot{x}} = Q_x \\[3mm] \dfrac{d}{dt}\left(\dfrac{\partial T}{\partial \dot{\theta}}\right) - \dfrac{\partial T}{\partial \theta} + \dfrac{\partial V}{\partial \theta} + \dfrac{\partial U}{\partial \theta} + \dfrac{\partial D}{\partial \dot{\theta}} = Q_\theta \end{cases} \tag{7.45}$$

(3)　系のエネルギおよび一般化力の計算

　系のエネルギ計算に先立ち，図7.10に示す幾何学的位置関係から質量 m_1 の台車と質量 m_2 の振り子の位置と速度を求めると，それぞれ次式となる。

＜質量 m_1 の台車の位置と速度＞

$$\begin{cases} x_1 = x \\ y_1 = 0 \end{cases} \tag{7.46}$$

$$\begin{cases} \dot{x}_1 = \dot{x} \\ \dot{y}_1 = 0 \end{cases} \tag{7.47}$$

＜質量 m_2 の振り子の位置と速度＞

$$\begin{cases} x_2 = x + l\sin\theta \\ y_2 = l\cos\theta \end{cases} \tag{7.48}$$

$$\begin{cases} \dot{x}_2 = \dot{x} + l\dot{\theta}\cos\theta \\ \dot{y}_2 = -l\dot{\theta}\sin\theta \end{cases} \tag{7.49}$$

＜運動エネルギ＞

$$\begin{aligned} T &= \frac{1}{2}m_1\left(\dot{x}_1^2 + \dot{y}_1^2\right) + \frac{1}{2}m_2\left(\dot{x}_2^2 + \dot{y}_2^2\right) = \frac{1}{2}m_1\dot{x}^2 + \frac{1}{2}m_2\left\{\left(\dot{x} + l\dot{\theta}\cos\theta\right)^2 + \left(-l\dot{\theta}\sin\theta\right)^2\right\} \\ &= \frac{1}{2}m_1\dot{x}^2 + \frac{1}{2}m_2\left(\dot{x}^2 + 2l\dot{x}\dot{\theta}\cos\theta + l^2\dot{\theta}^2\cos^2\theta + l^2\dot{\theta}^2\sin^2\theta\right) = \frac{1}{2}m_1\dot{x}^2 + \frac{1}{2}m_2\left(\dot{x}^2 + 2l\dot{x}\dot{\theta}\cos\theta + l^2\dot{\theta}^2\right) \end{aligned}$$

$$\tag{7.50}$$

＜重力による位置エネルギ＞

$$V = m_2gl\left(1 - \cos\theta\right) \tag{7.51}$$

＜弾性力による位置エネルギ＞

$$U = \frac{1}{2}kx^2 \tag{7.52}$$

＜消散エネルギ＞

$$D = \frac{1}{2}c\dot{x}^2 \tag{7.53}$$

＜一般化力について＞

①　外力の作用点の直交座標 $\{x_j\}$ を一般化座標 $\{q_i\}$ で表すと，次式となる。

$$\begin{Bmatrix} x_1 \\ y_1 \\ x_2 \\ y_2 \end{Bmatrix} = \begin{Bmatrix} x \\ 0 \\ x + l\sin\theta \\ l\cos\theta \end{Bmatrix} \tag{7.54}$$

②　作用点に加わる外力の直交成分 $\{F_j\}$ は，次のとおりである。

$$\begin{Bmatrix} F_{x_1} \\ F_{y_1} \\ F_{x_2} \\ F_{y_2} \end{Bmatrix} = \begin{Bmatrix} F_1 \\ 0 \\ F_2 \\ 0 \end{Bmatrix} \tag{7.55}$$

③　式(7.2)と式(7.54)および式(7.55)を用いて一般化力 $\{Q_i\}$ を求めると，次のようになる。

$$\begin{cases} Q_x = F_{x_1}\dfrac{\partial x_1}{\partial x} + F_{y_1}\dfrac{\partial y_1}{\partial x} + F_{x_2}\dfrac{\partial x_2}{\partial x} + F_{y_2}\dfrac{\partial y_2}{\partial x} = F_1 + F_2 \\ Q_\theta = F_{x_1}\dfrac{\partial x_1}{\partial \theta} + F_{y_1}\dfrac{\partial y_1}{\partial \theta} + F_{x_2}\dfrac{\partial x_2}{\partial \theta} + F_{y_2}\dfrac{\partial y_2}{\partial \theta} = F_2 l\cos\theta \end{cases} \tag{7.56}$$

(4) x に関するラグランジュの運動方程式の各項の計算

$$\frac{\partial T}{\partial \dot{x}} = m_1 \dot{x} + m_2 \left(\dot{x} + l\dot{\theta}\cos\theta \right) = \left(m_1 + m_2 \right)\dot{x} + m_2 l\dot{\theta}\cos\theta \tag{7.57}$$

$$\frac{d}{dt}\left(\frac{\partial T}{\partial \dot{x}} \right) = \left(m_1 + m_2 \right)\ddot{x} + m_2 l\left(\ddot{\theta}\cos\theta - \dot{\theta}^2\sin\theta \right) \tag{7.58}$$

$$\frac{\partial T}{\partial x} = 0 \tag{7.59}$$

$$\frac{\partial V}{\partial x} = 0 \tag{7.60}$$

$$\frac{\partial U}{\partial x} = kx \tag{7.61}$$

$$\frac{\partial D}{\partial \dot{x}} = c\dot{x} \tag{7.62}$$

(5) x に関する運動方程式

式(7.56)および式(7.58)から式(7.62)を，式(7.45)の第1式，すなわち x に関する式に代入すると，次のように運動方程式が得られる。

$$\left(m_1 + m_2 \right)\ddot{x} + m_2 l\ddot{\theta}\cos\theta - m_2 l\dot{\theta}^2\sin\theta + kx + c\dot{x} = F_1 + F_2 \tag{7.63}$$

(6) θ に関するラグランジュの運動方程式の各項の計算

$$\frac{\partial T}{\partial \dot{\theta}} = m_2 l\dot{x}\cos\theta + m_2 l^2\dot{\theta} \tag{7.64}$$

$$\frac{d}{dt}\left(\frac{\partial T}{\partial \dot{\theta}} \right) = m_2 l\ddot{x}\cos\theta - m_2 l\dot{x}\dot{\theta}\sin\theta + m_2 l^2\ddot{\theta} \tag{7.65}$$

$$\frac{\partial T}{\partial \theta} = -m_2 l\dot{x}\dot{\theta}\sin\theta \tag{7.66}$$

$$\frac{\partial V}{\partial \theta} = m_2 gl\sin\theta \tag{7.67}$$

$$\frac{\partial U}{\partial \theta} = 0 \tag{7.68}$$

$$\frac{\partial D}{\partial \dot{\theta}} = 0 \tag{7.69}$$

(7) θ に関する運動方程式

式(7.56)および式(7.65)から式(7.69)を，式(7.45)の第2式，すなわち θ に関する式に代入すると，次のように運動方程式が得られる。

$$m_2 l\ddot{x}\cos\theta + m_2 l^2\ddot{\theta} + m_2 gl\sin\theta = F_2 l\cos\theta \tag{7.70}$$

(8) ばね支持台車と振り子からなる振動系の運動方程式

運動方程式は，式(7.63)と式(7.70)で示される。

7.3.4　二重振子

(1)　解析モデル

　図7.11に，各物体の質量 m_1, m_2, 長さ l_1, l_2 の二重振子の解析モデルを示す。このモデルでは，二重振子を水平方向に変位加振するものとし，この変位加振特性は入力変数 $(x, \dot{x}, \ddot{x})$ として与えるものとする。上下の振り子の振動減衰を粘性減衰係数 c_{t1} と c_{t2} で考慮する。一般化座標は θ_1, θ_2, x であり3自由度問題である。

(2)　ラグランジュの運動方程式

$$\begin{cases} \dfrac{d}{dt}\left(\dfrac{\partial T}{\partial \dot{\theta_1}}\right) - \dfrac{\partial T}{\partial \theta_1} + \dfrac{\partial V}{\partial \theta_1} + \dfrac{\partial U}{\partial \theta_1} + \dfrac{\partial D}{\partial \dot{\theta_1}} = Q_{\theta_1} \\[2mm] \dfrac{d}{dt}\left(\dfrac{\partial T}{\partial \dot{\theta_2}}\right) - \dfrac{\partial T}{\partial \theta_2} + \dfrac{\partial V}{\partial \theta_2} + \dfrac{\partial U}{\partial \theta_2} + \dfrac{\partial D}{\partial \dot{\theta_2}} = Q_{\theta_2} \\[2mm] \dfrac{d}{dt}\left(\dfrac{\partial T}{\partial \dot{x}}\right) - \dfrac{\partial T}{\partial x} + \dfrac{\partial V}{\partial x} + \dfrac{\partial U}{\partial x} + \dfrac{\partial D}{\partial \dot{x}} = Q_x \end{cases} \tag{7.71}$$

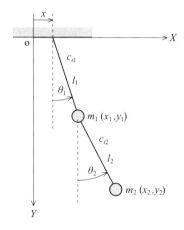

図7.11　二重振子の解析モデル

ここで，水平方向の変位加振特性 x は入力変数として与えられることから，運動方程式は振り子の動きを表す一般化座標 θ_1 と θ_2 の2つについて求める。よって，式(7.71)の第3式，すなわち x に関する式は立てない。

(3)　系のエネルギおよび一般化力の計算

　系のエネルギ計算に先立ち，図7.11に示す幾何学的位置関係から質量 m_1 および質量 m_2 の物体の位置と速度を求めると，それぞれ次式となる。

＜質量 m_1 の物体の位置と速度＞

$$\begin{cases} x_1 = x + l_1 \sin\theta_1 \\ y_1 = l_1 \cos\theta_1 \end{cases} \tag{7.72}$$

$$\begin{cases} \dot{x}_1 = \dot{x} + l_1\dot{\theta_1}\cos\theta_1 \\ \dot{y}_1 = -l_1\dot{\theta_1}\sin\theta_1 \end{cases} \tag{7.73}$$

＜質量 m_2 の物体の位置と速度＞

$$\begin{cases} x_2 = x + l_1 \sin\theta_1 + l_2 \sin\theta_2 \\ y_2 = l_1 \cos\theta_1 + l_2 \cos\theta_2 \end{cases} \tag{7.74}$$

$$\begin{cases} \dot{x}_2 = \dot{x} + l_1\dot{\theta_1}\cos\theta_1 + l_2\dot{\theta_2}\cos\theta_2 \\ \dot{y}_2 = -l_1\dot{\theta_1}\sin\theta_1 - l_2\dot{\theta_2}\sin\theta_2 \end{cases} \tag{7.75}$$

＜運動エネルギ＞

$$
\begin{aligned}
T &= \frac{1}{2}m_1\left(\dot{x}_1{}^2 + \dot{y}_1{}^2\right) + \frac{1}{2}m_2\left(\dot{x}_2{}^2 + \dot{y}_2{}^2\right) \\
&= \frac{1}{2}m_1\left(\dot{x}^2 + 2\dot{x}l_1\dot{\theta}_1\cos\theta_1 + l_1{}^2\dot{\theta}_1{}^2\cos^2\theta_1 + l_1{}^2\dot{\theta}_1{}^2\sin^2\theta_1\right) + \frac{1}{2}m_2\Big\{\dot{x}^2 + 2\dot{x}\left(l_1\dot{\theta}_1\cos\theta_1 + l_2\dot{\theta}_2\cos\theta_2\right) \\
&\quad + \left(l_1{}^2\dot{\theta}_1{}^2\cos^2\theta_1 + 2l_1l_2\dot{\theta}_1\dot{\theta}_2\cos\theta_1\cos\theta_2 + l_2{}^2\dot{\theta}_2{}^2\cos^2\theta_2\right) + \left(l_1{}^2\dot{\theta}_1{}^2\sin^2\theta_1 + 2l_1l_2\dot{\theta}_1\dot{\theta}_2\sin\theta_1\sin\theta_2 + l_2{}^2\dot{\theta}_2{}^2\sin^2\theta_2\right)\Big\} \\
&= \frac{1}{2}m_1\left\{\dot{x}^2 + 2\dot{x}l_1\dot{\theta}_1\cos\theta_1 + l_1{}^2\dot{\theta}_1{}^2\left(\cos^2\theta_1 + \sin^2\theta_1\right)\right\} \\
&\quad + \frac{1}{2}m_2\Big\{\dot{x}^2 + 2\dot{x}\left(l_1\dot{\theta}_1\cos\theta_1 + l_2\dot{\theta}_2\cos\theta_2\right) + l_1{}^2\dot{\theta}_1{}^2\left(\cos^2\theta_1 + \sin^2\theta_1\right) \\
&\quad + 2l_1l_2\dot{\theta}_1\dot{\theta}_2\left(\cos\theta_1\cos\theta_2 + \sin\theta_1\sin\theta_2\right) + l_2{}^2\dot{\theta}_2{}^2\left(\cos^2\theta_2 + \sin^2\theta_2\right)\Big\} \\
&= \frac{1}{2}m_1\left(\dot{x}^2 + 2\dot{x}l_1\dot{\theta}_1\cos\theta_1 + l_1{}^2\dot{\theta}_1{}^2\right) + \frac{1}{2}m_2\left\{\dot{x}^2 + 2\dot{x}\left(l_1\dot{\theta}_1\cos\theta_1 + l_2\dot{\theta}_2\cos\theta_2\right) + l_1{}^2\dot{\theta}_1{}^2 + 2l_1l_2\dot{\theta}_1\dot{\theta}_2\cos\left(\theta_1 - \theta_2\right) + l_2{}^2\dot{\theta}_2{}^2\right\}
\end{aligned}
$$

$$(7.76)$$

＜重力による位置エネルギ＞

$$
\begin{aligned}
V &= m_1g\left(l_1 - y_1\right) + m_2g\left(l_1 + l_2 - y_2\right) \\
&= m_1g\left(l_1 - l_1\cos\theta_1\right) + m_2g\left\{l_1 + l_2 - \left(l_1\cos\theta_1 + l_2\cos\theta_2\right)\right\} \\
&= m_1gl_1\left(1 - \cos\theta_1\right) + m_2g\left\{l_1\left(1 - \cos\theta_1\right) + l_2\left(1 - \cos\theta_2\right)\right\}
\end{aligned}
$$

$$(7.77)$$

＜弾性力による位置エネルギ＞

$$U = 0 \tag{7.78}$$

＜消散エネルギ＞

消散エネルギ D を考える際に，以下の 2 つが考えられる。

① 振動減衰が，振り子の振れにともなって生じる空気抵抗によるもの，すなわち粘性抵抗がそれぞれの角速度に比例すると仮定した場合，次のように考えることができる。

$$D = \frac{1}{2}c_{t1}\dot{\theta}_1{}^2 + \frac{1}{2}c_{t2}\dot{\theta}_2{}^2 \tag{7.79}$$

② 振動減衰が，振り子のジョイント部のしゅう動抵抗によるもの，すなわち粘性抵抗がしゅう動部のすべり速度に比例すると仮定した場合，次のように考えることができる。

$$D = \frac{1}{2}c_{t1}\dot{\theta}_1{}^2 + \frac{1}{2}c_{t2}(\dot{\theta}_2 - \dot{\theta}_1)^2 \tag{7.80}$$

ここでは，①の考え方に基づいて式(7.79)を使用する。

＜一般化力について＞

$$
\begin{cases}
Q_{\theta_1} = 0 \\
Q_{\theta_2} = 0
\end{cases}
\tag{7.81}
$$

(4) θ_1 に関するラグランジュの運動方程式の各項の計算

$$\frac{\partial T}{\partial \dot{\theta}_1} = m_1\left(\dot{x}l_1\cos\theta_1 + l_1{}^2\dot{\theta}_1\right) + m_2\left\{\dot{x}l_1\cos\theta_1 + l_1{}^2\dot{\theta}_1 + l_1l_2\dot{\theta}_2\cos\left(\theta_1 - \theta_2\right)\right\} \tag{7.82}$$

$$\frac{d}{dt}\left(\frac{\partial T}{\partial \dot{\theta}_1}\right) = (m_1+m_2)l_1^2\ddot{\theta}_1 + (m_1+m_2)\left(\ddot{x}l_1\cos\theta_1 - \dot{x}\dot{\theta}_1 l_1\sin\theta_1\right) + m_2 l_1 l_2 \ddot{\theta}_2\cos(\theta_1-\theta_2) - m_2 l_1 l_2 \dot{\theta}_2\left(\dot{\theta}_1-\dot{\theta}_2\right)\sin(\theta_1-\theta_2)$$

$$(7.83)$$

$$\frac{\partial T}{\partial \theta_1} = -m_1 l_1 \dot{x}\dot{\theta}_1 \sin\theta_1 - m_2\left\{l_1 \dot{x}\dot{\theta}_1\sin\theta_1 + l_1 l_2 \dot{\theta}_1\dot{\theta}_2\sin(\theta_1-\theta_2)\right\} = -(m_1+m_2)l_1\dot{x}\dot{\theta}_1\sin\theta_1 - m_2 l_1 l_2 \dot{\theta}_1\dot{\theta}_2\sin(\theta_1-\theta_2)$$

$$(7.84)$$

$$\frac{\partial V}{\partial \theta_1} = m_1 g l_1 \sin\theta_1 + m_2 g l_1 \sin\theta_1 = (m_1+m_2)g l_1 \sin\theta_1$$

$$(7.85)$$

$$\frac{\partial U}{\partial \theta_1} = 0$$

$$(7.86)$$

$$\frac{\partial D}{\partial \dot{\theta}_1} = c_{r1}\dot{\theta}_1$$

$$(7.87)$$

（5）　θ_1 に関する運動方程式

式（7.81）および式（7.83）から式（7.87）を，式（7.71）の第 1 式，すなわち θ_1 に関する式に代入すると，次のように運動方程式が得られる。

$$(m_1+m_2)l_1^2\ddot{\theta}_1 + (m_1+m_2)\left(\ddot{x}l_1\cos\theta_1 - \dot{x}\dot{\theta}_1 l_1\sin\theta_1\right)$$
$$+ m_2 l_1 l_2 \ddot{\theta}_2\cos(\theta_1-\theta_2) - m_2 l_1 l_2 \dot{\theta}_2\left(\dot{\theta}_1-\dot{\theta}_2\right)\sin(\theta_1-\theta_2) \qquad (7.88)$$
$$+ (m_1+m_2)l_1\dot{x}\dot{\theta}_1\sin\theta_1 + m_2 l_1 l_2 \dot{\theta}_1\dot{\theta}_2\sin(\theta_1-\theta_2) + (m_1+m_2)g l_1\sin\theta_1 + c_{r1}\dot{\theta}_1 = 0$$

式（7.88）を整理すると，次式となる。

$$(m_1+m_2)l_1^2\ddot{\theta}_1 + (m_1+m_2)l_1\ddot{x}\cos\theta_1 + m_2 l_1 l_2 \ddot{\theta}_2\cos(\theta_1-\theta_2) + m_2 l_1 l_2 \dot{\theta}_2^2\sin(\theta_1-\theta_2) + (m_1+m_2)g l_1\sin\theta_1 + c_{r1}\dot{\theta}_1 = 0$$

$$(7.89)$$

（6）　θ_2 に関するラグランジュの運動方程式の各項の計算

$$\frac{\partial T}{\partial \dot{\theta}_2} = m_2 l_2 \dot{x}\cos\theta_2 + m_2 l_2^2\dot{\theta}_2 + m_2 l_1 l_2 \dot{\theta}_1\cos(\theta_1-\theta_2)$$

$$(7.90)$$

$$\frac{d}{dt}\left(\frac{\partial T}{\partial \dot{\theta}_2}\right) = m_2 l_2 \ddot{x}\cos\theta_2 - m_2 l_2 \dot{x}\dot{\theta}_2\sin\theta_2 + m_2 l_2^2\ddot{\theta}_2 + m_2 l_1 l_2 \ddot{\theta}_1\cos(\theta_1-\theta_2) - m_2 l_1 l_2 \dot{\theta}_1\left(\dot{\theta}_1-\dot{\theta}_2\right)\sin(\theta_1-\theta_2)$$

$$(7.91)$$

$$\frac{\partial T}{\partial \theta_2} = -m_2 l_2 \dot{x}\dot{\theta}_2\sin\theta_2 + m_2 l_1 l_2 \dot{\theta}_1\dot{\theta}_2\sin(\theta_1-\theta_2)$$

$$(7.92)$$

$$\frac{\partial V}{\partial \theta_2} = m_2 g l_2 \sin\theta_2$$

$$(7.93)$$

$$\frac{\partial U}{\partial \theta_2} = 0$$

$$(7.94)$$

$$\frac{\partial D}{\partial \dot{\theta}_2} = c_{t2}\dot{\theta}_2 \tag{7.95}$$

(7)　θ_2 に関する運動方程式

式(7.81)および式(7.91)から式(7.95)を，式(7.71)の第2式，すなわち θ_2 に関する式に代入すると，次のように運動方程式が得られる。

$$
\begin{aligned}
& m_2 l_2 \ddot{x} \cos\theta_2 - m_2 l_2 \dot{x}\dot{\theta}_2 \sin\theta_2 \\
& + m_2 l_2{}^2 \ddot{\theta}_2 + m_2 l_1 l_2 \ddot{\theta}_1 \cos(\theta_1 - \theta_2) - m_2 l_1 l_2 \dot{\theta}_1 (\dot{\theta}_1 - \dot{\theta}_2) \sin(\theta_1 - \theta_2) \\
& + m_2 l_2 \dot{x}\dot{\theta}_2 \sin\theta_2 - m_2 l_1 l_2 \dot{\theta}_1 \dot{\theta}_2 \sin(\theta_1 - \theta_2) + m_2 g l_2 \sin\theta_2 + c_{t2}\dot{\theta}_2 = 0
\end{aligned}
\tag{7.96}
$$

式(7.96)を整理すると，次式となる。

$$m_2 l_2 \ddot{x} \cos\theta_2 + m_2 l_2{}^2 \ddot{\theta}_2 + m_2 l_1 l_2 \ddot{\theta}_1 \cos(\theta_1 - \theta_2) - m_2 l_1 l_2 \dot{\theta}_1{}^2 \sin(\theta_1 - \theta_2) + m_2 g l_2 \sin\theta_2 + c_{t2}\dot{\theta}_2 = 0 \tag{7.97}$$

(8)　二重振子の運動方程式

運動方程式は，式(7.89)と式(7.97)で示される。ここで，二重振子の振動を微小振動と仮定すると，$\cos\theta_1 \fallingdotseq 1$，$\cos\theta_2 \fallingdotseq 1$，$\cos(\theta_2 - \theta_1) \fallingdotseq 1$，$\dot{\theta}_1{}^2 \fallingdotseq 0$，$\dot{\theta}_2{}^2 \fallingdotseq 0$，$\sin\theta_1 \fallingdotseq \theta_1$，$\sin\theta_2 \fallingdotseq \theta_2$ の関係が成り立つことから，式(7.89)と式(7.97)は次のように簡略（線形化）できる。

$$
\begin{cases}
(m_1 + m_2) l_1{}^2 \ddot{\theta}_1 + (m_1 + m_2) l_1 \ddot{x} + m_2 l_1 l_2 \ddot{\theta}_2 + (m_1 + m_2) g l_1 \theta_1 + c_{t1}\dot{\theta}_1 = 0 \\
m_2 l_2 \ddot{x} + m_2 l_2{}^2 \ddot{\theta}_2 + m_2 l_1 l_2 \ddot{\theta}_1 + m_2 g l_2 \theta_2 + c_{t2}\dot{\theta}_2 = 0
\end{cases}
\tag{7.98}
$$

式(7.98)において，$\ddot{x}$ が含まれる項を右辺に移項すると次式となり，変位による強制振動の形にすることができる。

$$
\begin{cases}
(m_1 + m_2) l_1{}^2 \ddot{\theta}_1 + m_2 l_1 l_2 \ddot{\theta}_2 + (m_1 + m_2) g l_1 \theta_1 + c_{t1}\dot{\theta}_1 = -(m_1 + m_2) l_1 \ddot{x} \\
m_2 l_2{}^2 \ddot{\theta}_2 + m_2 l_1 l_2 \ddot{\theta}_1 + m_2 g l_2 \theta_2 + c_{t2}\dot{\theta}_2 = -m_2 l_2 \ddot{x}
\end{cases}
\tag{7.99}
$$

7.3.5　凹型剛体と円柱からなる振動系

(1)　解析モデル

　図7.12に，円弧を有する剛体（ここでは凹型剛体という）と円柱からなる振動系の解析モデルを示す。壁に取り付けられたばね定数 k のばねと粘性減衰係数 c のダンパで支持された質量 m_1 の凹型剛体がある。この凹型剛体の半径 R_1 の円弧上に，半径 R_2，質量 m_2，慣性モーメント I（$=m_2 R_2{}^2 / 2$）の円柱があり，すべることなく転がるものとする。ここで，凹型剛体には $F\sin\omega t$ の外力が作用し，凹型剛体とそれを支持する水平面の摩擦は無視できるものとする。一般化座標は凹型剛体の水平方向の変位 x および凹型剛体の中心線と円柱の中心を

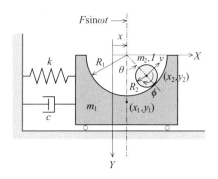

図7.12　凹型剛体と円柱からなる振動系の解析モデル

結ぶ直線のなす角 θ であり，2 自由度問題である。

(2) ラグランジュの運動方程式

$$
\begin{cases}
\dfrac{d}{dt}\left(\dfrac{\partial T}{\partial \dot{x}}\right) - \dfrac{\partial T}{\partial x} + \dfrac{\partial V}{\partial x} + \dfrac{\partial U}{\partial x} + \dfrac{\partial D}{\partial \dot{x}} = Q_x \\[3mm]
\dfrac{d}{dt}\left(\dfrac{\partial T}{\partial \dot{\theta}}\right) - \dfrac{\partial T}{\partial \theta} + \dfrac{\partial V}{\partial \theta} + \dfrac{\partial U}{\partial \theta} + \dfrac{\partial D}{\partial \dot{\theta}} = Q_\theta
\end{cases}
\tag{7.100}
$$

(3) 系のエネルギおよび一般化力の計算

系のエネルギ計算に先立ち，図 7.12 に示す幾何学的位置関係から質量 m_1 の凹型剛体と質量 m_2 の円柱の位置と速度を求めると，それぞれ次式となる。

＜質量 m_1 の凹型剛体の位置と速度＞

$$
\begin{cases}
x_1 = x \\
y_1 = 定数
\end{cases}
\tag{7.101}
$$

$$
\begin{cases}
\dot{x}_1 = \dot{x} \\
\dot{y}_1 = 0
\end{cases}
\tag{7.102}
$$

＜質量 m_2 の円柱の位置と速度＞

$$
\begin{cases}
x_2 = x + (R_1 - R_2)\sin\theta \\
y_2 = (R_1 - R_2)\cos\theta
\end{cases}
\tag{7.103}
$$

$$
\begin{cases}
\dot{x}_2 = \dot{x} + (R_1 - R_2)\dot{\theta}\cos\theta \\
\dot{y}_2 = -(R_1 - R_2)\dot{\theta}\sin\theta
\end{cases}
\tag{7.104}
$$

円柱の回転速度 $\dot{\phi}$ は，円柱の並進速度を v とすると，$v = R_2\dot{\phi}$ と $v = (R_1 - R_2)\dot{\theta}$ の関係から，次式で得られる。

$$
\dot{\phi} = \frac{R_1 - R_2}{R_2}\dot{\theta}
\tag{7.105}
$$

＜運動エネルギ＞

この系の運動エネルギは，凹型剛体の並進運動のエネルギと，円柱の質量中心の並進運動のエネルギおよびその質量中心まわりの回転運動のエネルギの和となり，次式で示される。

$$
\begin{aligned}
T &= \frac{1}{2}m_1\left(\dot{x}_1{}^2 + \dot{y}_1{}^2\right) + \frac{1}{2}m_2\left(\dot{x}_2{}^2 + \dot{y}_2{}^2\right) + \frac{1}{2}I\dot{\phi}^2 \\
&= \frac{1}{2}m_1\dot{x}^2 + \frac{1}{2}m_2\left\{\left(\dot{x} + (R_1 - R_2)\dot{\theta}\cos\theta\right)^2 + \left(-(R_1 - R_2)\dot{\theta}\sin\theta\right)^2\right\} + \frac{1}{2}\left(\frac{1}{2}m_2 R_2{}^2\right)\left(\frac{R_1 - R_2}{R_2}\dot{\theta}\right)^2 \\
&= \frac{1}{2}m_1\dot{x}^2 + \frac{1}{2}m_2\left\{\dot{x}^2 + 2(R_1 - R_2)\dot{x}\dot{\theta}\cos\theta + (R_1 - R_2)^2\dot{\theta}^2\right\} + \frac{1}{4}m_2(R_1 - R_2)^2\dot{\theta}^2
\end{aligned}
\tag{7.106}
$$

＜重力による位置エネルギ＞

$$
V = m_2 g(R_1 - R_2)(1 - \cos\theta)
\tag{7.107}
$$

＜弾性力による位置エネルギ＞

$$U = \frac{1}{2}kx^2 \tag{7.108}$$

＜消散エネルギ＞

$$D = \frac{1}{2}c\dot{x}^2 \tag{7.109}$$

＜一般化力について＞

$$\begin{cases} Q_x = F\sin\omega t \\ Q_\theta = 0 \end{cases} \tag{7.110}$$

（4） x に関するラグランジュの運動方程式の各項の計算

$$\frac{\partial T}{\partial \dot{x}} = m_1\dot{x} + m_2\left\{\dot{x} + (R_1 - R_2)\dot{\theta}\cos\theta\right\} = (m_1 + m_2)\dot{x} + m_2(R_1 - R_2)\dot{\theta}\cos\theta \tag{7.111}$$

$$\frac{d}{dt}\left(\frac{\partial T}{\partial \dot{x}}\right) = (m_1 + m_2)\ddot{x} + m_2(R_1 - R_2)\left(\ddot{\theta}\cos\theta - \dot{\theta}^2\sin\theta\right) \tag{7.112}$$

$$\frac{\partial T}{\partial x} = 0 \tag{7.113}$$

$$\frac{\partial V}{\partial x} = 0 \tag{7.114}$$

$$\frac{\partial U}{\partial x} = kx \tag{7.115}$$

$$\frac{\partial D}{\partial \dot{x}} = c\dot{x} \tag{7.116}$$

（5） x に関する運動方程式

式(7.110)および式(7.112)から式(7.116)を，式(7.100)の第1式，すなわち x に関する式に代入すると，次のように運動方程式が得られる。

$$(m_1 + m_2)\ddot{x} + m_2(R_1 - R_2)\left(\ddot{\theta}\cos\theta - \dot{\theta}^2\sin\theta\right) + kx + c\dot{x} = F\sin\omega t \tag{7.117}$$

式(7.117)を変形して，次式のように整理することもできる。

$$(m_1 + m_2)\ddot{x} + m_2(R_1 - R_2)\ddot{\theta}\cos\theta - m_2(R_1 - R_2)\dot{\theta}^2\sin\theta + kx + c\dot{x} = F\sin\omega t \tag{7.118}$$

（6） θ に関するラグランジュの運動方程式の各項の計算

$$\frac{\partial T}{\partial \dot{\theta}} = m_2(R_1 - R_2)\dot{x}\cos\theta + m_2(R_1 - R_2)^2\dot{\theta} + \frac{1}{2}m_2(R_1 - R_2)^2\dot{\theta} = m_2(R_1 - R_2)\dot{x}\cos\theta + \frac{3}{2}m_2(R_1 - R_2)^2\dot{\theta} \tag{7.119}$$

$$\frac{d}{dt}\left(\frac{\partial T}{\partial \dot{\theta}}\right) = m_2(R_1 - R_2)\ddot{x}\cos\theta - m_2(R_1 - R_2)\dot{x}\dot{\theta}\sin\theta + \frac{3}{2}m_2(R_1 - R_2)^2\ddot{\theta} \tag{7.120}$$

$$\frac{\partial T}{\partial \theta} = -m_2(R_1 - R_2)\dot{x}\dot{\theta}\sin\theta \tag{7.121}$$

$$\frac{\partial V}{\partial \theta} = m_2 g(R_1 - R_2)\sin\theta \tag{7.122}$$

$$\frac{\partial U}{\partial \theta} = 0 \tag{7.123}$$

$$\frac{\partial D}{\partial \dot{\theta}} = 0 \tag{7.124}$$

(7)　θ に関する運動方程式

式(7.110)および式(7.120)から式(7.124)を，式(7.100)の第2式，すなわち θ に関する式に代入すると，次のように運動方程式が得られる。

$$\frac{3}{2}m_2(R_1 - R_2)^2\ddot{\theta} + m_2(R_1 - R_2)\ddot{x}\cos\theta + m_2 g(R_1 - R_2)\sin\theta = 0 \tag{7.125}$$

式(7.125)を変形して，次式のように整理することもできる。

$$\frac{3}{2}(R_1 - R_2)\ddot{\theta} + \ddot{x}\cos\theta + g\sin\theta = 0 \tag{7.126}$$

(8)　凹型剛体と円柱からなる振動系の運動方程式

運動方程式は，式(7.118)と式(7.126)で示される。

7.3.6　クレーンの旋回運動

(1)　解析モデル

図7.13に，クレーンの旋回運動（turning motion of a crane）を想定した解析モデルを示す。m はクレーンのつり荷の質量，L_B はクレーンジブの長さ，α はクレーンのジブ起伏角度，l はクレーンのつり荷ロープの長さである。クレーンの旋回特性は入力変数（θ, $\dot{\theta}$, $\ddot{\theta}$）として与えるものとし，つり荷の振れの減衰を粘性減衰係数 c で考慮する。一般化座標はつり荷の変位 x, y と，旋回特性 θ の3つであり，3自由度問題である。

(2)　ラグランジュの運動方程式

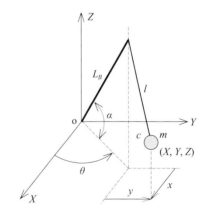

図7.13　クレーンの旋回運動の解析モデル

$$\begin{cases} \dfrac{d}{dt}\left(\dfrac{\partial T}{\partial \dot{x}}\right) - \dfrac{\partial T}{\partial x} + \dfrac{\partial V}{\partial x} + \dfrac{\partial U}{\partial x} + \dfrac{\partial D}{\partial \dot{x}} = Q_x \\[2mm] \dfrac{d}{dt}\left(\dfrac{\partial T}{\partial \dot{y}}\right) - \dfrac{\partial T}{\partial y} + \dfrac{\partial V}{\partial y} + \dfrac{\partial U}{\partial y} + \dfrac{\partial D}{\partial \dot{y}} = Q_y \\[2mm] \dfrac{d}{dt}\left(\dfrac{\partial T}{\partial \dot{\theta}}\right) - \dfrac{\partial T}{\partial \theta} + \dfrac{\partial V}{\partial \theta} + \dfrac{\partial U}{\partial \theta} + \dfrac{\partial D}{\partial \dot{\theta}} = Q_\theta \end{cases} \tag{7.127}$$

ここで，クレーンの旋回特性 θ は入力変数として与えられることから，運動方程式はつり荷の動きを表す一般化座標 x と y の 2 つについて求める。よって，式(7.127)の第 3 式，すなわち θ に関する式は立てない。

(3) 系のエネルギおよび一般化力の計算

系のエネルギ計算に先立ち，図 7.13 に示す幾何学的位置関係から質量 m のつり荷の位置と速度を求めると，それぞれ次式となる。

$$\begin{cases} X = L_B \cos\alpha\cos\theta + x \\ Y = L_B \cos\alpha\sin\theta + y \\ Z = L_B \sin\alpha - \sqrt{l^2 - (x^2 + y^2)} \end{cases} \tag{7.128}$$

$$\begin{cases} \dot{X} = -L_B\dot{\theta}\cos\alpha\sin\theta + \dot{x} \\ \dot{Y} = L_B\dot{\theta}\cos\alpha\cos\theta + \dot{y} \\ \dot{Z} = \dfrac{x\dot{x} + y\dot{y}}{\sqrt{l^2 - (x^2 + y^2)}} \end{cases} \tag{7.129}$$

＜運動エネルギ＞

$$\begin{aligned} T &= \frac{1}{2}m\left(\dot{X}^2 + \dot{Y}^2 + \dot{Z}^2\right) = \frac{1}{2}m\left\{ L_B{}^2\dot{\theta}^2\cos^2\alpha - 2L_B\dot{\theta}\cos\alpha(\dot{x}\sin\theta - \dot{y}\cos\theta) \right. \\ &\left. + \dot{x}^2 + \dot{y}^2 + \frac{x^2\dot{x}^2 + 2xy\dot{x}\dot{y} + y^2\dot{y}^2}{l^2 - (x^2 + y^2)} \right\} \end{aligned} \tag{7.130}$$

＜重力による位置エネルギ＞

$$V = mgZ = mg\left\{ L_B\sin\alpha - \sqrt{l^2 - (x^2 + y^2)} \right\} \tag{7.131}$$

＜弾性力による位置エネルギ＞

$$U = 0 \tag{7.132}$$

＜消散エネルギ＞

$$\begin{aligned} D &= \frac{1}{2}c\left(\dot{X}^2 + \dot{Y}^2 + \dot{Z}^2\right) \\ &= \frac{1}{2}c\left\{ L_B{}^2\dot{\theta}^2\cos^2\alpha - 2L_B\dot{\theta}\cos\alpha(\dot{x}\sin\theta - \dot{y}\cos\theta) + \dot{x}^2 + \dot{y}^2 + \frac{x^2\dot{x}^2 + 2xy\dot{x}\dot{y} + y^2\dot{y}^2}{l^2 - (x^2 + y^2)} \right\} \end{aligned} \tag{7.133}$$

＜一般化力について＞

$$\begin{cases} Q_x = 0 \\ Q_y = 0 \end{cases} \tag{7.134}$$

(4) x に関するラグランジュの運動方程式の各項の計算

$$\frac{\partial T}{\partial \dot{x}} = m\left\{ \dot{x} - L_B\cos\alpha\dot{\theta}\sin\theta + \frac{x^2\dot{x} + xy\dot{y}}{l^2 - (x^2 + y^2)} \right\} \tag{7.135}$$

$$
\begin{aligned}
\frac{d}{dt}\left(\frac{\partial T}{\partial \dot{x}}\right) = m\Bigg[&\ddot{x} - L_B\cos\alpha\left(\ddot{\theta}\sin\theta + \dot{\theta}^2\cos\theta\right) \\
&+ \frac{\left(2x\dot{x}^2 + x^2\ddot{x} + y\dot{x}\dot{y} + x\dot{y}^2 + xy\ddot{y}\right)\left\{l^2 - (x^2 + y^2)\right\} + 2\left(x^3\dot{x}^2 + 2x^2 y\dot{x}\dot{y} + xy^2\dot{y}^2\right)}{\left\{l^2 - (x^2 + y^2)\right\}^2}\Bigg]
\end{aligned}
\tag{7.136}
$$

$$
\frac{\partial T}{\partial x} = \frac{m\left[\left(x\dot{x}^2 + y\dot{x}\dot{y}\right)\left\{l^2 - (x^2 + y^2)\right\} + x^3\dot{x}^2 + 2x^2 y\dot{x}\dot{y} + xy^2\dot{y}^2\right]}{\left\{l^2 - (x^2 + y^2)\right\}^2}
\tag{7.137}
$$

$$
\frac{\partial V}{\partial x} = \frac{mgx}{\sqrt{l^2 - (x^2 + y^2)}}
\tag{7.138}
$$

$$
\frac{\partial U}{\partial x} = 0
\tag{7.139}
$$

$$
\frac{\partial D}{\partial \dot{x}} = c\left\{\dot{x} - L_B\cos\alpha\,\dot{\theta}\sin\theta + \frac{x^2\dot{x} + xy\dot{y}}{l^2 - (x^2 + y^2)}\right\}
\tag{7.140}
$$

(5)　x に関する運動方程式

式(7.134)および式(7.136)から式(7.140)を，式(7.127)の第 1 式，すなわち x に関する式に代入すると，次のように運動方程式が得られる。

$$
\begin{aligned}
m\Bigg[&\ddot{x} - L_B\cos\alpha\left(\ddot{\theta}\sin\theta + \dot{\theta}^2\cos\theta\right) \\
&+ \frac{\left(x\dot{x}^2 + x^2\ddot{x} + x\dot{y}^2 + xy\ddot{y}\right)\left\{l^2 - (x^2 + y^2)\right\} + x^3\dot{x}^2 + 2x^2 y\dot{x}\dot{y} + xy^2\dot{y}^2}{\left\{l^2 - (x^2 + y^2)\right\}^2}\Bigg] \\
&+ \frac{mgx}{\sqrt{l^2 - (x^2 + y^2)}} + c\left\{\dot{x} - L_B\cos\alpha\,\dot{\theta}\sin\theta + \frac{x^2\dot{x} + xy\dot{y}}{l^2 - (x^2 + y^2)}\right\} = 0
\end{aligned}
\tag{7.141}
$$

(6)　y に関するラグランジュの運動方程式の各項の計算

$$
\frac{\partial T}{\partial \dot{y}} = m\left\{\dot{y} + L_B\cos\alpha\,\dot{\theta}\cos\theta + \frac{xy\dot{x} + y^2\dot{y}}{l^2 - (x^2 + y^2)}\right\}
\tag{7.142}
$$

$$
\begin{aligned}
\frac{d}{dt}\left(\frac{\partial T}{\partial \dot{y}}\right) = m\Bigg[&\ddot{y} + L_B\cos\alpha\left(\ddot{\theta}\cos\theta - \dot{\theta}^2\sin\theta\right) \\
&+ \frac{\left(y\dot{x}^2 + x\dot{x}\dot{y} + xy\ddot{x} + 2y\dot{y}^2 + y^2\ddot{y}\right)\left\{l^2 - (x^2 + y^2)\right\} + 2\left(x^2 y\dot{x}^2 + 2xy^2\dot{x}\dot{y} + y^3\dot{y}^2\right)}{\left\{l^2 - (x^2 + y^2)\right\}^2}\Bigg]
\end{aligned}
\tag{7.143}
$$

$$
\frac{\partial T}{\partial y} = \frac{m\left[\left(x\dot{x}\dot{y} + y\dot{y}^2\right)\left\{l^2 - (x^2 + y^2)\right\} + x^2 y\dot{x}^2 + 2xy^2\dot{x}\dot{y} + y^3\dot{y}^2\right]}{\left\{l^2 - (x^2 + y^2)\right\}^2}
\tag{7.144}
$$

$$\frac{\partial V}{\partial y} = \frac{mgy}{\sqrt{l^2 - (x^2 + y^2)}} \tag{7.145}$$

$$\frac{\partial U}{\partial y} = 0 \tag{7.146}$$

$$\frac{\partial D}{\partial \dot{y}} = c\left\{\dot{y} + L_B \cos\alpha\,\dot{\theta}\cos\theta + \frac{y^2\dot{y} + xy\dot{x}}{l^2 - (x^2 + y^2)}\right\} \tag{7.147}$$

(7) y に関する運動方程式

式(7.134)および式(7.143)から式(7.147)を，式(7.127)の第2式，すなわち y に関する式に代入すると，次のように運動方程式が得られる。

$$m\Bigg[\ddot{y} + L_B\cos\alpha\left(\ddot{\theta}\cos\theta - \dot{\theta}^2\sin\theta\right)$$

$$+ \frac{\left(y\dot{x}^2 + xy\ddot{x} + y\dot{y}^2 + y^2\ddot{y}\right)\left\{l^2 - (x^2 + y^2)\right\} + x^2y\dot{x}^2 + 2xy^2\dot{x}\dot{y} + y^3\dot{y}^2}{\left\{l^2 - (x^2 + y^2)\right\}^2}\Bigg] \tag{7.148}$$

$$+ \frac{mgy}{\sqrt{l^2 - (x^2 + y^2)}} + c\left\{\dot{y} + L_B\cos\alpha\,\dot{\theta}\cos\theta + \frac{y^2\dot{y} + xy\dot{x}}{l^2 - (x^2 + y^2)}\right\} = 0$$

(8) クレーンの旋回運動時のつり荷の運動方程式

運動方程式は，式(7.141)と式(7.148)で示される。

(9) 旋回特性（turning characteristics）について

式(7.141)と式(7.148)中の θ, $\dot{\theta}$, $\ddot{\theta}$ は入力変数で与える旋回特性であり，図7.14に示すように，クレーンの起動時・制動時・制動後を想定した時間に対する関数として扱う。

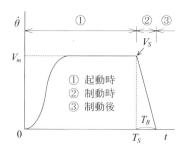

図7.14　旋回特性

参考までに，次に旋回特性の一例を示す。

＜起動時＞　t が $0\,(\mathrm{s})$ から $T_S\,(\mathrm{s})$ までの間

$$
\begin{cases}
\ddot{\theta} = V_m K_0{}^2 t e^{-K_0 t} \\
\dot{\theta} = V_m \left\{ 1 - \left(1 + K_0 t \right) e^{-K_0 t} \right\} \\
\theta = V_m \left[t + \dfrac{1}{K_0} \left\{ \left(2 + K_0 t \right) e^{-K_0 t} - 2 \right\} \right]
\end{cases}
\tag{7.149}
$$

ここで，V_m は目標とする旋回速度である。また，K_0 は起動特性であり，この値が小さいほど旋回速度はゆっくりとした立ち上がりになる。

＜制動時＞　t が $T_S\,(\mathrm{s})$ から $(T_S + T_B)\,(\mathrm{s})$ までの間

$$
\begin{cases}
\ddot{\theta} = -B_0 \\
\dot{\theta} = V_S - B_0 T_Z \\
\theta = D_S + V_S T_Z - \dfrac{1}{2} \left(B_0 T_Z{}^2 \right)
\end{cases}
\tag{7.150}
$$

ここで，$B_0 = \dfrac{V_S}{T_B}$，$T_Z = t - T_S$ である。D_S は制動開始時の角変位であり次式で示される。

$$
D_S = V_m \left[T_S + \dfrac{1}{K_0} \left\{ \left(2 + K_0 T_S \right) e^{-K_0 T_S} - 2 \right\} \right]
\tag{7.151}
$$

＜制動後＞　t が $(T_S + T_B)\,(\mathrm{s})$ 以降

$$
\begin{cases}
\ddot{\theta} = 0 \\
\dot{\theta} = 0 \\
\theta = D_f
\end{cases}
\tag{7.152}
$$

ここで，D_f は制動後の角変位であり次式で示される。

$$
D_f = D_S + V_S T_B - \dfrac{1}{2} \left(B_0 T_B{}^2 \right)
\tag{7.153}
$$

演習問題

7.1 図 7.15 に示す物体の質量 m，長さ l の単振り子において，振り子の支点 o を水平方向に変位加振するときの運動方程式を，振り子の角変位 θ を一般化座標として立てよ。なお，水平方向の変位加振特性は入力変数 $(x, \dot{x}, \ddot{x})$ として与えるものとする。

7.2 図 7.16 に示す物体の質量 m，長さ l の単振り子において，振り子の支点 o を鉛直方向に変位加振するときの運動方程式を，振り子の角変位 θ を一般化座標として立てよ。なお，鉛直方向の変位加振特性は入力変数 $(y, \dot{y}, \ddot{y})$ として与えるものとする。

7.3 図 7.17 に示す質量 m の物体に，自然長が l でばね定数 k のばねが付いた振り子において，この振動系の運動方程式を，振り子の長さの変位 u，振り子の角変位 θ を一般化座標として立てよ。

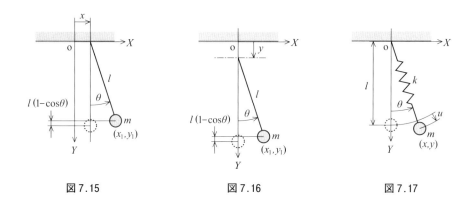

図 7.15　　　　　　図 7.16　　　　　　図 7.17

7.4 図 7.18 に示す長さ l_1 のひもの先に，長さが $2l_2$ で質量が m，重心 G まわりの慣性モーメントが I_G の剛体である棒をつるし，棒の下端に水平方向の外力 F が作用した振動系の運動方程式を，上部のひもおよび剛体棒のそれぞれの角変位 θ_1，θ_2 を一般化座標として立てよ。

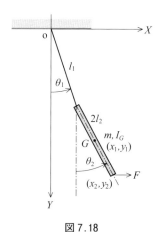

図 7.18

7.5 　　図 7.19 に示す鉛直方向にのみ動ける質量 M，ロータの慣性モーメント I のモータが，ばね定数 k のばねと粘性減衰係数 c のダンパで支持されている。このモータが，駆動トルク P を受け，軸中心から r の距離に固定された質量 m の物体と一緒に回転するとき，この振動系の運動方程式を，全質量 $M+m$ の静的つり合い位置からの変位 y，モータの回転角変位 θ を一般化座標として立てよ。

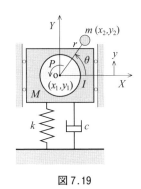

図 7.19

7.6 　　図 7.20 に示す質量がそれぞれ m_1，m_2，m_3 の 3 つの物体を，ばね定数が k_1，k_2，k_3，k_4 の 4 つばねと粘性減衰係数が c_1，c_2，c_3，c_4 の 4 つのダンパにて水平方向に連結した直線振動系に対して，質量 m_1 の物体に $F\sin\omega t$ の加振力が加わるとき，この振動系の運動方程式を，各物体の変位 x_1，x_2，x_3 を一般化座標として立てよ。なお，ばねの弾性力による位置エネルギ U とダンパによる消散エネルギ D については，それぞれ次式で示されるものとする。

$$U = \frac{1}{2}\sum_{i=1}^{n+1} k_i(x_i - x_{i-1})^2 \ , \quad D = \frac{1}{2}\sum_{i=1}^{n+1} c_i(\dot{x}_i - \dot{x}_{i-1})^2$$

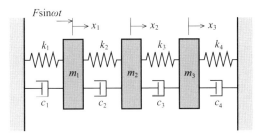

図 7.20

第8章
固有値問題の解き方

> 本章では，振動系の固有円振動数と振動モードの意味をより明確にするために，固有値問題を解いてこれら
> を求める。最初に解き方の手順を示し，その手順にしたがって1自由度問題から3自由度問題までの具体例を
> 丁寧に解くことにより，学習者の理解を助ける。
> 固有値問題の解は，自由度が大きい場合や問題が複雑な場合には，一般式として求めることが難しくなるの
> で数値計算で求める。このことについての具体例も示す。

▶▶▶ 8.1 解き方の手順

振動系の固有円振動数と振動モードの求め方の手順を示す。ここでは，並進運動系を対象とした場合
について述べるが，回転運動系であっても並進運動と回転運動の両方を含む振動系であっても考え方は
同じである。

① 対象とする振動系の運動方程式を立てる。その際，振動系は平衡位置にあるものとして考える。
固有値計算の性格上，運動方程式は微小振動問題，すなわち線形問題として扱う。また，運動方
程式はマトリックス表示しやすい形に整理する。運動方程式の立て方は，第6章と第7章を参照
されたい。参考までに，得られた運動方程式をマトリックス表示すると，次式となる。

$$[M]\{\ddot{x}\} + [C]\{\dot{x}\} + [K]\{x\} = \{f\} \tag{8.1}$$

ここで，$[M]$，$[C]$，$[K]$は，それぞれ，質量マトリックス，減衰マトリックス，剛性マトリッ
クスである。$\{\ddot{x}\}$，$\{\dot{x}\}$，$\{x\}$，$\{f\}$は，それぞれ加速度ベクトル，速度ベクトル，変位ベクトル，
外力ベクトルである。

② 得られた運動方程式を，減衰と外力を含まない，次のような非減衰自由振動の方程式に整理する。

$$[M]\{\ddot{x}\} + [K]\{x\} = \{0\} \tag{8.2}$$

③ 固有円振動数で振動している振動系では，質量を有する各物体の変位が，異なる振幅 A，同じ振
動数 ω，同じ位相（式(2.13)における φ のこと。ここでは，$\varphi = 0$ とする。）で調和振動すること
から，式(8.2)の解を次式のように仮定する。

$$\{x\} = \{A\cos\omega t\} \tag{8.3}$$

式(8.3)の代わりに，解を $\{x\} = \{A\sin\omega t\}$ や $\{x\} = \{Ae^{j\omega t}\}$ と仮定してもよい。最終的に得られる結果
は同じである。

④ 式(8.3)を時間 t で2回微分すると，次式が得られる。

$$\{\ddot{x}\} = \{-\omega^2 A\cos\omega t\} \tag{8.4}$$

⑤ 式(8.3)および式(8.4)を式(8.2)に代入すると，次式が得られる。

$$-\omega^2 \cos\omega t[M]\{A\} + \cos\omega t[K]\{A\} = \{0\} \tag{8.5}$$

⑥ 式(8.5)の両辺を $\cos\omega t$ で除して整理すると，次式となる。

$$([K] - \omega^2 [M])\{A\} = \{0\} \tag{8.6}$$

⑦ 式(8.6)において，$\{A\} = \{0\}$ は静止状態を表す解であり，自明解（trivial solution）という。$\{A\} = \{0\}$ 以外の解を非自明解（non-trivial solution）といい，動きを示す解である。これらの解は，次の行列式を解くことにより得られる。

$$\left| [K] - \omega^2 [M] \right| = 0 \tag{8.7}$$

式(8.7)を，振動数方程式（frequency equation）という。この振動数方程式を，未知数 ω^2 の方程式として解いて，自由度の数だけ固有値（eigen value）ω を求める。この固有値 ω を，振動問題においては固有円振動数とよび，固有円振動数の低いものから，ω_{n1}：1 次固有円振動数，ω_{n2}：2 次固有円振動数，ω_{n3}：3 次固有円振動数，…，ω_{nn}：n 次固有円振動数という。

⑧ 得られた固有値 ω を，それぞれ式(8.6)に代入して変位ベクトル $\{A\}$ を求める。なお，この変位ベクトルは，各物体の変位量としては求まらないので，振幅比として求める。$A_1 = 1$ として他の箇所における変位の振幅を表現することが多いが，A_1 以外を 1 としてもよい。このように，変位を振幅比として表したものを固有ベクトルという。この固有ベクトルで表される振動の形を，振動モードまたは固有モードという。振動モードは固有円振動数の数（ω_{n1}，ω_{n2}，ω_{n3}，…，ω_{nn}）だけあり，それぞれ 1 次振動モード，2 次振動モード，3 次振動モード，…，n 次振動モードという。n 次振動モードを省略して，n 次モードともいう。固有ベクトルをもとに，全ての次数の振動モードを描く。

▶▶▶ 8.2　解き方の具体例

8.2.1　概要

本節では，前節で示した手順①から手順⑧にしたがって，1 自由度問題，2 自由度問題，3 自由度問題の順に，具体的に固有値問題を解き，振動系の固有円振動数と振動モードを求める。なお，1 自由度問題の単振り子を除いて全て DSS を用いてシミュレーションしているので参考にせよ。

8.2.2　1 自由度問題

（1）　直線振動系

図 8.1 に，1 自由度直線振動系の解析モデルを示す。解析変数は x である。

① 対象とする振動系の運動方程式を立てると次式となる。この運動方程式の立て方については，6.3.2 項の(2)を参照せよ。

$$m\ddot{x} = -c\dot{x} - kx + F \sin \omega t \tag{8.8}$$

② 式(8.8)を，非減衰自由振動の運動方程式に整理すると次式が得られる。この際，変数を含む全ての項を左辺に移項する。

$$m\ddot{x} + kx = 0 \tag{8.9}$$

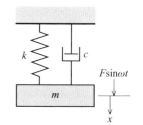

図 8.1　1 自由度直線振動系の解析モデル

③　式(8.9)の解を，次式のように仮定する。

$$x = A\cos\omega t \tag{8.10}$$

④　式(8.10)を時間 t で 2 回微分すると，次式が得られる。

$$\ddot{x} = -\omega^2 A\cos\omega t \tag{8.11}$$

⑤　式(8.10)および式(8.11)を式(8.9)に代入すると，次式が得られる。

$$-\omega^2 m A\cos\omega t + k A\cos\omega t = 0 \tag{8.12}$$

⑥　式(8.12)の両辺を $\cos\omega t$ で除して整理すると，次式となる。

$$(k - \omega^2 m)A = 0 \tag{8.13}$$

⑦　式(8.13)において，$A=0$ の自明解以外の解を求めるために，$k-\omega^2 m=0$（この式が振動数方程式である）として固有円振動数 ω_n を求めると，次式となる。

$$\omega_n = \sqrt{\frac{k}{m}} \tag{8.14}$$

⑧　振動モードを得るために，式(8.14)を式(8.13)の ω に代入すると次式が得られる。

$$(k - \frac{k}{m}m)A = 0 \tag{8.15}$$

式(8.15)の両辺を A で除すと，次式となる。

$$k - \frac{k}{m}m = 0 \tag{8.16}$$

よって，A はどのような値でもよいことがわかる。すなわち，固有値問題では振幅量は求められない。図 8.2 は，図 8.1 に示す解析モデルの振動モードを示す。この図においては，$A=1$ とし振動方向を 90°回転させて示してある。

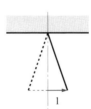

図 8.2　図 8.1 に示す解析モデルに対応した振動モード

(2)　単振り子

図8.3に，単振り子の解析モデルを示す。解析変数は θ である。

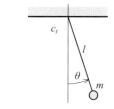

図8.3　単振り子の解析モデル

① 対象とする振動系の運動方程式を立てると次式となる。この運動方程式の立て方については，6.3.2項の(5)を参照せよ。

$$ml^2\ddot{\theta} = -c_t\dot{\theta} - mgl\sin\theta \tag{8.17}$$

② 式(8.17)を，非減衰自由振動の運動方程式に整理すると次式が得られる。この際，変数を含む全ての項を左辺に移項する。ここで θ が小さく微小振動として扱うと，$\sin\theta \fallingdotseq \theta$ とみなすことができるので，式(8.17)は次式のように整理できる。

$$ml^2\ddot{\theta} + mgl\theta = 0 \tag{8.18}$$

式(8.18)の両辺を ml で除すると，次式が得られる。

$$l\ddot{\theta} + g\theta = 0 \tag{8.19}$$

③ 式(8.19)の解を，次式のように仮定する。

$$\theta = A\cos\omega t \tag{8.20}$$

④ 式(8.20)を時間 t で2回微分すると，次式が得られる。

$$\ddot{\theta} = -\omega^2 A\cos\omega t \tag{8.21}$$

⑤ 式(8.20)および式(8.21)を式(8.19)に代入すると，次式が得られる。

$$-\omega^2 lA\cos\omega t + gA\cos\omega t = 0 \tag{8.22}$$

⑥ 式(8.22)の両辺を $\cos\omega t$ で除して整理すると，次式となる。

$$(g - \omega^2 l)A = 0 \tag{8.23}$$

⑦ 式(8.23)において，$A = 0$ の自明解以外の解を求めるために，$g - \omega^2 l = 0$（この式が振動数方程式である）として固有円振動数 ω_n を求めると，次式となる。

$$\omega_n = \sqrt{\frac{g}{l}} \tag{8.24}$$

⑧ 振動モードを得るために，式(8.24)を式(8.23)の ω に代入すると次式が得られる。

$$\left(g - \frac{g}{l}l\right)A = 0 \tag{8.25}$$

式(8.25)の両辺を A で除すと，次式となる。

$$g - \frac{g}{l}l = 0 \tag{8.26}$$

よって，A はどのような値でもよい。$A = 1$ とすると，振動モードは1自由度直線振動系と同様に図8.2に示すとおりとなる。

（3）　横つり下げ振子

図 8.4 に，横つり下げ振子の解析モデルを示す。解析変数
は θ である。

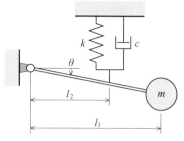

① 対象とする振動系の運動方程式を立てると次式となる。
この運動方程式の立て方については，6.3.2 項の（6）を
参照せよ。ここで，θ は小さく微小振動問題として扱
う。

図 8.4　横つり下げ振子の解析モデル

$$ml_1^2\ddot{\theta} = -cl_2^2\dot{\theta} - kl_2^2\theta + mgl_1 \tag{8.27}$$

② 式（8.27）を，非減衰自由振動の運動方程式に整理すると次式が得られる。この際，変数を含む全
ての項を左辺に移項する。式（8.27）中の mgl_1 は外力項であるので削除する。

$$ml_1^2\ddot{\theta} + kl_2^2\theta = 0 \tag{8.28}$$

③ 式（8.28）の解を，次式のように仮定する。

$$\theta = A\cos\omega t \tag{8.29}$$

④ 式（8.29）を時間 t で 2 回微分すると，次式が得られる。

$$\ddot{\theta} = -\omega^2 A\cos\omega t \tag{8.30}$$

⑤ 式（8.29）および式（8.30）を式（8.28）に代入すると，次式が得られる。

$$-\omega^2 ml_1^2 A\cos\omega t + kl_2^2 A\cos\omega t = 0 \tag{8.31}$$

⑥ 式（8.31）の両辺を $\cos\omega t$ で除して整理すると，次式となる。

$$(kl_2^2 - \omega^2 ml_1^2)A = 0 \tag{8.32}$$

⑦ 式（8.32）において，$A=0$ の自明解以外の解を求めるために，$kl_2^2 - \omega^2 ml_1^2 = 0$（この式が振動数方
程式である）として固有円振動数 ω_n を求めると，次式となる。

$$\omega_n = \frac{l_2}{l_1}\sqrt{\frac{k}{m}} \tag{8.33}$$

⑧ 振動モードを得るために，式（8.33）を式（8.32）の ω に代入すると次式が得られる。

$$(kl_2^2 - \frac{l_2^2 k}{l_1^2 m}ml_1^2)A = 0 \tag{8.34}$$

式（8.34）の両辺を A で除すと，次式となる。

$$kl_2^2 - \frac{l_2^2 k}{l_1^2 m}ml_1^2 = 0 \tag{8.35}$$

よって，A はどのような値でもよい。$A=1$ とすると，
振動モードは 1 自由度直線振動系と同様に図 8.2 に示す
とおりとなる。この問題における振動モードは，図 8.5
のように示したほうが理解しやすい。

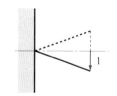

**図 8.5　図 8.4 に示す解析モデルに
対応した振動モード**

2自由度問題

(1) 直線振動系

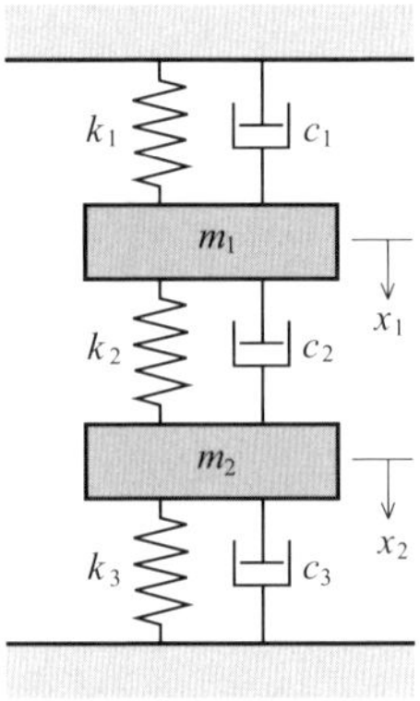

図 8.6 に，2 自由度直線振動系の解析モデルを示す。解析変数は x_1 と x_2 である。

① 対象とする振動系の運動方程式を立てると次式となる。この運動方程式の立て方については，6.3.3 項の (2) を参照せよ。

$$\begin{cases} m_1\ddot{x}_1 = -(c_1+c_2)\dot{x}_1 + c_2\dot{x}_2 - (k_1+k_2)x_1 + k_2x_2 \\ m_2\ddot{x}_2 = c_2\dot{x}_1 - (c_2+c_3)\dot{x}_2 + k_2x_1 - (k_2+k_3)x_2 \end{cases} \tag{8.36}$$

図8.6 2自由度直線振動系の解析モデル

② 式 (8.36) を，非減衰自由振動の運動方程式に整理すると次式が得られる。この際，変数を含む全ての項を左辺に移項する。

$$\begin{cases} m_1\ddot{x}_1 + (k_1+k_2)x_1 - k_2x_2 = 0 \\ m_2\ddot{x}_2 - k_2x_1 + (k_2+k_3)x_2 = 0 \end{cases} \tag{8.37}$$

式 (8.37) をマトリックス表示すると次式が得られる。

$$\begin{bmatrix} m_1 & 0 \\ 0 & m_2 \end{bmatrix} \begin{Bmatrix} \ddot{x}_1 \\ \ddot{x}_2 \end{Bmatrix} + \begin{bmatrix} k_1+k_2 & -k_2 \\ -k_2 & k_2+k_3 \end{bmatrix} \begin{Bmatrix} x_1 \\ x_2 \end{Bmatrix} = \begin{Bmatrix} 0 \\ 0 \end{Bmatrix} \tag{8.38}$$

③ 式 (8.38) の解を，次式のように仮定する。

$$\begin{Bmatrix} x_1 \\ x_2 \end{Bmatrix} = \begin{Bmatrix} A_1\cos\omega t \\ A_2\cos\omega t \end{Bmatrix} = \cos\omega t \begin{Bmatrix} A_1 \\ A_2 \end{Bmatrix} \tag{8.39}$$

④ 式 (8.39) を時間 t で 2 回微分すると，次式が得られる。

$$\begin{Bmatrix} \ddot{x}_1 \\ \ddot{x}_2 \end{Bmatrix} = \begin{Bmatrix} -\omega^2 A_1\cos\omega t \\ -\omega^2 A_2\cos\omega t \end{Bmatrix} = -\omega^2\cos\omega t \begin{Bmatrix} A_1 \\ A_2 \end{Bmatrix} \tag{8.40}$$

⑤ 式 (8.39) および式 (8.40) を式 (8.38) に代入すると，次式が得られる。

$$-\omega^2\cos\omega t \begin{bmatrix} m_1 & 0 \\ 0 & m_2 \end{bmatrix} \begin{Bmatrix} A_1 \\ A_2 \end{Bmatrix} + \cos\omega t \begin{bmatrix} k_1+k_2 & -k_2 \\ -k_2 & k_2+k_3 \end{bmatrix} \begin{Bmatrix} A_1 \\ A_2 \end{Bmatrix} = \begin{Bmatrix} 0 \\ 0 \end{Bmatrix} \tag{8.41}$$

⑥ 式 (8.41) の両辺を $\cos\omega t$ で除して整理すると，次式となる。

$$\left(\begin{bmatrix} k_1+k_2 & -k_2 \\ -k_2 & k_2+k_3 \end{bmatrix} - \omega^2 \begin{bmatrix} m_1 & 0 \\ 0 & m_2 \end{bmatrix} \right) \begin{Bmatrix} A_1 \\ A_2 \end{Bmatrix} = \begin{Bmatrix} 0 \\ 0 \end{Bmatrix} \tag{8.42}$$

ここで，振動モードを求める際に必要になるので，式 (8.42) を次式のように展開しておく。

$$\begin{cases} \left\{(k_1+k_2)-\omega^2 m_1\right\}A_1 - k_2A_2 = 0 \\ -k_2A_1 + \left\{(k_2+k_3)-\omega^2 m_2\right\}A_2 = 0 \end{cases} \tag{8.43}$$

⑦ 式 (8.42) において，自明解以外の解を求めるために，次のように行列式を 0 とおく。

$$\left| \begin{bmatrix} k_1+k_2 & -k_2 \\ -k_2 & k_2+k_3 \end{bmatrix} - \omega^2 \begin{bmatrix} m_1 & 0 \\ 0 & m_2 \end{bmatrix} \right| = 0 \tag{8.44}$$

式 (8.44) が振動数方程式であり，この式を解いて固有円振動数を求める。式 (8.44) の行列式を整理すると，次式となる。

$$\begin{vmatrix} (k_1+k_2)-\omega^2 m_1 & -k_2 \\ -k_2 & (k_2+k_3)-\omega^2 m_2 \end{vmatrix}=0 \tag{8.45}$$

式 (8.45) をサラスの公式により展開すると，次式が得られる。

$$\left\{(k_1+k_2)-\omega^2 m_1\right\}\left\{(k_2+k_3)-\omega^2 m_2\right\}-k_2{}^2=0 \tag{8.46}$$

式 (8.46) を展開して整理すると，次式となる。

$$m_1 m_2 \omega^4 -\left\{(k_1+k_2)m_2+(k_2+k_3)m_1\right\}\omega^2+(k_1+k_2)(k_2+k_3)-k_2{}^2=0 \tag{8.47}$$

式 (8.47) の両辺を $m_1 m_2$ で除して，更に整理すると次式となる。

$$\omega^4 -\left(\frac{k_1+k_2}{m_1}+\frac{k_2+k_3}{m_2}\right)\omega^2+\frac{(k_1+k_2)(k_2+k_3)-k_2{}^2}{m_1 m_2}=0 \tag{8.48}$$

式 (8.48) を ω^2 の 2 次方程式として解くと，固有円振動数 ω_n は次のようになる。

$$\left.\begin{array}{c}\omega_{n1}{}^2\\\omega_{n2}{}^2\end{array}\right\}=\frac{1}{2}\left\{\left(\frac{k_1+k_2}{m_1}+\frac{k_2+k_3}{m_2}\right)\mp\sqrt{\left(\frac{k_1+k_2}{m_1}+\frac{k_2+k_3}{m_2}\right)^2-4\left(\frac{(k_1+k_2)(k_2+k_3)-k_2{}^2}{m_1 m_2}\right)}\right\} \tag{8.49}$$

ここで，式 (8.49) より得られる ω_n が正の値をとることを示す。式 (8.49) の根号の中を式変形して整理すると，次式が得られる。

$$\left.\begin{array}{c}\omega_{n1}{}^2\\\omega_{n2}{}^2\end{array}\right\}=\frac{1}{2}\left\{\left(\frac{k_1+k_2}{m_1}+\frac{k_2+k_3}{m_2}\right)\mp\sqrt{\left(\frac{k_1+k_2}{m_1}-\frac{k_2+k_3}{m_2}\right)^2+4\frac{k_2{}^2}{m_1 m_2}}\right\} \tag{8.50}$$

式 (8.50) より根号内が正の値になることから，式 (8.49) より以下の関係が得られる。

$$\left(\frac{k_1+k_2}{m_1}+\frac{k_2+k_3}{m_2}\right)^2>\left(\frac{k_1+k_2}{m_1}+\frac{k_2+k_3}{m_2}\right)^2-4\left\{\frac{(k_1+k_2)(k_2+k_3)-k_2{}^2}{m_1 m_2}\right\} \tag{8.51}$$

よって，ω_n は正の値をとることがわかる。

　参考までに，式 (8.50) において，$m_1=m_2=m$，$k_1=k_2=k_3=k$ として計算すると，固有円振動数 ω_n は次式となる。

$$\left\{\begin{array}{l}\omega_{n1}=\sqrt{\dfrac{k}{m}}\\[2mm]\omega_{n2}=\sqrt{\dfrac{3k}{m}}\end{array}\right. \tag{8.52}$$

⑧　振動モードを得るために，式 (8.43) を変形して振幅比の形に整理すると，次式となる。

$$\frac{A_2}{A_1}=\frac{(k_1+k_2)-\omega^2 m_1}{k_2} \tag{8.53a}$$

または，

$$\frac{A_2}{A_1}=\frac{k_2}{(k_2+k_3)-\omega^2 m_2} \tag{8.53b}$$

式 (8.53) については，式 (a) および式 (b) のいずれを用いてもよいが，ここでは ω^2 が分子にある式 (8.53a) を用いる。式 (8.50) の $\omega_{n1}{}^2$ と $\omega_{n2}{}^2$ を，式 (8.53a) の ω^2 にそれぞれ代入すると，次式が得られる。

$$\left.\begin{array}{l}\left.\dfrac{A_2}{A_1}\right|_{\omega=\omega_{n1}}\\[2mm]\left.\dfrac{A_2}{A_1}\right|_{\omega=\omega_{n2}}\end{array}\right\}=\dfrac{k_1+k_2}{k_2}-\dfrac{m_1}{k_2}\dfrac{1}{2}\left\{\left(\dfrac{k_1+k_2}{m_1}+\dfrac{k_2+k_3}{m_2}\right)\mp\sqrt{\left(\dfrac{k_1+k_2}{m_1}-\dfrac{k_2+k_3}{m_2}\right)^2+4\dfrac{k_2{}^2}{m_1m_2}}\right\}\tag{8.54}$$

式 (8.54) において，$m_1=m_2=m$，$k_1=k_2=k_3=k$ として計算すると，$A_1=1$ とした場合の A_2 の値，すなわち振幅比はそれぞれ次のようになる。

$$\left\{\begin{array}{l}\left.\dfrac{A_2}{A_1}\right|_{\omega=\omega_{n1}}=1\\[4mm]\left.\dfrac{A_2}{A_1}\right|_{\omega=\omega_{n2}}=-1\end{array}\right.\tag{8.55}$$

図 8.7 に振動モードを示す。この図においては，振動方向を 90°回転させて示してある。2 つの物体の変位は，1 次の振動モードでは同位相，2 次の振動モードでは逆位相になることがわかる。なお，各物体の質量の値および各ばね定数の値の違いによって，A_2 の値は変わる。図 8.7 (b) の 2 次モードにおいて，全く振動することなく変位が 0 になる点が見られるが，この点を節（node）という。例えば，ねじり振動などの振動問題では，節の数に応じて n 節振動という表現が使われる場合がある。節に対して変位がもっとも大きくなる点も生じる。この点を腹（loop または antinode）という。

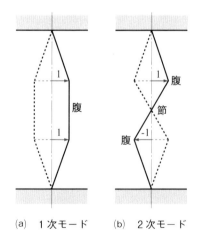

(a) 1 次モード　　(b) 2 次モード

図 8.7　図 8.6 に示す解析モデルに対応した振動モード
（$m_1=m_2=m$，$k_1=k_2=k_3=k$ の場合）

(2)　並列二重振子

図 8.8 に，並列二重振子の解析モデルを示す。解析変数は θ_1 と θ_2 である。

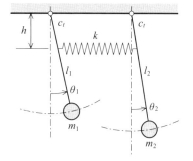

図 8.8　並列二重振子の解析モデル

①　対象とする振動系の運動方程式を立てると次式となる。この運動方程式の立て方については，6.3.3 項の(4)を参照せよ。

$$\begin{cases} m_1 l_1{}^2 \ddot{\theta}_1 = -c_t \dot{\theta}_1 - (kh^2 + m_1 g l_1)\theta_1 + kh^2 \theta_2 \\ m_2 l_2{}^2 \ddot{\theta}_2 = -c_t \dot{\theta}_2 + kh^2 \theta_1 - (kh^2 + m_2 g l_2)\theta_2 \end{cases} \quad (8.56)$$

②　式(8.56)を，非減衰自由振動の運動方程式に整理すると次式が得られる。この際，変数を含む全ての項を左辺に移項する。

$$\begin{cases} m_1 l_1{}^2 \ddot{\theta}_1 + (kh^2 + m_1 g l_1)\theta_1 - kh^2 \theta_2 = 0 \\ m_2 l_2{}^2 \ddot{\theta}_2 - kh^2 \theta_1 + (kh^2 + m_2 g l_2)\theta_2 = 0 \end{cases} \quad (8.57)$$

式(8.57)をマトリックス表示すると次式が得られる。

$$\begin{bmatrix} m_1 l_1{}^2 & 0 \\ 0 & m_2 l_2{}^2 \end{bmatrix} \begin{Bmatrix} \ddot{\theta}_1 \\ \ddot{\theta}_2 \end{Bmatrix} + \begin{bmatrix} kh^2 + m_1 g l_1 & -kh^2 \\ -kh^2 & kh^2 + m_2 g l_2 \end{bmatrix} \begin{Bmatrix} \theta_1 \\ \theta_2 \end{Bmatrix} = \begin{Bmatrix} 0 \\ 0 \end{Bmatrix} \quad (8.58)$$

③　式(8.58)の解を，次式のように仮定する。

$$\begin{Bmatrix} \theta_1 \\ \theta_2 \end{Bmatrix} = \begin{Bmatrix} A_1 \cos \omega t \\ A_2 \cos \omega t \end{Bmatrix} = \cos \omega t \begin{Bmatrix} A_1 \\ A_2 \end{Bmatrix} \quad (8.59)$$

④　式(8.59)を時間 t で 2 回微分すると，次式が得られる。

$$\begin{Bmatrix} \ddot{\theta}_1 \\ \ddot{\theta}_2 \end{Bmatrix} = \begin{Bmatrix} -\omega^2 A_1 \cos \omega t \\ -\omega^2 A_2 \cos \omega t \end{Bmatrix} = -\omega^2 \cos \omega t \begin{Bmatrix} A_1 \\ A_2 \end{Bmatrix} \quad (8.60)$$

⑤　式(8.59)および式(8.60)を式(8.58)に代入すると，次式が得られる。

$$-\omega^2 \cos \omega t \begin{bmatrix} m_1 l_1{}^2 & 0 \\ 0 & m_2 l_2{}^2 \end{bmatrix} \begin{Bmatrix} A_1 \\ A_2 \end{Bmatrix} + \cos \omega t \begin{bmatrix} kh^2 + m_1 g l_1 & -kh^2 \\ -kh^2 & kh^2 + m_2 g l_2 \end{bmatrix} \begin{Bmatrix} A_1 \\ A_2 \end{Bmatrix} = \begin{Bmatrix} 0 \\ 0 \end{Bmatrix} \quad (8.61)$$

⑥　式(8.61)の両辺を $\cos \omega t$ で除して整理すると，次式となる。

$$\left(\begin{bmatrix} kh^2 + m_1 g l_1 & -kh^2 \\ -kh^2 & kh^2 + m_2 g l_2 \end{bmatrix} - \omega^2 \begin{bmatrix} m_1 l_1{}^2 & 0 \\ 0 & m_2 l_2{}^2 \end{bmatrix} \right) \begin{Bmatrix} A_1 \\ A_2 \end{Bmatrix} = \begin{Bmatrix} 0 \\ 0 \end{Bmatrix} \quad (8.62)$$

ここで，振動モードを求める際に必要になるので，式(8.62)を次式のように展開しておく。

$$\begin{cases} \left\{ (kh^2 + m_1 g l_1) - \omega^2 m_1 l_1{}^2 \right\} A_1 - kh^2 A_2 = 0 \\ -kh^2 A_1 + \left\{ (kh^2 + m_2 g l_2) - \omega^2 m_2 l_2{}^2 \right\} A_2 = 0 \end{cases} \quad (8.63)$$

⑦　式(8.62)において，自明解以外の解を求めるために，次のように行列式を 0 とおく。

$$\left[\begin{bmatrix} kh^2 + m_1gl_1 & -kh^2 \\ -kh^2 & kh^2 + m_2gl_2 \end{bmatrix} - \omega^2 \begin{bmatrix} m_1l_1^2 & 0 \\ 0 & m_2l_2^2 \end{bmatrix}\right] = 0 \tag{8.64}$$

式 (8.64) が振動数方程式であり，この式を解いて固有円振動数を求める。行列式を整理すると，次式となる。

$$\begin{vmatrix} (kh^2 + m_1gl_1) - \omega^2 m_1l_1^2 & -kh^2 \\ -kh^2 & (kh^2 + m_2gl_2) - \omega^2 m_2l_2^2 \end{vmatrix} = 0 \tag{8.65}$$

式 (8.65) をサラスの公式により展開すると，次式が得られる。

$$\left\{(kh^2 + m_1gl_1) - \omega^2 m_1l_1^2\right\}\left\{(kh^2 + m_2gl_2) - \omega^2 m_2l_2^2\right\} - (kh^2)^2 = 0 \tag{8.66}$$

式 (8.66) を展開して整理すると，次式となる。

$$m_1l_1^2 m_2l_2^2 \omega^4 - \left\{(kh^2 + m_1gl_1)m_2l_2^2 + (kh^2 + m_2gl_2)m_1l_1^2\right\}\omega^2 + (kh^2 + m_1gl_1)(kh^2 + m_2gl_2) - (kh^2)^2 = 0 \tag{8.67}$$

式 (8.67) の両辺を $m_1l_1^2 m_2l_2^2$ で除して，更に整理すると次式となる。

$$\omega^4 - \left(\frac{kh^2 + m_1gl_1}{m_1l_1^2} + \frac{kh^2 + m_2gl_2}{m_2l_2^2}\right)\omega^2 + \frac{(kh^2 + m_1gl_1)(kh^2 + m_2gl_2) - (kh^2)^2}{m_1l_1^2 m_2l_2^2} = 0 \tag{8.68}$$

式 (8.68) を ω^2 の 2 次方程式として解くと，固有円振動数 ω_n は次のように求まる。

$$\left.\begin{array}{c}\omega_{n1}^2 \\ \omega_{n2}^2\end{array}\right\} = \frac{1}{2}\left\{\left(\frac{kh^2 + m_1gl_1}{m_1l_1^2} + \frac{kh^2 + m_2gl_2}{m_2l_2^2}\right)\right. \\ \left.\mp\sqrt{\left(\frac{kh^2 + m_1gl_1}{m_1l_1^2} + \frac{kh^2 + m_2gl_2}{m_2l_2^2}\right)^2 - 4\frac{(kh^2 + m_1gl_1)(kh^2 + m_2gl_2) - (kh^2)^2}{m_1l_1^2 m_2l_2^2}}\right\} \tag{8.69}$$

ここで，式 (8.69) より得られる ω_n が正の値をとることを示す。式 (8.69) の根号の中を式変形して整理すると，次式が得られる。

$$\left.\begin{array}{c}\omega_{n1}^2 \\ \omega_{n2}^2\end{array}\right\} = \frac{1}{2}\left\{\left(\frac{kh^2 + m_1gl_1}{m_1l_1^2} + \frac{kh^2 + m_2gl_2}{m_2l_2^2}\right) \mp \sqrt{\left(\frac{kh^2 + m_1gl_1}{m_1l_1^2} - \frac{kh^2 + m_2gl_2}{m_2l_2^2}\right)^2 + 4\frac{(kh^2)^2}{m_1l_1^2 m_2l_2^2}}\right\} \tag{8.70}$$

式 (8.70) より根号内が正の値になることから，式 (8.69) より以下の関係が得られる。

$$\left(\frac{kh^2 + m_1gl_1}{m_1l_1^2} + \frac{kh^2 + m_2gl_2}{m_2l_2^2}\right)^2 > \left(\frac{kh^2 + m_1gl_1}{m_1l_1^2} + \frac{kh^2 + m_2gl_2}{m_2l_2^2}\right)^2 - 4\frac{(kh^2 + m_1gl_1)(kh^2 + m_2gl_2) - (kh^2)^2}{m_1l_1^2 m_2l_2^2} \tag{8.71}$$

よって，ω_n は正の値をとることがわかる。

　参考までに，式 (8.70) において，$m_1 = m_2 = m$，$l_1 = l_2 = l$ として計算すると，固有円振動数 ω_n は次式となる。

$$
\begin{cases}
\omega_{n1} = \sqrt{\dfrac{g}{l}} \\[3mm]
\omega_{n2} = \sqrt{\dfrac{2kh^2 + mgl}{ml^2}}
\end{cases}
\tag{8.72}
$$

⑧　振動モードを得るために，式(8.63)を変形して振幅比の形に整理すると，次式となる。

$$
\frac{A_2}{A_1} = \frac{(kh^2 + m_1 g l_1) - \omega^2 m_1 l_1^2}{kh^2}
\tag{8.73a}
$$

または，

$$
\frac{A_2}{A_1} = \frac{kh^2}{(kh^2 + m_2 g l_2) - \omega^2 m_2 l_2^2}
\tag{8.73b}
$$

式(8.73)については，式(a)および式(b)のいずれを用いてもよいが，先と同様に ω^2 が分子にある式(8.73a)を用いる。式(8.70)の $\omega_{n1}{}^2$ と $\omega_{n2}{}^2$ を，式(8.73a)の ω^2 にそれぞれ代入すると，次式が得られる。

$$
\left.\begin{array}{l}
\left.\dfrac{A_2}{A_1}\right|_{\omega=\omega_{n1}} \\[4mm]
\left.\dfrac{A_2}{A_1}\right|_{\omega=\omega_{n2}}
\end{array}\right\}
= \frac{kh^2 + m_1 g l_1}{kh^2} - \frac{m_1 l_1^2}{kh^2} \frac{1}{2}\left\{\left(\frac{kh^2 + m_1 g l_1}{m_1 l_1^2} + \frac{kh^2 + m_2 g l_2}{m_2 l_2^2}\right)\right.
$$
$$
\left. \mp \sqrt{\left(\frac{kh^2 + m_1 g l_1}{m_1 l_1^2} - \frac{kh^2 + m_2 g l_2}{m_2 l_2^2}\right)^2 + 4\frac{(kh^2)^2}{m_1 l_1^2 m_2 l_2^2}}\right\}
\tag{8.74}
$$

　式(8.74)において，$m_1 = m_2 = m$，$l_1 = l_2 = l$ として計算すると，$A_1 = 1$ とした場合の A_2 の値，すなわち振幅比はそれぞれ次のようになる。

$$
\begin{cases}
\left.\dfrac{A_2}{A_1}\right|_{\omega=\omega_{n1}} = 1 \\[4mm]
\left.\dfrac{A_2}{A_1}\right|_{\omega=\omega_{n2}} = -1
\end{cases}
\tag{8.75}
$$

図 8.9 に振動モードを示す。2 つの物体の変位は，1 次の振動モードでは同位相，2 次の振動モードでは逆位相になることがわかる。

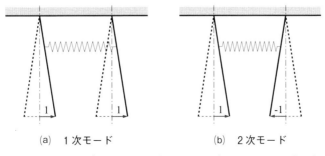

(a)　1 次モード　　　　　　(b)　2 次モード

図 8.9　図 8.8 に示す解析モデルに対応した振動モード（$m_1 = m_2 = m$，$l_1 = l_2 = l$ の場合）

(3) 1つの物体が並進運動と回転運動をする振動系

図8.10に，1つの物体が並進運動と回転運動をする振動系の解析モデルを示す。この振動系は，自動車の振動をモデル化したものである。解析変数はxとθであり，xの動きはバウンシング，θの動きはピッチングとよばれる。

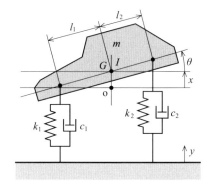

図8.10　1つの物体が並進運動と回転運動をする振動系の解析モデル

① 対象とする振動系の運動方程式を立てると次式となる。この運動方程式の立て方については，6.3.3項の(6)を参照せよ。

$$\begin{cases} m\ddot{x} = -(c_1+c_2)(\dot{x}-\dot{y})-(k_1+k_2)(x-y)+(c_1l_1-c_2l_2)\dot{\theta}+(k_1l_1-k_2l_2)\theta \\ I\ddot{\theta} = -(c_1l_1^2+c_2l_2^2)\dot{\theta}-(k_1l_1^2+k_2l_2^2)\theta+(c_1l_1-c_2l_2)(\dot{x}-\dot{y})+(k_1l_1-k_2l_2)(x-y) \end{cases} \tag{8.76}$$

② 式(8.76)を，非減衰自由振動の運動方程式に整理すると次式が得られる。この際，変数を含む全ての項を左辺に移項する。

$$\begin{cases} m\ddot{x}+(k_1+k_2)x-(k_1l_1-k_2l_2)\theta=0 \\ I\ddot{\theta}-(k_1l_1-k_2l_2)x+(k_1l_1^2+k_2l_2^2)\theta=0 \end{cases} \tag{8.77}$$

式(8.77)をマトリックス表示すると次式が得られる。

$$\begin{bmatrix} m & 0 \\ 0 & I \end{bmatrix}\begin{Bmatrix} \ddot{x} \\ \ddot{\theta} \end{Bmatrix}+\begin{bmatrix} k_1+k_2 & -(k_1l_1-k_2l_2) \\ -(k_1l_1-k_2l_2) & k_1l_1^2+k_2l_2^2 \end{bmatrix}\begin{Bmatrix} x \\ \theta \end{Bmatrix}=\begin{Bmatrix} 0 \\ 0 \end{Bmatrix} \tag{8.78}$$

③ 式(8.78)の解を，次式のように仮定する。

$$\begin{Bmatrix} x \\ \theta \end{Bmatrix}=\begin{Bmatrix} A_1\cos\omega t \\ A_2\cos\omega t \end{Bmatrix}=\cos\omega t\begin{Bmatrix} A_1 \\ A_2 \end{Bmatrix} \tag{8.79}$$

④ 式(8.79)を時間tで2回微分すると，次式が得られる。

$$\begin{Bmatrix} \ddot{x} \\ \ddot{\theta} \end{Bmatrix}=\begin{Bmatrix} -\omega^2 A_1\cos\omega t \\ -\omega^2 A_2\cos\omega t \end{Bmatrix}=-\omega^2\cos\omega t\begin{Bmatrix} A_1 \\ A_2 \end{Bmatrix} \tag{8.80}$$

⑤ 式(8.79)および式(8.80)を式(8.78)に代入すると，次式が得られる。

$$-\omega^2\cos\omega t\begin{bmatrix} m & 0 \\ 0 & I \end{bmatrix}\begin{Bmatrix} A_1 \\ A_2 \end{Bmatrix}+\cos\omega t\begin{bmatrix} k_1+k_2 & -(k_1l_1-k_2l_2) \\ -(k_1l_1-k_2l_2) & k_1l_1^2+k_2l_2^2 \end{bmatrix}\begin{Bmatrix} A_1 \\ A_2 \end{Bmatrix}=\begin{Bmatrix} 0 \\ 0 \end{Bmatrix} \tag{8.81}$$

⑥ 式(8.81)の両辺を$\cos\omega t$で除して整理すると，次式となる。

$$\left(\begin{bmatrix} k_1+k_2 & -(k_1l_1-k_2l_2) \\ -(k_1l_1-k_2l_2) & k_1l_1^2+k_2l_2^2 \end{bmatrix}-\omega^2\begin{bmatrix} m & 0 \\ 0 & I \end{bmatrix}\right)\begin{Bmatrix} A_1 \\ A_2 \end{Bmatrix}=\begin{Bmatrix} 0 \\ 0 \end{Bmatrix} \tag{8.82}$$

ここで，振動モードを求める際に必要になるので，式(8.82)を次式のように展開しておく。

$$\begin{cases} \left\{(k_1 + k_2) - \omega^2 m\right\} A_1 - (k_1 l_1 - k_2 l_2) A_2 = 0 \\ -(k_1 l_1 - k_2 l_2) A_1 + \left\{(k_1 l_1^2 + k_2 l_2^2) - \omega^2 I\right\} A_2 = 0 \end{cases} \tag{8.83}$$

⑦　式(8.82)において，自明解以外の解を求めるために，次のように行列式を 0 とおく。

$$\left\| \begin{bmatrix} k_1 + k_2 & -(k_1 l_1 - k_2 l_2) \\ -(k_1 l_1 - k_2 l_2) & k_1 l_1^2 + k_2 l_2^2 \end{bmatrix} - \omega^2 \begin{bmatrix} m & 0 \\ 0 & I \end{bmatrix} \right\| = 0 \tag{8.84}$$

式(8.84)が振動数方程式であり，この式を解いて固有円振動数を求める。行列式を整理すると，次式となる。

$$\begin{vmatrix} (k_1 + k_2) - \omega^2 m & -(k_1 l_1 - k_2 l_2) \\ -(k_1 l_1 - k_2 l_2) & (k_1 l_1^2 + k_2 l_2^2) - \omega^2 I \end{vmatrix} = 0 \tag{8.85}$$

式(8.85)をサラスの公式により展開すると，次式が得られる。

$$\left\{(k_1 + k_2) - \omega^2 m\right\}\left\{(k_1 l_1^2 + k_2 l_2^2) - \omega^2 I\right\} - (k_1 l_1 - k_2 l_2)^2 = 0 \tag{8.86}$$

式(8.86)を展開して整理すると，次式となる。

$$mI\omega^4 - \left\{(k_1 + k_2)I + (k_1 l_1^2 + k_2 l_2^2)m\right\}\omega^2 + (k_1 + k_2)(k_1 l_1^2 + k_2 l_2^2) - (k_1 l_1 - k_2 l_2)^2 = 0 \tag{8.87}$$

式(8.87)の両辺を mI で除して，更に整理すると次式が得られる。

$$\omega^4 - \left(\frac{k_1 + k_2}{m} + \frac{k_1 l_1^2 + k_2 l_2^2}{I}\right)\omega^2 + \frac{(k_1 + k_2)(k_1 l_1^2 + k_2 l_2^2) - (k_1 l_1 - k_2 l_2)^2}{mI} = 0 \tag{8.88}$$

式(8.88)を ω^2 の 2 次方程式として解くと，固有円振動数 ω_n は次のように求まる。

$$\left.\begin{matrix} \omega_{n1}^2 \\ \omega_{n2}^2 \end{matrix}\right\} = \frac{1}{2}\left\{\left(\frac{k_1 + k_2}{m} + \frac{k_1 l_1^2 + k_2 l_2^2}{I}\right) \right.$$
$$\left. \mp \sqrt{\left(\frac{k_1 + k_2}{m} + \frac{k_1 l_1^2 + k_2 l_2^2}{I}\right)^2 - 4\left(\frac{(k_1 + k_2)(k_1 l_1^2 + k_2 l_2^2) - (k_1 l_1 - k_2 l_2)^2}{mI}\right)}\right\} \tag{8.89}$$

ここで，式(8.89)より得られる ω_n が正の値をとることを示す。式(8.89)の根号の中を式変形して整理すると，次式が得られる。

$$\left.\begin{matrix} \omega_{n1}^2 \\ \omega_{n2}^2 \end{matrix}\right\} = \frac{1}{2}\left[\left(\frac{k_1 + k_2}{m} + \frac{k_1 l_1^2 + k_2 l_2^2}{I}\right) \mp \sqrt{\left(\frac{k_1 + k_2}{m} - \frac{k_1 l_1^2 + k_2 l_2^2}{I}\right)^2 + 4\left\{\frac{(k_1 l_1 - k_2 l_2)^2}{mI}\right\}}\right] \tag{8.90}$$

式(8.90)より根号内が正の値になることから，式(8.89)より以下の関係が得られる。

$$\left(\frac{k_1 + k_2}{m} + \frac{k_1 l_1^2 + k_2 l_2^2}{I}\right)^2 > \left(\frac{k_1 + k_2}{m} + \frac{k_1 l_1^2 + k_2 l_2^2}{I}\right)^2 - 4\left(\frac{(k_1 + k_2)(k_1 l_1^2 + k_2 l_2^2) - (k_1 l_1 - k_2 l_2)^2}{mI}\right)$$
$$\tag{8.91}$$

よって，ω_n は正の値をとることがわかる。

　ここで，$m = 0.242\text{kg}$，$I = 1.44 \times 10^{-4}\text{kg·m}^2$，$k_1 = k_2 = 140\text{N/m}$，$l_1 = 0.039\text{m}$，$l_2 = 0.031\text{m}$（図 4.1

(c)に示すパッケージ型振動体の鉛直方向に加振される振動体 No.4 の定数値）として計算すると，固有円振動数 ω_n は次のように求まる。

$$\begin{cases} \omega_{n1} = 33.60\text{rad/s} \\ \omega_{n2} = 49.41\text{rad/s} \end{cases} \tag{8.92}$$

⑧ 振動モードを得るために，式(8.83)を変形して振幅比の形に整理すると，次式となる。ここでは，$A_2 = 1$ とした場合の A_1 の値を求めるようにした。

$$\frac{A_1}{A_2} = \frac{k_1 l_1 - k_2 l_2}{(k_1 + k_2) - \omega^2 m} \tag{8.93a}$$

または，

$$\frac{A_1}{A_2} = \frac{(k_1 l_1^2 + k_2 l_2^2) - \omega^2 I}{k_1 l_1 - k_2 l_2} \tag{8.93b}$$

式(8.93)については，式(a)および式(b)のいずれを用いてもよいが，これまでと同様に式(8.93b)を用いる。式(8.90)の ω_{n1}^2 と ω_{n2}^2 を，式(8.93b)の ω^2 にそれぞれ代入すると，次式が得られる。

$$\begin{rcases} \left.\dfrac{A_1}{A_2}\right|_{\omega=\omega_{n1}} \\ \left.\dfrac{A_1}{A_2}\right|_{\omega=\omega_{n2}} \end{rcases} = \frac{(k_1 l_1^2 + k_2 l_2^2) - I}{k_1 l_1 - k_2 l_2} \times \frac{1}{2}\left[\left(\frac{k_1 + k_2}{m} + \frac{k_1 l_1^2 + k_2 l_2^2}{I}\right) \mp \sqrt{\left(\frac{k_1 + k_2}{m} - \frac{k_1 l_1^2 + k_2 l_2^2}{I}\right)^2 + 4\left\{\frac{(k_1 l_1 - k_2 l_2)^2}{mI}\right\}}\right]$$

$$\tag{8.94}$$

ここで，手順⑦において固有円振動数を求めた場合と同様に，$m = 0.242\text{kg}$，$I = 1.44 \times 10^{-4}\text{kg·m}^2$，$k_1 = k_2 = 140\text{N/m}$，$l_1 = 0.039\text{m}$，$l_2 = 0.031\text{m}$ として計算すると，$A_2 = 1$ とした場合の A_1 の値，すなわち振幅比はそれぞれ次のようになる。

$$\begin{cases} \left.\dfrac{A_1}{A_2}\right|_{\omega=\omega_{n1}} = 0.165\text{m/rad} \\ \left.\dfrac{A_1}{A_2}\right|_{\omega=\omega_{n2}} = -0.004\text{m/rad} \end{cases} \tag{8.95}$$

図 8.11 に，式(8.95)をもとに描いた振動モードを示す。1 次の振動モードでは回転中心が自動車のはるか前方にあるのに対して，2 次の振動モードでは回転中心が自動車の重心の少し後方にあることがわかる。なお，振幅が大きくなっても，回転中心の位置は変わらない。

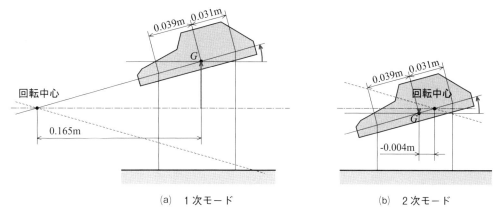

(a)　1次モード　　　　　　　(b)　2次モード

図8.11　図8.10に示す解析モデルに対応した振動モード

($m = 0.242$kg,　$I = 1.44 \times 10^{-4}$kg·m²,　$k_1 = k_2 = 140$N/m,　$l_1 = 0.039$m,　$l_2 = 0.031$m の場合)

(4)　二重振子

図8.12に，二重振子の解析モデルを示す。解析変数は θ_1 と θ_2 である。

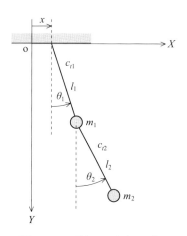

図8.12　二重振子の解析モデル

① 対象とする振動系の運動方程式を立てると次式となる。この運動方程式の立て方については，7.3.4項を参照せよ。

$$\begin{cases} (m_1 + m_2)l_1^2\ddot{\theta}_1 + m_2 l_1 l_2 \ddot{\theta}_2 + (m_1 + m_2)gl_1\theta_1 + c_{t1}\dot{\theta}_1 = -(m_1 + m_2)l_1\ddot{x} \\ m_2 l_2^2 \ddot{\theta}_2 + m_2 l_1 l_2 \ddot{\theta}_1 + m_2 g l_2 \theta_2 + c_{t2}\dot{\theta}_2 = -m_2 l_2 \ddot{x} \end{cases}$$

(8.96)

② 式(8.96)を，非減衰自由振動の運動方程式に整理すると次式が得られる。この際，変数を含む全ての項を左辺に移項する。

$$\begin{cases} (m_1 + m_2)l_1^2\ddot{\theta}_1 + m_2 l_1 l_2 \ddot{\theta}_2 + (m_1 + m_2)gl_1\theta_1 = 0 \\ m_2 l_1 l_2 \ddot{\theta}_1 + m_2 l_2^2 \ddot{\theta}_2 + m_2 g l_2 \theta_2 = 0 \end{cases}$$

(8.97)

式(8.97)をマトリックス表示すると次式が得られる。

$$\begin{bmatrix} (m_1 + m_2)l_1^2 & m_2 l_1 l_2 \\ m_2 l_1 l_2 & m_2 l_2^2 \end{bmatrix}\begin{Bmatrix} \ddot{\theta}_1 \\ \ddot{\theta}_2 \end{Bmatrix} + \begin{bmatrix} (m_1 + m_2)gl_1 & 0 \\ 0 & m_2 g l_2 \end{bmatrix}\begin{Bmatrix} \theta_1 \\ \theta_2 \end{Bmatrix} = \begin{Bmatrix} 0 \\ 0 \end{Bmatrix}$$

(8.98)

③ 式(8.98)の解を，次式のように仮定する。

$$\begin{Bmatrix} \theta_1 \\ \theta_2 \end{Bmatrix} = \begin{Bmatrix} A_1 \cos \omega t \\ A_2 \cos \omega t \end{Bmatrix} = \cos \omega t \begin{Bmatrix} A_1 \\ A_2 \end{Bmatrix}$$

(8.99)

④ 式(8.99)を時間 t で2回微分すると，次式が得られる。

$$\begin{Bmatrix} \ddot{\theta}_1 \\ \ddot{\theta}_2 \end{Bmatrix} = \begin{Bmatrix} -\omega^2 A_1 \cos\omega t \\ -\omega^2 A_2 \cos\omega t \end{Bmatrix} = -\omega^2 \cos\omega t \begin{Bmatrix} A_1 \\ A_2 \end{Bmatrix} \tag{8.100}$$

⑤ 式(8.99)および式(8.100)を式(8.98)に代入すると，次式が得られる。

$$-\omega^2 \cos\omega t \begin{bmatrix} (m_1+m_2)l_1^2 & m_2 l_1 l_2 \\ m_2 l_1 l_2 & m_2 l_2^2 \end{bmatrix} \begin{Bmatrix} A_1 \\ A_2 \end{Bmatrix} + \cos\omega t \begin{bmatrix} (m_1+m_2)gl_1 & 0 \\ 0 & m_2 gl_2 \end{bmatrix} \begin{Bmatrix} A_1 \\ A_2 \end{Bmatrix} = \begin{Bmatrix} 0 \\ 0 \end{Bmatrix} \tag{8.101}$$

⑥ 式(8.101)の両辺を $\cos\omega t$ で除して整理すると，次式となる。

$$\left(\begin{bmatrix} (m_1+m_2)gl_1 & 0 \\ 0 & m_2 gl_2 \end{bmatrix} - \omega^2 \begin{bmatrix} (m_1+m_2)l_1^2 & m_2 l_1 l_2 \\ m_2 l_1 l_2 & m_2 l_2^2 \end{bmatrix} \right) \begin{Bmatrix} A_1 \\ A_2 \end{Bmatrix} = \begin{Bmatrix} 0 \\ 0 \end{Bmatrix} \tag{8.102}$$

ここで，振動モードを求める際に必要になるので，式(8.102)を次式のように展開しておく。

$$\begin{cases} \left\{ (m_1+m_2)gl_1 - \omega^2(m_1+m_2)l_1^2 \right\} A_1 - \omega^2 m_2 l_1 l_2 A_2 = 0 \\ -\omega^2 m_2 l_1 l_2 A_1 + (m_2 gl_2 - \omega^2 m_2 l_2^2)A_2 = 0 \end{cases} \tag{8.103}$$

⑦ 式(8.102)において，自明解以外の解を求めるために，次のように行列式を 0 とおく。

$$\left\| \begin{bmatrix} (m_1+m_2)gl_1 & 0 \\ 0 & m_2 gl_2 \end{bmatrix} - \omega^2 \begin{bmatrix} (m_1+m_2)l_1^2 & m_2 l_1 l_2 \\ m_2 l_1 l_2 & m_2 l_2^2 \end{bmatrix} \right\| = 0 \tag{8.104}$$

式(8.104)が振動数方程式であり，この式を解いて固有円振動数を求める。行列式を整理すると，次式となる。

$$\begin{vmatrix} (m_1+m_2)gl_1 - \omega^2(m_1+m_2)l_1^2 & -\omega^2 m_2 l_1 l_2 \\ -\omega^2 m_2 l_1 l_2 & m_2 gl_2 - \omega^2 m_2 l_2^2 \end{vmatrix} = 0 \tag{8.105}$$

式(8.105)をサラスの公式により展開すると，次式が得られる。

$$\left\{ (m_1+m_2)gl_1 - \omega^2(m_1+m_2)l_1^2 \right\}(m_2 gl_2 - \omega^2 m_2 l_2^2) - (\omega^2 m_2 l_1 l_2)^2 = 0 \tag{8.106}$$

式(8.106)を展開して整理すると，次式となる。

$$m_1 m_2 l_1^2 l_2^2 \omega^4 - (m_1+m_2)m_2 gl_1 l_2(l_1+l_2)\omega^2 + (m_1+m_2)m_2 g^2 l_1 l_2 = 0 \tag{8.107}$$

式(8.107)の両辺を $m_2 l_1 l_2$ で除して，更に整理すると次式が得られる。

$$m_1 l_1 l_2 \omega^4 - (m_1+m_2)g(l_1+l_2)\omega^2 + (m_1+m_2)g^2 = 0 \tag{8.108}$$

式(8.108)を ω^2 の 2 次方程式として解くと，固有円振動数 ω_n は次のように求まる。

$$\begin{Bmatrix} \omega_{n1}^2 \\ \omega_{n2}^2 \end{Bmatrix} = \frac{g}{2m_1 l_1 l_2} \left\{ (m_1+m_2)(l_1+l_2) \mp \sqrt{\left\{ (m_1+m_2)(l_1+l_2) \right\}^2 - 4(m_1+m_2)m_1 l_1 l_2} \right\} \tag{8.109}$$

ここで，式(8.109)より得られる ω_n が正の値をとることを示す。式(8.109)の根号の中を式変形して整理すると，次式が得られる。

$$\begin{Bmatrix} \omega_{n1}^2 \\ \omega_{n2}^2 \end{Bmatrix} = \frac{g}{2m_1 l_1 l_2} \left\{ (m_1+m_2)(l_1+l_2) \mp \sqrt{(m_1+m_2)\left\{ m_1(l_1-l_2)^2 + m_2(l_1+l_2)^2 \right\}} \right\} \tag{8.110}$$

式(8.110)より根号内が正の値になることから，式(8.109)より以下の関係が得られる。

$$\left\{(m_1+m_2)(l_1+l_2)\right\}^2 > \left\{(m_1+m_2)(l_1+l_2)\right\}^2 - 4(m_1+m_2)m_1l_1l_2 \tag{8.111}$$

よって，ω_n は正の値をとることがわかる。

式(8.110)において，$m_1=m_2=m$，$l_1=l_2=l$ として計算すると，固有円振動数 ω_n は次式となる。

$$\begin{cases} \omega_{n1} = \sqrt{2-\sqrt{2}}\sqrt{\dfrac{g}{l}} = 0.765\sqrt{\dfrac{g}{l}} \\[3mm] \omega_{n2} = \sqrt{2+\sqrt{2}}\sqrt{\dfrac{g}{l}} = 1.848\sqrt{\dfrac{g}{l}} \end{cases} \tag{8.112}$$

ここで，$m=0.095\mathrm{kg}$，$l=0.077\mathrm{m}$（図 4.1（b）に示すパッケージ型振動体の水平方向に加振される振動体 No.2 の定数値）として計算すると，固有円振動数 ω_n は次のように求まる。

$$\begin{cases} \omega_{n1} = 8.63\mathrm{rad/s} \\ \omega_{n2} = 20.86\mathrm{rad/s} \end{cases} \tag{8.113}$$

⑧　振動モードを得るために，式(8.103)を変形して振幅比の形に整理すると，次式となる。

$$\frac{A_2}{A_1} = \frac{(m_1+m_2)gl_1 - \omega^2(m_1+m_2)l_1^2}{\omega^2 m_2 l_1 l_2} = \frac{(m_1+m_2)g}{\omega^2 m_2 l_2} - \frac{(m_1+m_2)l_1}{m_2 l_2} \tag{8.114a}$$

または，

$$\frac{A_2}{A_1} = \frac{\omega^2 m_2 l_1 l_2}{m_2 g l_2 - \omega^2 m_2 l_2^2} = \frac{l_1}{(g/\omega^2 - l_2)} \tag{8.114b}$$

式(8.114)については，式(a)および式(b)のいずれを用いてもよいが，ここでは，式(8.114a)を用いる。式(8.110)の $\omega_{n1}{}^2$ と $\omega_{n2}{}^2$ を，式(8.114a)の ω^2 にそれぞれ代入すると，次式が得られる。

$$\left.\begin{array}{c}\left.\dfrac{A_2}{A_1}\right|_{\omega=\omega_{n1}} \\[3mm] \left.\dfrac{A_2}{A_1}\right|_{\omega=\omega_{n2}}\end{array}\right\} = \frac{2(m_1+m_2)m_1 l_1}{m_2\left\{(m_1+m_2)(l_1+l_2)\mp\sqrt{(m_1+m_2)\left\{m_1(l_1-l_2)^2+m_2(l_1+l_2)^2\right\}}\right\}} - \frac{(m_1+m_2)l_1}{m_2 l_2} \tag{8.115}$$

ここで，式(8.115)において，$m_1=m_2=m$，$l_1=l_2=l$ として計算すると，$A_1=1$ とした場合の A_2 の値，すなわち振幅比はそれぞれ次のようになる。

$$\begin{cases} \left.\dfrac{A_2}{A_1}\right|_{\omega=\omega_{n1}} = \dfrac{2}{2-\sqrt{2}} - 2 = 1.414 \\[4mm] \left.\dfrac{A_2}{A_1}\right|_{\omega=\omega_{n2}} = \dfrac{2}{2+\sqrt{2}} - 2 = -1.414 \end{cases} \tag{8.116}$$

図 8.13 に，振動モードを示す。2 つの物体の変位は，1 次の振動モードでは同位相，2 次の振動モードでは逆位相になることがわかる。

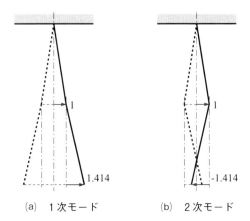

(a) 1次モード   (b) 2次モード

図8.13　図8.12に示す解析モデルに対応した振動モード（$m_1 = m_2 = m$, $l_1 = l_2 = l$の場合）

8.2.4　3自由度問題

（1）　直線振動系

　図8.14に，3自由度直線振動系の解析モデルを示す。解析変数はx_1, x_2, x_3である。

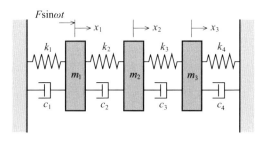

図8.14　3自由度直線振動系の解析モデル

① 対象とする振動系の運動方程式を立てると次式となる。この運動方程式の立て方については，6.3.4項の（1）を参照せよ。

$$\begin{cases} m_1\ddot{x}_1 = -(c_1 + c_2)\dot{x}_1 + c_2\dot{x}_2 - (k_1 + k_2)x_1 + k_2 x_2 + F\sin\omega t \\ m_2\ddot{x}_2 = c_2\dot{x}_1 - (c_2 + c_3)\dot{x}_2 + c_3\dot{x}_3 + k_2 x_1 - (k_2 + k_3)x_2 + k_3 x_3 \\ m_3\ddot{x}_3 = c_3\dot{x}_2 - (c_3 + c_4)\dot{x}_3 + k_3 x_2 - (k_3 + k_4)x_3 \end{cases} \tag{8.117}$$

② 式(8.117)を，非減衰自由振動の運動方程式に整理すると次式が得られる。この際，変数を含む全ての項を左辺に移項する。

$$\begin{cases} m_1\ddot{x}_1 + (k_1 + k_2)x_1 - k_2 x_2 = 0 \\ m_2\ddot{x}_2 - k_2 x_1 + (k_2 + k_3)x_2 - k_3 x_3 = 0 \\ m_3\ddot{x}_3 - k_3 x_2 + (k_3 + k_4)x_3 = 0 \end{cases} \tag{8.118}$$

式(8.118)をマトリックス表示すると次式が得られる。

$$\begin{bmatrix} m_1 & 0 & 0 \\ 0 & m_2 & 0 \\ 0 & 0 & m_3 \end{bmatrix}\begin{Bmatrix} \ddot{x}_1 \\ \ddot{x}_2 \\ \ddot{x}_3 \end{Bmatrix} + \begin{bmatrix} k_1 + k_2 & -k_2 & 0 \\ -k_2 & k_2 + k_3 & -k_3 \\ 0 & -k_3 & k_3 + k_4 \end{bmatrix}\begin{Bmatrix} x_1 \\ x_2 \\ x_3 \end{Bmatrix} = \begin{Bmatrix} 0 \\ 0 \\ 0 \end{Bmatrix} \tag{8.119}$$

これ以降，$m_1 = m_2 = m_3 = m$, $k_1 = k_2 = k_3 = k_4 = k$として問題を解く。よって，式(8.119)は次式と

なる。

$$
\begin{bmatrix} m & 0 & 0 \\ 0 & m & 0 \\ 0 & 0 & m \end{bmatrix} \begin{Bmatrix} \ddot{x}_1 \\ \ddot{x}_2 \\ \ddot{x}_3 \end{Bmatrix} + \begin{bmatrix} 2k & -k & 0 \\ -k & 2k & -k \\ 0 & -k & 2k \end{bmatrix} \begin{Bmatrix} x_1 \\ x_2 \\ x_3 \end{Bmatrix} = \begin{Bmatrix} 0 \\ 0 \\ 0 \end{Bmatrix}
\tag{8.120}
$$

③　式(8.120)の解を，次式のように仮定する。

$$
\begin{Bmatrix} x_1 \\ x_2 \\ x_3 \end{Bmatrix} = \begin{Bmatrix} A_1 \cos\omega t \\ A_2 \cos\omega t \\ A_3 \cos\omega t \end{Bmatrix} = \begin{Bmatrix} A_1 \\ A_2 \\ A_3 \end{Bmatrix} \cos\omega t
\tag{8.121}
$$

④　式(8.121)を時間 t で 2 回微分すると，次式が得られる。

$$
\begin{Bmatrix} \ddot{x}_1 \\ \ddot{x}_2 \\ \ddot{x}_3 \end{Bmatrix} = \begin{Bmatrix} -\omega^2 A_1 \cos\omega t \\ -\omega^2 A_2 \cos\omega t \\ -\omega^2 A_3 \cos\omega t \end{Bmatrix} = -\omega^2 \cos\omega t \begin{Bmatrix} A_1 \\ A_2 \\ A_3 \end{Bmatrix}
\tag{8.122}
$$

⑤　式(8.121)および式(8.122)を式(8.120)に代入すると，次式が得られる。

$$
-\omega^2 \cos\omega t \begin{bmatrix} m & 0 & 0 \\ 0 & m & 0 \\ 0 & 0 & m \end{bmatrix} \begin{Bmatrix} A_1 \\ A_2 \\ A_3 \end{Bmatrix} + \cos\omega t \begin{bmatrix} 2k & -k & 0 \\ -k & 2k & -k \\ 0 & -k & 2k \end{bmatrix} \begin{Bmatrix} A_1 \\ A_2 \\ A_3 \end{Bmatrix} = \begin{Bmatrix} 0 \\ 0 \\ 0 \end{Bmatrix}
\tag{8.123}
$$

⑥　式(8.123)の両辺を $\cos\omega t$ で除して整理すると，次式となる。

$$
\left(\begin{bmatrix} 2k & -k & 0 \\ -k & 2k & -k \\ 0 & -k & 2k \end{bmatrix} - \omega^2 \begin{bmatrix} m & 0 & 0 \\ 0 & m & 0 \\ 0 & 0 & m \end{bmatrix} \right) \begin{Bmatrix} A_1 \\ A_2 \\ A_3 \end{Bmatrix} = \begin{Bmatrix} 0 \\ 0 \\ 0 \end{Bmatrix}
\tag{8.124}
$$

ここで，振動モードを求める際に必要になるので，式(8.124)を次式のように展開しておく。

$$
\begin{cases} (2k - \omega^2 m)A_1 - kA_2 = 0 \\ -kA_1 + (2k - \omega^2 m)A_2 - kA_3 = 0 \\ -kA_2 + (2k - \omega^2 m)A_3 = 0 \end{cases}
\tag{8.125}
$$

⑦　式(8.124)において，自明解以外の解を求めるために，次のように行列式を 0 とおく。

$$
\left\| \begin{bmatrix} 2k & -k & 0 \\ -k & 2k & -k \\ 0 & -k & 2k \end{bmatrix} - \omega^2 \begin{bmatrix} m & 0 & 0 \\ 0 & m & 0 \\ 0 & 0 & m \end{bmatrix} \right\| = 0
\tag{8.126}
$$

式(8.126)が振動数方程式であり，この式を解いて固有円振動数を求める。行列式を整理すると，次式となる。

$$
\begin{vmatrix} 2k - \omega^2 m & -k & 0 \\ -k & 2k - \omega^2 m & -k \\ 0 & -k & 2k - \omega^2 m \end{vmatrix} = 0
\tag{8.127}
$$

式(8.127)をサラスの公式により展開すると，次式が得られる。

$$
(2k - \omega^2 m)^3 - 2k^2(2k - \omega^2 m) = 0
\tag{8.128}
$$

式(8.128)を因数分解すると，次式が得られる。

$$(2k - \omega^2 m)\left\{(2k - \omega^2 m) - \sqrt{2}k\right\}\left\{(2k - \omega^2 m) + \sqrt{2}k\right\} = 0 \tag{8.129}$$

式(8.129)より，固有円振動数 ω_n は，値が小さいほうから順に，それぞれ次式のように求まる。

$$\begin{cases} \omega_{n1} = \sqrt{2 - \sqrt{2}}\sqrt{\dfrac{k}{m}} = 0.765\sqrt{\dfrac{k}{m}} \\ \omega_{n2} = \sqrt{2}\sqrt{\dfrac{k}{m}} = 1.414\sqrt{\dfrac{k}{m}} \\ \omega_{n3} = \sqrt{2 + \sqrt{2}}\sqrt{\dfrac{k}{m}} = 1.848\sqrt{\dfrac{k}{m}} \end{cases} \tag{8.130}$$

ここで，$m = 0.147\text{kg}$，$k = 140\text{N/m}$（図 4.1(b) に示すパッケージ型振動体の水平方向に加振される振動体 No.4 の定数値）として計算すると，固有円振動数 ω_n は次のように求まる。

$$\begin{cases} \omega_{n1} = 23.61\text{rad/s} \\ \omega_{n2} = 43.64\text{rad/s} \\ \omega_{n3} = 57.03\text{rad/s} \end{cases} \tag{8.131}$$

⑧ 振動モードを求める。2 自由度問題では，A_2/A_1 の形に式変形して振幅比を求めたが，3 自由度問題では，$A_1 = 1$ として，A_2，A_3 の振幅比を順次求める。最初に，式(8.125)の第 1 式より次式が得られる。

$$A_2 = \frac{(2k - \omega^2 m)A_1}{k} \tag{8.132a}$$

次に，式(8.125)の第 2 式より次式が得られる。

$$A_3 = \frac{-kA_1 + (2k - \omega^2 m)A_2}{k} \tag{8.132b}$$

式(8.125)の第 3 式より次式が得られる。

$$A_3 = \frac{kA_2}{2k - \omega^2 m} \tag{8.132c}$$

式(8.132c)においては k，ω，m の組み合わせにより分母が 0 になる場合があり，この場合，式(8.132c)より A_3 を求めることができない。よって，式(8.132b)より A_3 を求めることとする。

1 次の振動モードは次のように求める。

・式(8.132a)の A_1 に 1 を，ω に式(8.130)より得られる ω_{n1} をそれぞれ代入して A_2 を求める。

・式(8.132b)の A_1 に 1 を，ω に式(8.130)より得られる ω_{n1} を，A_2 に式(8.132a)より得られた値をそれぞれ代入して A_3 を求める。

同様に，$\omega = \omega_{n2}$ として 2 次の振動モードを，$\omega = \omega_{n3}$ として 3 次の振動モードを求める。得られた結果を整理すると，次のようになる。

$$\left\{ \begin{matrix} A_1 \\ A_2 \\ A_3 \end{matrix} \right\}_{\omega=\omega_{n1}} = \left\{ \begin{matrix} 1 \\ \sqrt{2} \\ 1 \end{matrix} \right\} \tag{8.133a}$$

$$\left\{ \begin{matrix} A_1 \\ A_2 \\ A_3 \end{matrix} \right\}_{\omega=\omega_{n2}} = \left\{ \begin{matrix} 1 \\ 0 \\ -1 \end{matrix} \right\} \tag{8.133b}$$

$$\left\{ \begin{matrix} A_1 \\ A_2 \\ A_3 \end{matrix} \right\}_{\omega=\omega_{n3}} = \left\{ \begin{matrix} 1 \\ -\sqrt{2} \\ 1 \end{matrix} \right\} \tag{8.133c}$$

図 8.15 に振動モードを示す。この図においては，振動方向を 90°回転させて示してある。この図は，図 2.10 に「節」と「腹」の位置を追記したものである。1 次の振動モードでは 2 自由度の場合と同様に，3 つの物体の変位全てが同位相になる振動，2 次の振動モードでは 1 節振動，3 次の振動モードでは 2 節振動になることがわかる。同じ直線振動系である図 8.7 に示す 2 自由度問題の振動モードと，この 3 自由度問題の振動モードとを見比べると，振動モードの規則性がよくわかる。

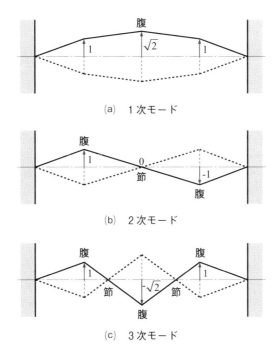

(a) 1 次モード

(b) 2 次モード

(c) 3 次モード

図 8.15 図 8.14 に示す解析モデルに対応した振動モード
($m_1 = m_2 = m_3 = m$, $k_1 = k_2 = k_3 = k_4 = k$ の場合)

（2）　ねじり振動系

図 8.16 に，ねじり振動系の解析モデルを示す。解析変数は θ_1，θ_2，θ_3 である。

① 対象とする振動系の運動方程式を立てると次式となる。この運動方程式の立て方については，演習問題 6.7 の解答を参照せよ。

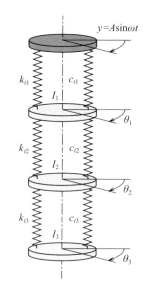

$$\begin{cases} I_1\ddot{\theta}_1 = -(c_{t1}+c_{t2})\dot{\theta}_1 + c_{t2}\dot{\theta}_2 - (k_{t1}+k_{t2})\theta_1 + k_{t2}\theta_2 + c_{t1}\dot{y} + k_{t1}y \\ I_2\ddot{\theta}_2 = c_{t2}\dot{\theta}_1 - (c_{t2}+c_{t3})\dot{\theta}_2 + c_{t3}\dot{\theta}_3 + k_{t2}\theta_1 - (k_{t2}+k_{t3})\theta_2 + k_{t3}\theta_3 \\ I_3\ddot{\theta}_3 = c_{t3}\dot{\theta}_2 - c_{t3}\dot{\theta}_3 + k_{t3}\theta_2 - k_{t3}\theta_3 \end{cases}$$

$$(8.134)$$

② 式(8.134)を，非減衰自由振動の運動方程式に整理すると次式が得られる。この際，変数を含む全ての項を左辺に移項する。

$$\begin{cases} I_1\ddot{\theta}_1 + (k_{t1}+k_{t2})\theta_1 - k_{t2}\theta_2 = 0 \\ I_2\ddot{\theta}_2 - k_{t2}\theta_1 + (k_{t2}+k_{t3})\theta_2 - k_{t3}\theta_3 = 0 \\ I_3\ddot{\theta}_3 - k_{t3}\theta_2 + k_{t3}\theta_3 = 0 \end{cases}$$

$$(8.135)$$

図 8.16　ねじり振動系の解析モデル

式(8.135)をマトリックス表示すると次式が得られる。

$$\begin{bmatrix} I_1 & 0 & 0 \\ 0 & I_2 & 0 \\ 0 & 0 & I_3 \end{bmatrix}\begin{Bmatrix} \ddot{\theta}_1 \\ \ddot{\theta}_2 \\ \ddot{\theta}_3 \end{Bmatrix} + \begin{bmatrix} k_{t1}+k_{t2} & -k_{t2} & 0 \\ -k_{t2} & k_{t2}+k_{t3} & -k_{t3} \\ 0 & -k_{t3} & k_{t3} \end{bmatrix}\begin{Bmatrix} \theta_1 \\ \theta_2 \\ \theta_3 \end{Bmatrix} = \begin{Bmatrix} 0 \\ 0 \\ 0 \end{Bmatrix}$$

$$(8.136)$$

これ以降，$I_1=I_2=I_3=I$，$k_{t1}=k_{t2}=k_{t3}=k_t$ として問題を解く。よって，式(8.136)は次式となる。

$$\begin{bmatrix} I & 0 & 0 \\ 0 & I & 0 \\ 0 & 0 & I \end{bmatrix}\begin{Bmatrix} \ddot{\theta}_1 \\ \ddot{\theta}_2 \\ \ddot{\theta}_3 \end{Bmatrix} + \begin{bmatrix} 2k_t & -k_t & 0 \\ -k_t & 2k_t & -k_t \\ 0 & -k_t & k_t \end{bmatrix}\begin{Bmatrix} \theta_1 \\ \theta_2 \\ \theta_3 \end{Bmatrix} = \begin{Bmatrix} 0 \\ 0 \\ 0 \end{Bmatrix}$$

$$(8.137)$$

③ 式(8.137)の解を，次式のように仮定する。

$$\begin{Bmatrix} \theta_1 \\ \theta_2 \\ \theta_3 \end{Bmatrix} = \begin{Bmatrix} A_1\cos\omega t \\ A_2\cos\omega t \\ A_3\cos\omega t \end{Bmatrix} = \begin{Bmatrix} A_1 \\ A_2 \\ A_3 \end{Bmatrix}\cos\omega t$$

$$(8.138)$$

④ 式(8.138)を時間 t で 2 回微分すると，次式が得られる。

$$\begin{Bmatrix} \ddot{\theta}_1 \\ \ddot{\theta}_2 \\ \ddot{\theta}_3 \end{Bmatrix} = \begin{Bmatrix} -\omega^2 A_1\cos\omega t \\ -\omega^2 A_2\cos\omega t \\ -\omega^2 A_3\cos\omega t \end{Bmatrix} = -\omega^2\cos\omega t\begin{Bmatrix} A_1 \\ A_2 \\ A_3 \end{Bmatrix}$$

$$(8.139)$$

⑤ 式(8.138)および式(8.139)を式(8.137)に代入すると，次式が得られる。

$$-\omega^2\cos\omega t\begin{bmatrix} I & 0 & 0 \\ 0 & I & 0 \\ 0 & 0 & I \end{bmatrix}\begin{Bmatrix} A_1 \\ A_2 \\ A_3 \end{Bmatrix} + \cos\omega t\begin{bmatrix} 2k_t & -k_t & 0 \\ -k_t & 2k_t & -k_t \\ 0 & -k_t & k_t \end{bmatrix}\begin{Bmatrix} A_1 \\ A_2 \\ A_3 \end{Bmatrix} = \begin{Bmatrix} 0 \\ 0 \\ 0 \end{Bmatrix}$$

$$(8.140)$$

⑥　式(8.140)の両辺を $\cos\omega t$ で除して整理すると，次式となる。

$$\left(\begin{bmatrix} 2k_t & -k_t & 0 \\ -k_t & 2k_t & -k_t \\ 0 & -k_t & k_t \end{bmatrix} - \omega^2 \begin{bmatrix} I & 0 & 0 \\ 0 & I & 0 \\ 0 & 0 & I \end{bmatrix}\right)\begin{Bmatrix} A_1 \\ A_2 \\ A_3 \end{Bmatrix} = \begin{Bmatrix} 0 \\ 0 \\ 0 \end{Bmatrix} \tag{8.141}$$

ここで，振動モードを求める際に必要になるので，式(8.141)を次式のように展開しておく。

$$\begin{cases} (2k_t - \omega^2 I)A_1 - k_t A_2 = 0 \\ -k_t A_1 + (2k_t - \omega^2 I)A_2 - k_t A_3 = 0 \\ -k_t A_2 + (k_t - \omega^2 I)A_3 = 0 \end{cases} \tag{8.142}$$

⑦　式(8.141)において，自明解以外の解を求めるために，次のように行列式を 0 とおく。

$$\left\| \begin{bmatrix} 2k_t & -k_t & 0 \\ -k_t & 2k_t & -k_t \\ 0 & -k_t & k_t \end{bmatrix} - \omega^2 \begin{bmatrix} I & 0 & 0 \\ 0 & I & 0 \\ 0 & 0 & I \end{bmatrix} \right\| = 0 \tag{8.143}$$

式(8.143)が振動数方程式であり，この式を解いて固有円振動数を求める。行列式を整理すると，次式となる。

$$\begin{vmatrix} 2k_t - \omega^2 I & -k_t & 0 \\ -k_t & 2k_t - \omega^2 I & -k_t \\ 0 & -k_t & k_t - \omega^2 I \end{vmatrix} = 0 \tag{8.144}$$

式(8.144)をサラスの公式により展開すると，次式が得られる。

$$(2k_t - \omega^2 I)^2(k_t - \omega^2 I) - k_t^2(2k_t - \omega^2 I) - k_t^2(k_t - \omega^2 I) = 0 \tag{8.145}$$

式(8.145)を整理すると，次式となる。

$$-I^3\omega^6 + 5k_t I^2\omega^4 - 6k_t^2 I\omega^2 + k_t^3 = 0 \tag{8.146}$$

式(8.146)の両辺を $-I^3$ で除して，更に整理すると次式となる。

$$\omega^6 - 5\frac{k_t}{I}\omega^4 + 6\left(\frac{k_t}{I}\right)^2\omega^2 - \left(\frac{k_t}{I}\right)^3 = 0 \tag{8.147}$$

式(8.147)は ω^2 の 3 次方程式であることから，$I = 7.7 \times 10^{-5}\mathrm{kg \cdot m^2}$，$k_t = 5.14 \times 10^{-2}\mathrm{N \cdot m/rad}$（図 4.7 に示す実験教材，3 自由度ねじり振動系の定数値）として，数値計算により解を求めると，固有円振動数 ω_n は次のように求まる。

$$\begin{cases} \omega_{n1} = 11.50\mathrm{rad/s} \\ \omega_{n2} = 32.22\mathrm{rad/s} \\ \omega_{n3} = 46.56\mathrm{rad/s} \end{cases} \tag{8.148}$$

⑧　振動モードを求める。先と同様に $A_1 = 1$ として，A_2，A_3 の振幅比を順次求める。式(8.142)より次式が得られる。

$$A_2 = \frac{(2k_t - \omega^2 I)A_1}{k_t} \tag{8.149a}$$

$$A_3 = \frac{-k_t A_1 + (2k_t - \omega^2 I)A_2}{k_t} \tag{8.149b}$$

$$A_3 = \frac{k_t A_2}{k_t - \omega^2 I} \qquad\qquad (8.149\mathrm{c})$$

この問題においては，計算の過程で ω_n の一般式を求めていないので，式(8.149)に式(8.148)の ω_n の値を直接代入することにより A_1 から A_3 の値を求める。$I = 7.7 \times 10^{-5}\mathrm{kg\cdot m^2}$, $k_t = 5.14 \times 10^{-2}$ N·m/rad を代入し，計算結果を整理すると，次のようになる。

$$\begin{Bmatrix} A_1 \\ A_2 \\ A_3 \end{Bmatrix}_{\omega=\omega_{n1}} = \begin{Bmatrix} 1 \\ 1.802 \\ 2.247 \end{Bmatrix} \qquad\qquad (8.150\mathrm{a})$$

$$\begin{Bmatrix} A_1 \\ A_2 \\ A_3 \end{Bmatrix}_{\omega=\omega_{n2}} = \begin{Bmatrix} 1 \\ 0.445 \\ -0.802 \end{Bmatrix} \qquad\qquad (8.150\mathrm{b})$$

$$\begin{Bmatrix} A_1 \\ A_2 \\ A_3 \end{Bmatrix}_{\omega=\omega_{n3}} = \begin{Bmatrix} 1 \\ -1.247 \\ 0.556 \end{Bmatrix} \qquad\qquad (8.150\mathrm{c})$$

この場合の振動モードは，図 8.17 になる。

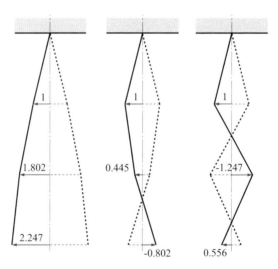

(a) １次モード　　(b) ２次モード　　(c) ３次モード

図 8.17　図 8.16 に示した解析モデルに対応した振動モード
($I = 7.7 \times 10^{-5}\mathrm{kg\cdot m^2}$, $k_t = 5.14 \times 10^{-2}$N·m/rad として計算)

演習問題

8.1　　図 8.18 は，1 自由度ねじり振動系を示す。I が円板の慣性モーメント，k_t が軸のねじりばね定数，c_t がねじりの粘性減衰係数である。円板の角変位を θ としたこの振動系の運動方程式が式(q.8.1)で与えられるとき（この運動方程式の立て方については，6.3.2 項の(3)を参照せよ），この振動系の固有円振動数および振動モードを求めよ。

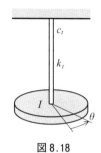

図 8.18

$$I\ddot{\theta} = -c_t\dot{\theta} - k_t\theta \tag{q.8.1}$$

8.2　　図 8.19 は，慣性モーメントが I で半径 r の滑車にロープが巻き付けられ，その一端に質量 m の物体をつり下げ，他端はばね定数 k のばねを介して地面に取り付けられている振動系を示す。滑車の振動の減衰は，回転の粘性減衰係数 c_t を用いて考慮する。滑車の角変位を θ とし，この振動系の運動方程式が式(q.8.2)で与えられるとき（この運動方程式の立て方については，6.3.2 項の(7)を参照せよ），この振動系の固有円振動数および振動モードを求めよ。ここで，$I = 0.5\mathrm{kg\cdot m^2}$，$m = 1\mathrm{kg}$，$k = 300\mathrm{N/m}$，$r = 0.5\mathrm{m}$（デモ用プログラム（その 2），No.3 の定数値）とする。

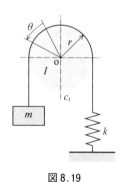

図 8.19

$$(I + mr^2)\ddot{\theta} = -c_t\dot{\theta} - kr^2\theta \tag{q.8.2}$$

8.3　　図 8.20 は，2 自由度直線振動系を示す。解析変数は x_1 と x_2 であり，m_1，m_2 が物体の質量，k_1，k_2 がばね定数，c が粘性減衰係数，$F\sin\omega t$ が加振力である。この振動系の運動方程式が式(q.8.3)で与えられるとき（この運動方程式の立て方については，6.3.3 項の(3)を参照せよ），この振動系の固有円振動数および振動モードを求めよ。ここで，$m_1 = 20\mathrm{kg}$，$m_2 = 1\mathrm{kg}$，$k_1 = 1000\mathrm{N/m}$，$k_2 = 50\mathrm{N/m}$（デモ用プログラム（その 2），No.12 の定数値）とする。

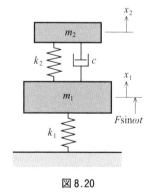

図 8.20

$$\begin{cases} m_1\ddot{x}_1 + c\dot{x}_1 + (k_1 + k_2)x_1 - c\dot{x}_2 - k_2x_2 = F\sin\omega t \\ m_2\ddot{x}_2 + c\dot{x}_2 + k_2x_2 - c\dot{x}_1 - k_2x_1 = 0 \end{cases} \tag{q.8.3}$$

8.4　　図 8.21 は，2 自由度の滑車・ばね・質量にて構成される振動系を示す。伸縮しないロープがかけられた慣性モーメント I，半径 r の滑車と，ばね定数 k_2 のばねを介して連結された質量 m

の物体の連成振動系である。滑車にかけられたロープは，ばね定数 k_1 のばねを介して上部の壁に，質量 m の物体の下端は，ばね定数 k_3 のばねを介して床に固定されている。質量 m の物体が $F\sin\omega t$ で加振され，滑車の振動の減衰を回転の粘性減衰係数 c_t を用いて考慮する。慣性モーメント I の滑車の角変位を θ，質量 m の物体の変位を x とし，この振動系の運動方程式が式(q.8.4)で与えられるとき（この運動方程式の立て方については，6.3.3 項の(5)を参照せよ），この振動系の固有円振動数および振動モードを求めよ。ここで，$k_1=k_2=k_3=k$，$I=mr^2$ とする。

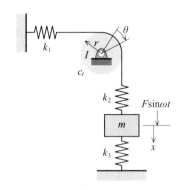

図 8.21

$$\begin{cases} I\ddot{\theta} = -c_t\dot{\theta} - (k_1+k_2)r^2\theta + k_2rx \\ m\ddot{x} = k_2r\theta - (k_2+k_3)x + F\sin\omega t \end{cases} \quad \text{(q.8.4)}$$

8.5 　図 8.22 は，壁に取り付けられたばね定数 k のばねと粘性減衰係数 c のダンパで支持された質量 m_1 の台車と，その台車に取り付けられた長さ l，質量 m_2 の振り子による振動系を示す。質量 m_1 の台車の並進運動における変位を x，振り子の回転運動における角変位を θ とし，この振動系の運動方程式が式(q.8.5)で与えられるとき（この運動方程式の立て方については，7.3.3 項を参考にせよ），この振動系の固有円振動数および振動モードを求めよ。ここで，$m_1=1$kg，$m_2=3$kg，$k=150$N/m，$l=0.5$m（デモ用プログラム（その 1），No.13 の定数値）とする。

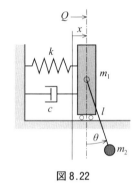

図 8.22

$$\begin{cases} (m_1+m_2)\ddot{x} + m_2l\ddot{\theta}\cos\theta - m_2l\dot{\theta}^2\sin\theta + kx + c_1\dot{x} = Q \\ m_2l\ddot{x}\cos\theta + m_2l^2\ddot{\theta} + m_2gl\sin\theta = 0 \end{cases} \quad \text{(q.8.5)}$$

8.6 　図 8.23 は，半径 R_1 の曲面を有する質量 m_1 の凹型剛体が，壁に固定されたばね定数 k のばねと粘性減衰係数 c のダンパを介して置かれ，その凹型剛体の曲面上を半径 R_2，質量 m_2 の円柱が転がる振動系を示す。凹型剛体の並進運動における変位を x，円柱の転がりにおける角変位を θ とし，この振動系の運動方程式が式(q.8.6)で与えられるとき（この運動方程式の立て方については，7.3.5 項を参照せよ），この振動系の固有円振動数および振動モードを求めよ。ここで，$m_1=0.5$kg，$m_2=0.25$kg，$k=100$N/m，$R_1=0.2$m，$R_2=0.05$m（デモ用プログラム（その 2），No.10 の定数値）とする。

$$\begin{cases}(m_1+m_2)\ddot{x}+m_2(R_1-R_2)\ddot{\theta}\cos\theta-m_2(R_1-R_2)\dot{\theta}^2\sin\theta+kx+c\dot{x}=F\sin\omega t\\\dfrac{3}{2}m_2(R_1-R_2)^2\ddot{\theta}+m_2(R_1-R_2)\ddot{x}\cos\theta+m_2g(R_1-R_2)\sin\theta=0\end{cases}$$

(q.8.6)

8.7 　図 8.24 は，3 階建ての構造物が地面から加速度 $\ddot{y}$ を受けて横揺れする振動系である。各階の質量がそれぞれの屋根に集中するものとし，それぞれの質量を m_1，m_2，m_3 とする。各階の水平剛性をそれぞればね定数 k_1，k_2，k_3 とし，各階の振動減衰を粘性減衰係数 c_1，c_2，c_3 を用いて考慮する。各階の水平方向の変位を x_1，x_2，x_3 とし，この振動系の運動方程式が式(q.8.7)で与えられるとき（この運動方程式の立て方については，6.3.4 項の(4)を参照せよ），この振動系の固有円振動数および振動モードを求めよ。なお，$m_1=m_2=m_3=m$，$k_1=k_2=k_3=k$ とし，$m=0.38$kg，$k=610$N/m（図 4.6 に示す実験教材，3 階建て構造物の定数値）とする。

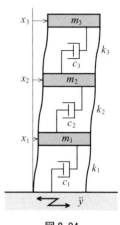

図 8.24

$$\begin{cases}m_1\ddot{x}_1=-m_1\ddot{y}-(c_1+c_2)\dot{x}_1+c_2\dot{x}_2-(k_1+k_2)x_1+k_2x_2\\m_2\ddot{x}_2=-m_2\ddot{y}+c_2\dot{x}_1-(c_2+c_3)\dot{x}_2+c_3\dot{x}_3+k_2x_1-(k_2+k_3)x_2+k_3x_3\\m_3\ddot{x}_3=-m_3\ddot{y}+c_3\dot{x}_2-c_3\dot{x}_3+k_3x_2-k_3x_3\end{cases}$$

(q.8.7)

8.8 　図 8.25 は，慣性モーメント I_1 のエンジンにて，ねじりばね定数 k_{t1}，k_{t2}，慣性モーメント I_2 のはずみ車を介して，慣性モーメント I_3 のプロペラを回転させるねじり振動系を示す。ねじり振動の減衰を，ねじりの粘性減衰係数 c_{t1}，c_{t2}，c_{t3} を用いて考慮する。各回転体の角変位を θ_1，θ_2，θ_3 とし，この振動系の運動方程式が式(q.8.8)で与えられるとき（この運動方程式の立て方については，6.3.4 項の(2)を参照せよ），この振動系の固有円振動数および振動モードを求めよ。ここで，$I_1=500$kg·m^2，$I_2=1830$kg·m^2，$I_3=600$kg·m^2，$k_{t1}=312500$N·m/rad，$k_{t2}=33333$N·m/rad（デモ用プログラム（その 1），No.17 の定数値）とする。

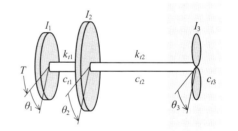

図 8.25

$$\begin{cases}I_1\ddot{\theta}_1=-c_{t1}\dot{\theta}_1+c_{t1}\dot{\theta}_2-k_{t1}\theta_1+k_{t1}\theta_2+T\\I_2\ddot{\theta}_2=c_{t1}\dot{\theta}_1-(c_{t1}+c_{t2})\dot{\theta}_2+c_{t2}\dot{\theta}_3+k_{t1}\theta_1-(k_{t1}+k_{t2})\theta_2+k_{t2}\theta_3\\I_3\ddot{\theta}_3=c_{t2}\dot{\theta}_2-(c_{t2}+c_{t3})\dot{\theta}_3+k_{t2}\theta_2-k_{t2}\theta_3\end{cases}$$

(q.8.8)

8.9 図 8.26 は，並列三重振子を示す。質量が無視できる長さ l_1，l_2，l_3 の剛体棒が距離 h の位置において，ばね定数 k_1，k_2 のばねで連結されており，これら剛体棒の先端に質量 m_1，m_2，m_3 の物体が取り付けられている。振り子の振れの減衰を，粘性減衰係数 c_t を用いて考慮する。振り子の角変位をそれぞれ θ_1，θ_2，θ_3 とし，この振動系の運動方程式が式(q.8.9)で与えられるとき（この運動方程式の立て方については，6.3.4 項の(3)を参照せよ），この振動系の固有円振動数および振動モードを求めよ。なお，m_1 $=m_2=m_3=m$，$l_1=l_2=l_3=l$，$k_1=k_2=$ k とし，$m=0.076$kg，$l=0.127$m，$k=$ 285N/m，$h=0.03$m（図 4.1(b)に示すパッケージ型振動体の水平方向に加振される振動体 No.5 の定数値）とする。

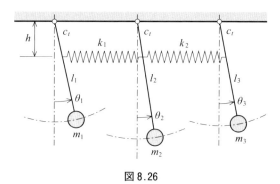

図 8.26

$$\begin{cases} m_1 l_1^2 \ddot{\theta}_1 = -c_t \dot{\theta}_1 - (k_1 h^2 + m_1 g l_1)\theta_1 + k_1 h^2 \theta_2 \\ m_2 l_2^2 \ddot{\theta}_2 = -c_t \dot{\theta}_2 + k_1 h^2 \theta_1 - (k_1 h^2 + k_2 h^2 + m_2 g l_2)\theta_2 + k_2 h^2 \theta_3 \\ m_3 l_3^2 \ddot{\theta}_3 = -c_t \dot{\theta}_3 + k_2 h^2 \theta_2 - (k_2 h^2 + m_3 g l_3)\theta_3 \end{cases} \quad \text{(q.8.9)}$$

8.10 図 8.27 は，張力 F で張られた弦に，長さ l_1，l_2，l_3，l_4 の間隔で質量 m_1，m_2，m_3 の物体がついた振動系を示す。振動減衰を粘性減衰係数 c を用いて考慮する。各物体の変位を y_1，y_2，y_3 とし，この振動系の運動方程式が式(q.8.10)で与えられるとき（この運動方程式の立て方については，6.3.4 項の(5)を参照せよ），この振動系の固有

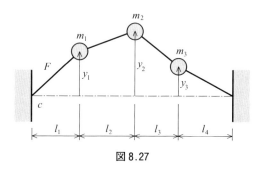

図 8.27

円振動数および振動モードを求めよ。ここで，$m_1=m_2=m_3=0.0115$kg，$l_1=l_4=0.06$m，$l_2=l_3=0.$ 08m，$F=1.3$N（図 4.1(c)に示すパッケージ型振動体の鉛直方向に加振される振動体 No.5 の定数値）とする。なお，重力による影響を無視して考えよ。

$$\begin{cases} m_1 \ddot{y}_1 = \left(-c\dot{y}_1 - F\dfrac{y_1}{l_1} - F\dfrac{y_1}{l_2} - m_1 g \right) + \left(F\dfrac{y_2}{l_2} \right) \\ m_2 \ddot{y}_2 = \left(-c\dot{y}_2 - F\dfrac{y_2}{l_2} - F\dfrac{y_2}{l_3} - m_2 g \right) + \left(F\dfrac{y_1}{l_2} \right) + \left(F\dfrac{y_3}{l_3} \right) \\ m_3 \ddot{y}_3 = \left(-c\dot{y}_3 - F\dfrac{y_3}{l_3} - F\dfrac{y_3}{l_4} - m_3 g \right) + \left(F\dfrac{y_2}{l_3} \right) \end{cases} \quad \text{(q.8.10)}$$

演習問題の解答

■■■■■ 第1章

1.1 本教材の慣性モーメントは，$I = I_a + \sum_{i=1}^{8}\left(I_0 + mr_i^2\right)$ により求まる。ここで，I_a はアクリル円板の慣性モーメントで問題より $I_a = 0.0125\mathrm{kg \cdot m^2}$，$I_0$ は鋼球の中心をとおる回転軸まわりの慣性モーメント，m は鋼球の質量，r_i は鋼球の回転（公転）半径である。

まず，I_0 を計算する。鋼球1個の質量 m が 0.1745kg，図 1.14 の正面図に示すように鋼球の直径が 35mm なので，I_0 は表 1.4 の No.3 に示す式より次のように求まる。

$$I_0 = \frac{2}{5} \times 0.1745 \times \left(\frac{0.035}{2}\right)^2 = 2.1376 \times 10^{-5}\mathrm{kg \cdot m^2}$$

よって，鋼球を $r = 50\mathrm{mm}$，100mm，150mm の円周上に置いた場合の慣性モーメントは，次のようになる。

$$I_{(r=50)} = I_a + 8\left(I_0 + m \times 0.05^2\right) = 0.0161\mathrm{kg \cdot m^2}$$

$$I_{(r=100)} = I_a + 8\left(I_0 + m \times 0.10^2\right) = 0.0266\mathrm{kg \cdot m^2}$$

$$I_{(r=150)} = I_a + 8\left(I_0 + m \times 0.15^2\right) = 0.0440\mathrm{kg \cdot m^2}$$

なお，本教材に関する動画を，4.1.4 項に示す URL で配信しているので参考にせよ。

1.2 (1) 直列接続の場合，$\dfrac{1}{k_s} = \dfrac{1}{k_1} + \dfrac{1}{k_2}$ より，$k_s = 120\mathrm{N/m}$

並列接続の場合，$k_p = k_1 + k_2$ より，$k_p = 500\mathrm{N/m}$

(2) 図 1.15 中の上側にある並列接続されたばねの合成ばね係数を k_{pu}，下側にある並列接続されたばねの合成ばね係数を k_{pb} とすると，全体の合成ばね定数 k は，

$$\frac{1}{k} = \frac{1}{k_{pu}} + \frac{1}{k_{pb}} = \frac{1}{\left(k_1 + k_2 + k_1\right)} + \frac{1}{\left(k_3 + k_3\right)} \text{ より，} k = 800\mathrm{N/m}$$

1.3 (1) $\begin{bmatrix} m_1 & 0 \\ 0 & m_2 \end{bmatrix}\begin{Bmatrix} \ddot{x}_1 \\ \ddot{x}_2 \end{Bmatrix} + \begin{bmatrix} c_1 + c_2 & -c_2 \\ -c_2 & c_2 + c_3 \end{bmatrix}\begin{Bmatrix} \dot{x}_1 \\ \dot{x}_2 \end{Bmatrix} + \begin{bmatrix} k_1 + k_2 & -k_2 \\ -k_2 & k_2 + k_3 \end{bmatrix}\begin{Bmatrix} x_1 \\ x_2 \end{Bmatrix} = \begin{Bmatrix} 0 \\ 0 \end{Bmatrix}$

(2) $\begin{bmatrix} m_1 l_1^2 & 0 \\ 0 & m_2 l_2^2 \end{bmatrix}\begin{Bmatrix} \ddot{\theta}_1 \\ \ddot{\theta}_2 \end{Bmatrix} + \begin{bmatrix} c_t & 0 \\ 0 & c_t \end{bmatrix}\begin{Bmatrix} \dot{\theta}_1 \\ \dot{\theta}_2 \end{Bmatrix} + \begin{bmatrix} kh^2 + m_1 g l_1 & -kh^2 \\ -kh^2 & kh^2 + m_2 g l_2 \end{bmatrix}\begin{Bmatrix} \theta_1 \\ \theta_2 \end{Bmatrix} = \begin{Bmatrix} 0 \\ 0 \end{Bmatrix}$

(3) $\begin{bmatrix} I_1 & 0 & 0 \\ 0 & I_2 & 0 \\ 0 & 0 & I_3 \end{bmatrix}\begin{Bmatrix} \ddot{\theta}_1 \\ \ddot{\theta}_2 \\ \ddot{\theta}_3 \end{Bmatrix} + \begin{bmatrix} c_{t1} & -c_{t1} & 0 \\ -c_{t1} & c_{t1} + c_{t2} & -c_{t2} \\ 0 & -c_{t2} & c_{t2} + c_{t3} \end{bmatrix}\begin{Bmatrix} \dot{\theta}_1 \\ \dot{\theta}_2 \\ \dot{\theta}_3 \end{Bmatrix} + \begin{bmatrix} k_{t1} & -k_{t1} & 0 \\ -k_{t1} & k_{t1} + k_{t2} & -k_{t2} \\ 0 & -k_{t2} & k_{t2} \end{bmatrix}\begin{Bmatrix} \theta_1 \\ \theta_2 \\ \theta_3 \end{Bmatrix} = \begin{Bmatrix} T \\ 0 \\ 0 \end{Bmatrix}$

$\boxed{1.4}$

(1)
$$\begin{cases} a_{11} = m_1 + m_2 \\ a_{12} = m_2 l \cos\theta \\ a_{13} = m_2 l \dot{\theta}^2 \sin\theta - kx - c\dot{x} + F_1 + F_2 \\ a_{21} = m_2 l \cos\theta \\ a_{22} = m_2 l^2 \\ a_{23} = -m_2 g l \sin\theta + F_2 l \cos\theta \end{cases}$$

(2)
$$\begin{cases} a_{11} = m_1 + m_2 \\ a_{12} = m_2 (R_1 - R_2) \cos\theta \\ a_{13} = m_2 (R_1 - R_2) \dot{\theta}^2 \sin\theta - kx - c\dot{x} + F \sin\omega t \\ a_{21} = \cos\theta \\ a_{22} = \dfrac{3}{2}(R_1 - R_2) \\ a_{23} = -g \sin\theta \end{cases}$$

■■■■■■ 第2章

$\boxed{2.1}$ 省略

$\boxed{2.2}$ 式(2.11)および式(2.11)を時間微分した式 $(\dot{x} = -A\omega_n \sin\omega_n t + B\omega_n \cos\omega_n t)$ に，$t = 0$ と $x = x_0$，$\dot{x} = v_0$ を代入すると，

$$\begin{cases} x = A = x_0 \\ \dot{x} = B\omega_n = v_0 \end{cases} \tag{a.2.1}$$

が得られ，整理すると式(2.12)になる。その他についても同様に計算すれば求まる。

$\boxed{2.3}$
$$\begin{cases} A = \dfrac{v_0}{\omega_n} \\ B = x_0 \end{cases} \tag{a.2.2}$$

式(a.2.2)を式(q.2.1)に代入すると次式が得られる。

$$x = \frac{v_0}{\omega_n} \sin\omega_n t + x_0 \cos\omega_n t = X \sin(\omega_n t + \varphi) \tag{a.2.3}$$

$$\begin{cases} X = \sqrt{A^2 + B^2} = \sqrt{\left(\dfrac{v_0}{\omega_n}\right)^2 + x_0^2} \\ \varphi = \tan^{-1}\dfrac{B}{A} = \tan^{-1}\dfrac{x_0 \omega_n}{v_0} \end{cases} \tag{a.2.4}$$

図 a.2.1

式(a.2.3)および式(a.2.4)に $m = 1\mathrm{kg}$，$k = 100\mathrm{N/m}$，$x_0 = 0.01\mathrm{m}$，$v_0 = 0.2\mathrm{m/s}$ を代入して計算すると，図 a.2.1 が得られる。

$\boxed{2.4}$ (1) $\omega_n = \sqrt{\dfrac{k}{m}} = \sqrt{\dfrac{200}{1}} = 14.14\,\text{rad/s}$, $\quad f_n = \dfrac{\omega_n}{2\pi} = \dfrac{14.14}{2 \times 3.14} = 2.25\,\text{Hz}$, $\quad T_n = \dfrac{1}{f_n} = \dfrac{1}{2.25} = 0.44\,\text{s}$

(2) $c_c = 2\sqrt{mk} = 2\sqrt{1 \times 200} = 28.28\,\text{N·s/m}$, $\quad \zeta = \dfrac{c}{c_c} = \dfrac{5}{28.28} = 0.18$

(3) $\omega_d = \sqrt{1 - \zeta^2}\,\omega_n = \sqrt{1 - 0.18^2} \times 14.14 = 13.91\,\text{rad/s}$, $\quad f_d = \dfrac{\omega_d}{2\pi} = \dfrac{13.91}{2 \times 3.14} = 2.21\,\text{Hz}$, $\quad T_d = \dfrac{1}{f_d} = \dfrac{1}{2.21} = 0.45\,\text{s}$

$\boxed{2.5}$　例えば，少し長くて曲がりやすい棒（連続体）を振ってみると，共振現象と振動モードを感じることができる。

■■■■▮▮ 第3章

$\boxed{3.1}$　DSS が立ち上がればよい。

$\boxed{3.2}$　DSS を使用して，指示された内容の確認と観察ができればよい。

$\boxed{3.3}$　DSS を使用して，3.6 節のシミュレーションができればよい。

（注）　DSS の個人用プログラムの「3.6 節 DSS の操作方法（基礎編）」を参考にせよ。

$\boxed{3.4}$ (1) 時刻履歴（GRAPH）を使用して，等速度運動であることを確認できればよい。10 秒間の変位は 100m である。

(2) 時刻履歴（GRAPH）を使用して，等加速度運動であることを確認できればよい。10 秒間の変位は 100m である。

(3) 簡易アニメーション（ANIMATION）を使用して，(1)と(2)のシミュレーションにおける質点の挙動を観察できればよい。図 a.3.1 に，ANIMATION 画面の一例を示す。

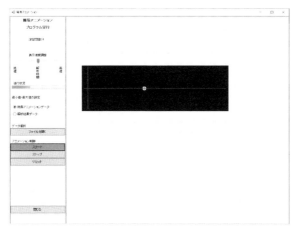

図 a.3.1　演習問題 3.4 の ANIMATION 画面の一例

3.5 (1) 自由振動のシミュレーションを行い，周波数分析（FFT）を使用して，系の固有円振動数が $\omega_{n1}=14.11\mathrm{rad/s}$，$\omega_{n2}=24.54\mathrm{rad/s}$ であることを確認できればよい。

(2) (1)で求めた ω_{n1}，ω_{n2} の値を使用して強制振動のシミュレーションを行い，共振を確認できればよい。

(3) ω_{n1}，ω_{n2} 以外の円振動数 ω（例えば，$\omega=10,\ 20,\ 30\mathrm{rad/s}$）にて強制振動のシミュレーションを行い，$\omega=\omega_n$ でない場合は共振しないことを確認できればよい。

(4) 簡易アニメーション（ANIMATION）を使用して，(1)から(3)のシミュレーションにおける物体の挙動を観察できればよい。図 a.3.2 に，ANIMATION 画面の一例を示す。この画面では，質量 m_1 と m_2 の物体の挙動と併せて，質量 m_1 の物体に加わる外力についても表示している。

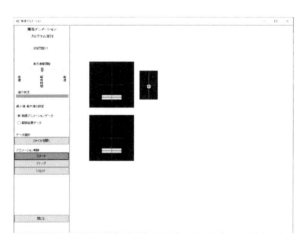

図 a.3.2　演習問題 3.5 の ANIMATION 画面の一例

3.6 DSS を使用して，それぞれの時刻履歴波形の観察ができればよい。

■■■■■ 第4章

(4.1)　　4.2節で紹介した「二重振子」,「自動車」,「3自由度ねじり振動系」の中から, 学習者が選択
したテーマのシミュレーションと実験教材の実際の振動挙動を示した動画の観察が行えればよい。

(4.2)　　登録されたSample（簡易ぶらんこ）に関するファイルの内容が, 実験教材の「簡易ぶらんこ」
と全て同じになっていることが確認できればよい。参考までに, 図a.4.1に解析結果データ登録
画面の一例を, 図a.4.2に動画画面の一例（動画画面作成→データ保存→データ読込→再生）を
示す。

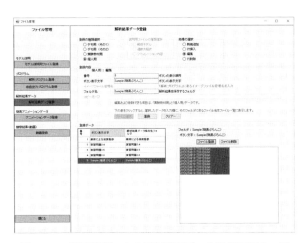

図a.4.1　演習問題4.2の解析結果データ登録画面の一例

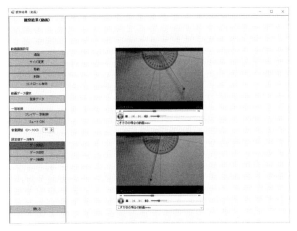

図a.4.2　演習問題4.2の動画画面の一例
（動画画面作成→データ保存→データ読込→再生）

▉ ▉▉ ▉▉ 第5章

5.1

① 図式解法を用いる方法

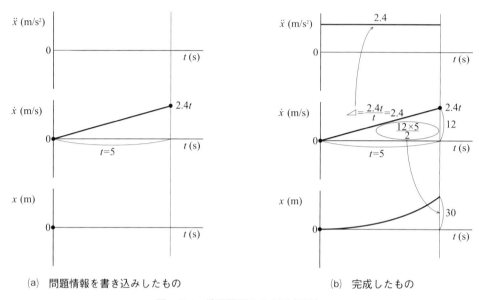

(a) 問題情報を書き込みしたもの   (b) 完成したもの

図 a.5.1　演習問題 5.1 の図式解法

② 公式を用いる方法

(1) $v = v_0 + at$ に，$v = 2.4t$ (m/s)，$v_0 = 0$m/s，$t = 5$s を代入すると，次のように加速度 a が求まる。

$$2.4 \times 5 = 0 + a \times 5 \quad \therefore a = 2.4\text{m/s}^2$$

(2) $x = v_0 t + \dfrac{1}{2}at^2$ に，$v_0 = 0$m/s，$t = 5$s および(1)の結果を代入すると，次のように変位 x が求まる。

$$x = 0 + \frac{1}{2} \times 2.4 \times 5^2 = 30\text{m}$$

③ 微分積分を用いる方法

(1) $a = \dfrac{dv}{dt} = (2.4t)' = 2.4\text{m/s}^2$

(2) $x = \displaystyle\int_0^t v\,dt$ に，$t = 5$s と $v = 2.4t$ (m/s)を代入すると，次のように変位 x が求まる。

$$x = \int_0^5 2.4t\,dt = \left[1.2t^2 \right]_0^5 = 30\text{m}$$

$\boxed{5.2}$

① 図式解法を用いる方法

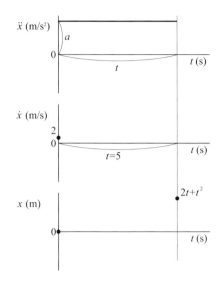
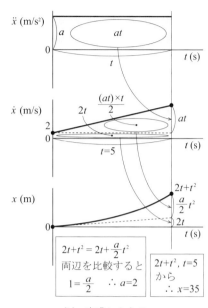

　　(a) 問題情報を書き込みしたもの　　　　　　　(b) 完成したもの

図 a.5.2　演習問題 5.2 の図式解法

② 公式を用いる方法

　(1) $x = v_0 t + \dfrac{1}{2}at^2$ に，$x = 2t + t^2$ (m)，$v_0 = 2$m/s を代入すると，次のように加速度 a が求まる。

$$2t + t^2 = 2t + \frac{1}{2}at^2 \quad \therefore\ a = 2\text{m/s}^2$$

　(2) $x = v_0 t + \dfrac{1}{2}at^2$ に，$v_0 = 2$m/s，$t = 5$s および(1)の結果を代入すると，次のように変位 x が求まる。

$$x = 2 \times 5 + \frac{1}{2} \times 2 \times 5^2 = 35\text{m}$$

③ 微分積分を用いる方法

　(1) $v = \dfrac{dx}{dt} = (2t + t^2)' = 2 + 2t$ (m/s)，　$a = \dfrac{dv}{dt} = (2 + 2t)' = 2$m/s^2

　(2) $x = \displaystyle\int_0^t v\,dt$ に，$t = 5$s と(1)で求めた $v = 2 + 2t$ (m/s)を代入すると，次のように変位 x が求まる。

$$x = \int_0^5 (2 + 2t)\,dt = \left[\, 2t + t^2 \,\right]_0^5 = 35\text{m}$$

⎡5.3⎤

① 図式解法を用いる方法

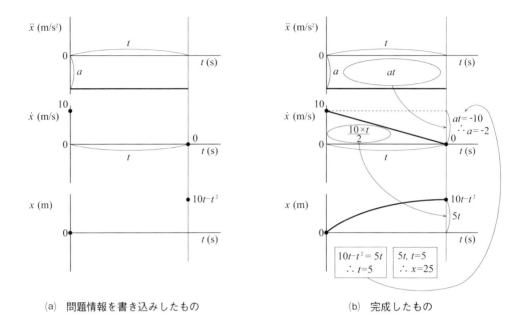

(a) 問題情報を書き込みしたもの   (b) 完成したもの

図a.5.3　演習問題5.3の図式解法

② 公式を用いる方法

(1) $x = v_0 t + \dfrac{1}{2} a t^2$ に，$x = 10t - t^2$ (m)，$v_0 = 10$m/s を代入すると，次のように加速度 a が求まる。

$$10t - t^2 = 10t + \frac{1}{2} a t^2 \quad \therefore a = -2\text{m/s}^2$$

(2) $v = v_0 + at$ に，$v_0 = 10$m/s とオートバイが停止した際の速度 $v = 0$m/s および(1)の結果を代入すると，次のように時間 t が求まる。

$$0 = 10 - 2t \quad \therefore t = 5\text{s}$$

(3) $x = v_0 t + \dfrac{1}{2} a t^2$ に，$v_0 = 10$m/s と(1)および(2)の結果を代入すると，次のように変位 x が求まる。

$$x = 10 \times 5 + \frac{1}{2} \times (-2) \times 5^2 = 25\text{m}$$

③ 微分積分を用いる方法

(1) $v = \dfrac{dx}{dt} = (10t - t^2)' = 10 - 2t$ (m/s)，$\quad a = \dfrac{dv}{dt} = (10 - 2t)' = -2$m/s^2

(2) (1)で求めた $v = 10 - 2t$ (m/s)に，オートバイが停止した際の速度 $v = 0$m/s を代入すると，次のように時間 t が求まる。

$$0 = 10 - 2t \quad \therefore t = 5\text{s}$$

(3) $x = \displaystyle\int_0^t v\,dt$ に，(1)で求めた速度 v の式と(2)の結果を代入すると，次のように変位 x が求まる。

$$x = \int_0^5 (10 - 2t)dt = \left[10t - t^2\right]_0^5 = 25\text{m}$$

$\boxed{5.4}$

① 図式解法を用いる方法

　　落下距離の式が $y = t + 4.9t^2$（下に凸なグラフ）で与えられていることから，図 a.5.4 においては y の＋方向（上向き）に重力加速度として 9.8 を記入する。

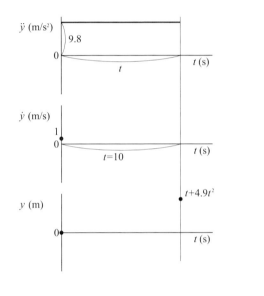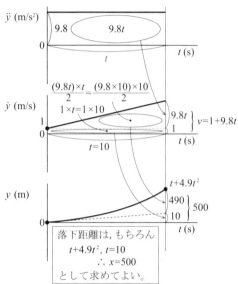

(a) 問題情報を書き込みしたもの　　　　　　　　(b) 完成したもの

図 a.5.4　演習問題 5.4 の図式解法

② 公式を用いる方法

　(1) $v = v_0 + at$ に，$v_0 = 1\text{m/s}$, $a = 9.8\text{m/s}^2$ を代入すると，次のように速度 v が求まる。

　　　$v = 1 + 9.8t$ (m/s)

　(2) $y = v_0 t + \dfrac{1}{2}at^2$ に，$v_0 = 1\text{m/s}$, $a = 9.8\text{m/s}^2$, $t = 10\text{s}$ を代入すると，次のように変位 y が求まる。

　　　$y = 1 \times 10 + \dfrac{1}{2} \times 9.8 \times 10^2 = 500\text{m}$

③ 微分積分を用いる方法

　(1) $v = \dfrac{dy}{dt} = (t + 4.9t^2)' = 1 + 9.8t$ (m/s)

　(2) $y = \displaystyle\int_0^t v\,dt$ に，$t = 10\text{s}$ および (1) で求めた速度 v の式を代入すると，次のように変位 y が求まる。

　　　$y = \displaystyle\int_0^{10} (1 + 9.8t)dt = \left[t + 4.9t^2\right]_0^{10} = 500\text{m}$

[5.5]

① 図式解法を用いる方法

　小球を鉛直上向きに投げ上げた際の小球の高さが $y=39.2t-4.9t^2$（上に凸なグラフ）で与えられていることから，図 a.5.5 においては y の－方向（下向き）に重力加速度として-9.8 と記入する。図中において任意の時間を t，最高点に達したときの時間を t_{all} とする。

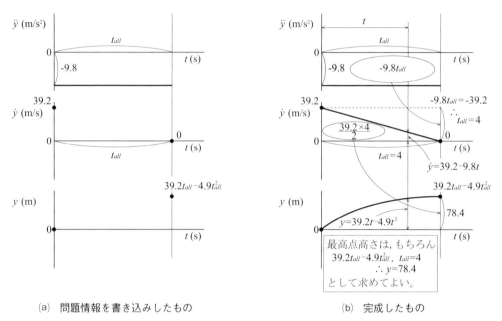

(a)　問題情報を書き込みしたもの　　　　　(b)　完成したもの

図 a.5.5　演習問題 5.5 の図式解法

② 公式を用いる方法

(1) $v=v_0+at$ に，$v_0=39.2$m/s，$a=-9.8$m/s^2 を代入すると，次のように速度 v が求まる。

　　　$v=39.2-9.8t$ （m/s）

(2) (1)で求めた速度 v の式に，最高点に達したときの速度 $v=0$m/s を代入すると，次のように時間 t が求まる。

　　　$0=39.2-9.8t$　∴ $t=4$s

(3) $y=v_0t+\dfrac{1}{2}at^2$ に，$v_0=39.2$m/s，$a=-9.8$m/s^2 および(2)の結果を代入すると，次のように変位 y が求まる。

$$y=39.2\times4+\frac{1}{2}\times(-9.8)\times4^2=78.4\text{m}$$

③ 微分積分を用いる方法

(1) $v=\dfrac{dy}{dt}=(39.2t-4.9t^2)'=39.2-9.8t$ （m/s）

(2) (1)で求めた速度 v の式に，最高点に達したときの速度 $v=0$m/s を代入すると，次のように時

間 t が求まる。

$$0 = 39.2 - 9.8t \quad \therefore \quad t = 4\text{s}$$

(3) $y = \int_0^t v\,dt$ に，(1)で求めた速度 v の式と(2)の結果を代入すると，次のように変位 y が求まる。

$$y = \int_0^4 (39.2 - 9.8t)\,dt = \left[\, 39.2t - 4.9t^2 \,\right]_0^4 = 78.4\text{m}$$

■■■■|| 第6章

6.1　$ml^2\ddot{\theta} = -2kh^2\sin\theta + mgl\sin\theta - c_t\dot{\theta}$

6.2　$(I_G + ml^2)\ddot{\theta} = -mgl\sin\theta - c_t\dot{\theta}$

6.3　この問題の運動方程式の導出については，6.3.2項の(7)を参考にせよ。図6.30に示すモデルにロープ張力 T を加え，質量 m の物体の動きを変数（x）で表わした図a.6.1に示す2自由度解析モデルで考える。最初にこのモデルを使って θ と x についての2つの運動方程式を立て，その後，$x = r\theta$ の関係を使用して張力 T の入らない形での θ に関する運動方程式を求める。なお，質量 m の物体の変位 x は静的なつり合い位置からの変位とする。

$$(I + mr_1^2)\ddot{\theta} = -c_t\dot{\theta} - kr_2^2\theta$$

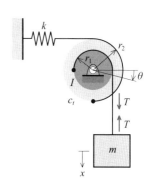

図 a.6.1

6.4　$\begin{cases} m\ddot{x} = mg\sin\alpha - F \\ \dfrac{1}{2}mr^2\ddot{\theta} = Fr \end{cases}$

ここで，$F = \mu \times mg\cos\alpha$ である。

6.5　$\begin{cases} I_1\ddot{\theta}_1 = -(k_1l_1^2 + k_2l_2^2)\theta_1 + k_2l_2^2\theta_2 + Fl_2\sin\omega t \\ I_2\ddot{\theta}_2 = -(k_2l_2^2 + k_3l_3^2)\theta_2 + k_2l_2^2\theta_1 \end{cases}$

6.6　$\begin{cases} m_1\ddot{x}_1 = -k_1x_1 - c_1\dot{x}_1 - k_2x_1 - c_2\dot{x}_1 + k_2x_2 + c_2\dot{x}_2 + k_1y + c_1\dot{y} + m_1g \\ m_2\ddot{x}_2 = -k_2x_2 - c_2\dot{x}_2 - k_3x_2 - c_3\dot{x}_2 + k_2x_1 + c_2\dot{x}_1 + k_3x_3 + c_3\dot{x}_3 + m_2g \\ m_3\ddot{x}_3 = -k_3x_3 - c_3\dot{x}_3 + k_3x_2 + c_3\dot{x}_2 + m_3g \end{cases}$

ここで，$y = A\sin\omega t$，$\dot{y} = A\omega\cos\omega t$ である。

$\boxed{6.7}$ この問題については，4.2.3 項との関係から，解き方も含めて解答を示す。

① 【I_1】，【I_2】，【I_3】の動きは，いずれも回転運動なので，運動方程式の基本形は次式となる。

$$\begin{cases} I_1\ddot{\theta}_1 = \sum_{i=1}^{n} T_{\theta_1 i} \\[2mm] I_2\ddot{\theta}_2 = \sum_{i=1}^{n} T_{\theta_2 i} \\[2mm] I_3\ddot{\theta}_3 = \sum_{i=1}^{n} T_{\theta_3 i} \end{cases} \tag{a.6.1}$$

② 全てのトルクの和の求め方は次のようになる。

【I_1】に作用する全てのトルクの和＝

「【I_1】：動く，【I_2】：静止，【加振円板】：静止」時に【I_1】に作用するトルクの和

＋「【I_1】：静止，【I_2】：動く，【加振円板】：静止」時に【I_1】に作用するトルクの和

＋「【I_1】：静止，【I_2】：静止，【加振円板】：動く」時に【I_1】に作用するトルクの和

【I_2】に作用する全てのトルクの和＝

「【I_2】：動く，【I_1】：静止，【I_3】：静止」時に【I_2】に作用するトルクの和

＋「【I_2】：静止，【I_1】：動く，【I_3】：静止」時に【I_2】に作用するトルクの和

＋「【I_2】：静止，【I_1】：静止，【I_3】：動く」時に【I_2】に作用するトルクの和

【I_3】に作用する全てのトルクの和＝

「【I_3】：動く，【I_2】：静止」時に【I_3】に作用するトルクの和

＋「【I_3】：静止，【I_2】：動く」時に【I_3】に作用するトルクの和

$$\tag{a.6.2}$$

③ それぞれの運動方程式を立てる。

$$\begin{cases} I_1\ddot{\theta}_1 = (-k_{t1}\theta_1 - c_{t1}\dot{\theta}_1 - k_{t2}\theta_1 - c_{t2}\dot{\theta}_1) + (k_{t2}\theta_2 + c_{t2}\dot{\theta}_2) + (k_{t1}y + c_{t1}\dot{y}) \\[1mm] I_2\ddot{\theta}_2 = (-k_{t2}\theta_2 - c_{t2}\dot{\theta}_2 - k_{t3}\theta_2 - c_{t3}\dot{\theta}_2) + (k_{t2}\theta_1 + c_{t2}\dot{\theta}_1) + (k_{t3}\theta_3 + c_{t3}\dot{\theta}_3) \\[1mm] I_3\ddot{\theta}_3 = (-k_{t3}\theta_3 - c_{t3}\dot{\theta}_3) + (k_{t3}\theta_2 + c_{t3}\dot{\theta}_2) \end{cases} \tag{a.6.3}$$

ここで，$y = A\sin\omega t$，$\dot{y} = A\omega\cos\omega t$ である。

＜メモ＞

式(a.6.3)を整理すると，次式が得られる。

$$\begin{cases} I_1\ddot{\theta}_1 = -(c_{t1} + c_{t2})\dot{\theta}_1 + c_{t2}\dot{\theta}_2 - (k_{t1} + k_{t2})\theta_1 + k_{t2}\theta_2 + c_{t1}\dot{y} + k_{t1}y \\[1mm] I_2\ddot{\theta}_2 = c_{t2}\dot{\theta}_1 - (c_{t2} + c_{t3})\dot{\theta}_2 + c_{t3}\dot{\theta}_3 + k_{t2}\theta_1 - (k_{t2} + k_{t3})\theta_2 + k_{t3}\theta_3 \\[1mm] I_3\ddot{\theta}_3 = c_{t3}\dot{\theta}_2 - c_{t3}\dot{\theta}_3 + k_{t3}\theta_2 - k_{t3}\theta_3 \end{cases} \tag{a.6.4}$$

▓▓ ▓▓ ▓▓ ▓▌ 第7章

$\boxed{7.1}$ 運動方程式は，次式となる。

$$ml\ddot{x}\cos\theta + ml^2\ddot{\theta} + mgl\sin\theta = 0 \tag{a.7.1}$$

式(a.7.1)を整理すると，次式が得られる。

$$l\ddot{\theta} + g\sin\theta + \ddot{x}\cos\theta = 0 \tag{a.7.2}$$

この問題を微小振動問題として扱い，$\cos\theta \fallingdotseq 1$，$\sin\theta \fallingdotseq \theta$ の関係を用いると，式(a.7.2)は次式となる。

$$l\ddot{\theta} + g\theta = -\ddot{x} \tag{a.7.3}$$

上式から，この振り子は右辺に示される外力が作用する強制振動系であることがわかる。

[7.2]　運動方程式は，次式となる。

$$ml^2\ddot{\theta} - ml\ddot{y}\sin\theta + mgl\sin\theta = 0 \tag{a.7.4}$$

式(a.7.4)を整理すると，次式が得られる。

$$l\ddot{\theta} + (g - \ddot{y})\sin\theta = 0 \tag{a.7.5}$$

この問題を微小振動問題として扱い，$\sin\theta \fallingdotseq \theta$ の関係を用いると，式(a.7.5)は次式となる。

$$l\ddot{\theta} + (g - \ddot{y})\theta = 0 \tag{a.7.6}$$

上式において，θ の係数に時間の関数（$\ddot{y}$）が含まれているので，この振り子は係数励振系であることがわかる。

[7.3]

$$\begin{cases} m\ddot{u} - m(l+u)\dot{\theta}^2 - mg\cos\theta + ku = 0 \\ (l+u)^2\ddot{\theta} + 2(l+u)\dot{u}\dot{\theta} + g(l+u)\sin\theta = 0 \end{cases}$$

[7.4]　運動方程式は，次式となる。

$$\begin{cases} ml_1^2\ddot{\theta}_1 + ml_1l_2\left\{\ddot{\theta}_2\cos(\theta_1-\theta_2) + \dot{\theta}_2^2\sin(\theta_1-\theta_2)\right\} + mgl_1\sin\theta_1 = Fl_1\cos\theta_1 \\ (ml_2^2 + I_G)\ddot{\theta}_2 + ml_1l_2\left\{\ddot{\theta}_1\cos(\theta_1-\theta_2) - \dot{\theta}_1^2\sin(\theta_1-\theta_2)\right\} + mgl_2\sin\theta_2 = 2Fl_2\cos\theta_2 \end{cases} \tag{a.7.7}$$

なお，式(a.7.7)中の一般化力については，次のように求めた。

（a）外力の作用点の直交座標 $\{x_j\}$ を一般化座標 $\{q_i\}$ で表すと，次式となる。

$$\begin{Bmatrix} x_2 \\ y_2 \end{Bmatrix} = \begin{Bmatrix} l_1\sin\theta_1 + 2l_2\sin\theta_2 \\ l_1\cos\theta_1 + 2l_2\cos\theta_2 \end{Bmatrix} \tag{a.7.8}$$

（b）作用点に加わる外力の直交成分 $\{F_j\}$ は，次のとおりである。

$$\begin{Bmatrix} F_{x_2} \\ F_{y_2} \end{Bmatrix} = \begin{Bmatrix} F \\ 0 \end{Bmatrix} \tag{a.7.9}$$

（c）式(7.2)と上記(a)と(b)を用いて一般化力 $\{Q_i\}$ を求めると，次のようになる。

$$\begin{cases} Q_{\theta_1} = F_{x_2}\dfrac{\partial x_2}{\partial \theta_1} + F_{y_2}\dfrac{\partial y_2}{\partial \theta_1} = Fl_1\cos\theta_1 \\ Q_{\theta_2} = F_{x_2}\dfrac{\partial x_2}{\partial \theta_2} + F_{y_2}\dfrac{\partial y_2}{\partial \theta_2} = 2Fl_2\cos\theta_2 \end{cases} \tag{a.7.10}$$

$\boxed{7.5}$

$$\begin{cases} (M+m)\ddot{y} + c\dot{y} + ky + mr(\ddot{\theta}\cos\theta - \dot{\theta}^2\sin\theta) = 0 \\ (I+mr^2)\ddot{\theta} + mr\ddot{y}\cos\theta + mgr\cos\theta = P \end{cases}$$

$\boxed{7.6}$

$$\begin{cases} m_1\ddot{x}_1 + k_1 x_1 - k_2(x_2 - x_1) + c_1\dot{x}_1 - c_2(\dot{x}_2 - \dot{x}_1) = F\sin\omega t \\ m_2\ddot{x}_2 + k_2(x_2 - x_1) - k_3(x_3 - x_2) + c_2(\dot{x}_2 - \dot{x}_1) - c_3(\dot{x}_3 - \dot{x}_2) = 0 \\ m_3\ddot{x}_3 + k_3(x_3 - x_2) + k_4 x_3 + c_3(\dot{x}_3 - \dot{x}_2) + c_4\dot{x}_3 = 0 \end{cases}$$

▮▮▮▮▮ 第8章

$\boxed{8.1}$ 固有円振動数 ω_n は，次式となる。

$$\omega_n = \sqrt{\frac{k_t}{I}} \tag{a.8.1}$$

振動モードは，図 8.2 に示されるものと同じである。

$\boxed{8.2}$ 固有円振動数 ω_n は，次式となる。

$$\omega_n = \sqrt{\frac{kr^2}{I+mr^2}} \tag{a.8.2}$$

式 (a.8.2) において，$I=0.5\mathrm{kg\cdot m^2}$，$m=1\mathrm{kg}$，$k=300\mathrm{N/m}$，$r=0.5\mathrm{m}$ とすると，固有円振動数 ω_n は次のようになる。

$$\omega_n = 10\mathrm{rad/s} \tag{a.8.3}$$

振動モードは，図 a.8.1 に示すとおりである。

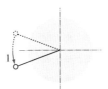

図 a.8.1　図 8.19 に対応した振動モード

$\boxed{8.3}$ 固有円振動数 ω_n と振幅比は，それぞれ次式となる。

$$\left.\begin{aligned}\omega_{n1}{}^2\\\omega_{n2}{}^2\end{aligned}\right\} = \frac{1}{2}\left\{\left(\frac{k_1+k_2}{m_1} + \frac{k_2}{m_2}\right) \mp \sqrt{\left(\frac{k_1+k_2}{m_1} - \frac{k_2}{m_2}\right)^2 + 4\frac{k_2{}^2}{m_1 m_2}}\right\} \tag{a.8.4}$$

$$\left.\begin{aligned}\frac{A_2}{A_1}\bigg|_{\omega=\omega_{n1}}\\[6pt]\frac{A_2}{A_1}\bigg|_{\omega=\omega_{n2}}\end{aligned}\right\} = \frac{(k_1+k_2)r}{k_2} - \frac{I}{k_2 r}\frac{1}{2}\left[\left\{\frac{(k_1+k_2)r^2}{I} + \frac{k_2+k_3}{m}\right\} \mp \sqrt{\left\{\frac{(k_1+k_2)r^2}{I} - \frac{k_2+k_3}{m}\right\}^2 + 4\frac{(k_2 r)^2}{mI}}\right]$$

$$\tag{a.8.5}$$

式(a.8.4)と式(a.8.5)において，$m_1 = 20\text{kg}$，$m_2 = 1\text{kg}$，$k_1 = 1000\text{N/m}$，$k_2 = 50\text{N/m}$ とすると，固有円振動数 ω_n および振幅比（$A_1 = 1$ とした場合の A_2 の値）は，それぞれ次のようになる。

$$\begin{cases} \omega_{n1} = 6.32\text{rad/s} \\ \omega_{n2} = 7.91\text{rad/s} \end{cases} \tag{a.8.6}$$

$$\begin{cases} \left.\dfrac{A_2}{A_1}\right|_{\omega=\omega_{n1}} = 5 \\[2mm] \left.\dfrac{A_2}{A_1}\right|_{\omega=\omega_{n2}} = -4 \end{cases} \tag{a.8.7}$$

この場合の振動モードは，図 a.8.2 に示すとおりである。この図においては，振動方向を 90°回転させて示してある。

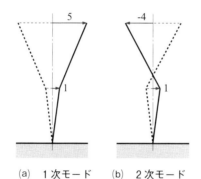

(a)　1 次モード　　(b)　2 次モード

図 a.8.2　図 8.20 に対応した振動モード
（$m_1 = 20\text{kg}$，$m_2 = 1\text{kg}$，$k_1 = 1000\text{N/m}$，$k_2 = 50\text{N/m}$ の場合）

8.4 固有円振動数 ω_n と振幅比は，それぞれ次式となる。

$$\left.\begin{array}{c} {\omega_{n1}}^2 \\ {\omega_{n2}}^2 \end{array}\right\} = \frac{1}{2}\left[\left\{\frac{(k_1+k_2)r^2}{I} + \frac{k_2+k_3}{m}\right\} \mp \sqrt{\left\{\frac{(k_1+k_2)r^2}{I} - \frac{k_2+k_3}{m}\right\}^2 + 4\frac{(k_2 r)^2}{mI}}\,\right] \tag{a.8.8}$$

$$\left.\begin{array}{c} \left.\dfrac{A_2}{A_1}\right|_{\omega=\omega_{n1}} \\[3mm] \left.\dfrac{A_2}{A_1}\right|_{\omega=\omega_{n2}} \end{array}\right\} = \frac{(k_1+k_2)r}{k_2} - \frac{I}{k_2 r}\frac{1}{2}\left[\left\{\frac{(k_1+k_2)r^2}{I} + \frac{k_2+k_3}{m}\right\} \mp \sqrt{\left\{\frac{(k_1+k_2)r^2}{I} - \frac{k_2+k_3}{m}\right\}^2 + 4\frac{(k_2 r)^2}{mI}}\,\right] \tag{a.8.9}$$

式(a.8.8)と式(a.8.9)において，$k_1 = k_2 = k_3 = k$，$I = mr^2$ とすると，固有円振動数 ω_n および振幅比（$A_1 = 1$ とした場合の A_2 の値）は，それぞれ次のようになる。

$$\begin{cases} \omega_{n1} = \sqrt{\dfrac{k}{m}} \\[2mm] \omega_{n2} = \sqrt{\dfrac{3k}{m}} \end{cases} \tag{a.8.10}$$

$$\begin{cases} \left.\dfrac{A_2}{A_1}\right|_{\omega=\omega_{n1}} = r \ (\mathrm{m/rad}) \\[4mm] \left.\dfrac{A_2}{A_1}\right|_{\omega=\omega_{n2}} = -r \ (\mathrm{m/rad}) \end{cases} \tag{a.8.11}$$

この場合の振動モードは，図 a.8.3 に示すとおりである。

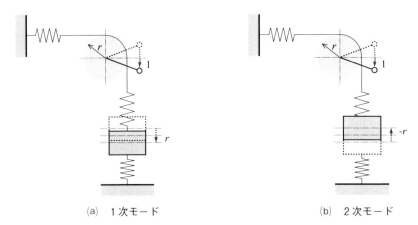

(a) 1次モード   (b) 2次モード

図 a.8.3　図 8.21 に対応した振動モード
$(k_1 = k_2 = k_3 = k,\ I = mr^2\ の場合)$

[8.5]　固有円振動数 ω_n と振幅比は，それぞれ次式となる。

$$\begin{aligned} \left.\begin{array}{c} \omega_{n1}{}^2 \\ \omega_{n2}{}^2 \end{array}\right\} = \dfrac{1}{2}\left[\left\{\dfrac{kl+(m_1+m_2)g}{m_1 l}\right\} \mp \sqrt{\left\{\dfrac{kl-(m_1+m_2)g}{m_1 l}\right\}^2 + 4\dfrac{km_2 g}{m_1{}^2 l}} \right] \end{aligned} \tag{a.8.12}$$

$$\left.\begin{array}{c} \left.\dfrac{A_1}{A_2}\right|_{\omega=\omega_{n1}} \\[4mm] \left.\dfrac{A_1}{A_2}\right|_{\omega=\omega_{n2}} \end{array}\right\} = g \left/ \dfrac{1}{2}\left[\left\{\dfrac{kl+(m_1+m_2)g}{m_1 l}\right\} \mp \sqrt{\left\{\dfrac{kl+(m_1+m_2)g}{m_1 l}\right\}^2 + 4\dfrac{km_2 g}{m_1{}^2 l}} \right] - l \right. \tag{a.8.13}$$

式(a.8.12)と式(a.8.13)において，$m_1 = 1\mathrm{kg}$，$m_2 = 3\mathrm{kg}$，$k = 150\mathrm{N/m}$，$l = 0.5\mathrm{m}$ とすると，固有円振動数 ω_n および振幅比（$A_2 = 1$ とした場合の A_1 の値）は，それぞれ次のようになる。

$$\begin{cases} \omega_{n1} = 3.70\mathrm{rad/s} \\ \omega_{n2} = 14.66\mathrm{rad/s} \end{cases} \tag{a.8.14}$$

$$
\begin{cases}
\left. \dfrac{A_1}{A_2} \right|_{\omega=\omega_{n1}} = 0.216\mathrm{m/rad} \\[3mm]
\left. \dfrac{A_1}{A_2} \right|_{\omega=\omega_{n2}} = -0.454\mathrm{m/rad}
\end{cases}
\tag{a.8.15}
$$

この場合の振動モードは，図 a.8.4 に示すとおりである。

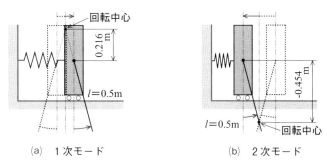

(a)　1 次モード　　　　　　　　(b)　2 次モード

図 a.8.4　図 8.22 に対応した振動モード
($m_1=1\mathrm{kg}$, $m_2=3\mathrm{kg}$, $k=150\mathrm{N/m}$, $l=0.5\mathrm{m}$ の場合)

[8.6]　固有円振動数 ω_n と振幅比は，それぞれ次式となる。ここで，$R=R_1-R_2$ としている。

$$
\left.\begin{matrix} \omega_{n1}{}^2 \\ \omega_{n2}{}^2 \end{matrix}\right\}
= \frac{3kR + 2g(m_1+m_2) \mp \sqrt{\{3kR - 2g(m_1+m_2)\}^2 + 16kgm_2R}}{2(3m_1+m_2)R}
\tag{a.8.16}
$$

$$
\left.\begin{matrix} \left.\dfrac{A_1}{A_2}\right|_{\omega=\omega_{n1}} \\[3mm] \left.\dfrac{A_1}{A_2}\right|_{\omega=\omega_{n2}} \end{matrix}\right\}
= \frac{1}{2}\left[\frac{4g(3m_1+m_2)R}{3kR + 2g(m_1+m_2) \mp \sqrt{\{3kR - 2g(m_1+m_2)\}^2 + 16kgm_2R}} - 3R \right]
\tag{a.8.17}
$$

式 (a.8.16) と式 (a.8.17) において，$m_1=0.5\mathrm{kg}$, $m_2=0.25\mathrm{kg}$, $k=100\mathrm{N/m}$, $R_1=0.2\mathrm{m}$, $R_2=0.05\mathrm{m}$ とすると，固有円振動数 ω_n および振幅比（$A_2=1$ とした場合の A_1 の値）は，それぞれ次のようになる。

$$
\begin{cases}
\omega_{n1} = 6.31\mathrm{rad/s} \\
\omega_{n2} = 13.70\mathrm{rad/s}
\end{cases}
\tag{a.8.18}
$$

$$
\begin{cases}
\left. \dfrac{A_1}{A_2} \right|_{\omega=\omega_{n1}} = 0.021\mathrm{m/rad} \\[3mm]
\left. \dfrac{A_1}{A_2} \right|_{\omega=\omega_{n2}} = -0.173\mathrm{m/rad}
\end{cases}
\tag{a.8.19}
$$

この場合の振動モードは，図 a.8.5 に示すとおりである。

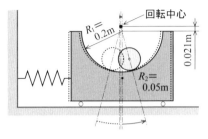 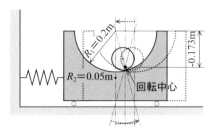

(a) 1次モード (b) 2次モード

図a.8.5 図8.23に対応した振動モード
($m_1=0.5$kg, $m_2=0.25$kg, $k=100$N/m, $R_1=0.2$m, $R_2=0.05$m の場合)

[8.7] 振動数方程式は,次式となる。なお,題意より $m_1=m_2=m_3=m$, $k_1=k_2=k_3=k$ としている。

$$\omega^6 - 5\frac{k}{m}\omega^4 + 6\left(\frac{k}{m}\right)^2\omega^2 - \left(\frac{k}{m}\right)^3 = 0 \qquad (a.8.20)$$

式(a.8.20)は,ω^2 の3次方程式である。ここで,$m=0.38$kg,$k=610$N/m として,数値計算によって解を求めると,固有円振動数 ω_n は次のようになる。

$$\begin{cases} \omega_{n1} = 17.83\text{rad/s} \\ \omega_{n2} = 49.96\text{rad/s} \\ \omega_{n3} = 72.20\text{rad/s} \end{cases} \qquad (a.8.21)$$

また,振幅比($A_1=1$ とした場合の A_2 と A_3 の値)は,それぞれ次のようになる。

$$\begin{Bmatrix} A_1 \\ A_2 \\ A_3 \end{Bmatrix}_{\omega=\omega_{n1}} = \begin{Bmatrix} 1 \\ 1.802 \\ 2.247 \end{Bmatrix} \qquad (a.8.22a)$$

$$\begin{Bmatrix} A_1 \\ A_2 \\ A_3 \end{Bmatrix}_{\omega=\omega_{n2}} = \begin{Bmatrix} 1 \\ 0.445 \\ -0.802 \end{Bmatrix} \qquad (a.8.22b)$$

$$\begin{Bmatrix} A_1 \\ A_2 \\ A_3 \end{Bmatrix}_{\omega=\omega_{n3}} = \begin{Bmatrix} 1 \\ -1.247 \\ 0.556 \end{Bmatrix} \qquad (a.8.22c)$$

この場合の振動モードは,図a.8.6に示すとおりである。

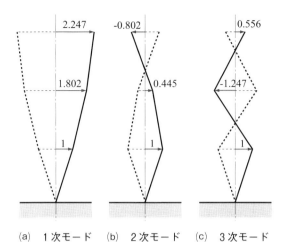

(a)　1次モード　　(b)　2次モード　　(c)　3次モード

図a.8.6　図8.24に対応した振動モード
（m＝0.38kg，k＝610N/m として計算）

$\boxed{8.8}$　　振動数方程式は，次式となる。

$$I_1 I_2 I_3 \omega^6 - \left\{k_{t1}(I_1 I_3 + I_2 I_3) + k_{t2}(I_1 I_2 + I_1 I_3)\right\}\omega^4 + k_{t1} k_{t2}(I_1 + I_2 + I_3)\omega^2 = 0 \qquad \text{(a.8.23)}$$

式(a.8.23)は，ω^2 の3次方程式である。ここで，$I_1 = 500\text{kg·m}^2$，$I_2 = 1830\text{kg·m}^2$，$I_3 = 600\text{kg·m}^2$，$k_{t1} = 312500\text{N·m/rad}$，$k_{t2} = 33333\text{N·m/rad}$ として数値計算によって解を求めると，固有円振動数 ω_n は次のようになる。

$$\begin{cases} \omega_{n1} = 0\text{rad/s} \\ \omega_{n2} = 8.34\text{rad/s} \\ \omega_{n3} = 28.29\text{rad/s} \end{cases} \qquad \text{(a.8.24)}$$

また，振幅比（$A_1 = 1$ とした場合の A_2 と A_3 の値）は，それぞれ次のようになる。

$$\begin{Bmatrix} A_1 \\ A_2 \\ A_3 \end{Bmatrix}_{\omega = \omega_{n1}} = \begin{Bmatrix} 1 \\ 1 \\ 1 \end{Bmatrix} \qquad \text{(a.8.25a)}$$

$$\begin{Bmatrix} A_1 \\ A_2 \\ A_3 \end{Bmatrix}_{\omega = \omega_{n2}} = \begin{Bmatrix} 1 \\ 0.889 \\ -3.544 \end{Bmatrix} \qquad \text{(a.8.25b)}$$

$$\begin{Bmatrix} A_1 \\ A_2 \\ A_3 \end{Bmatrix}_{\omega = \omega_{n3}} = \begin{Bmatrix} 1 \\ -0.280 \\ 0.021 \end{Bmatrix} \qquad \text{(a.8.25c)}$$

この場合の振動モードは，図a.8.7に示すとおりである。なお，1次の固有円振動数は0で，振動モードにおいて，ねじりばねは変形しない。このような振動モードを剛体モード（rigid body mode）とよぶ。拘束がない系では，剛体モードが存在する。

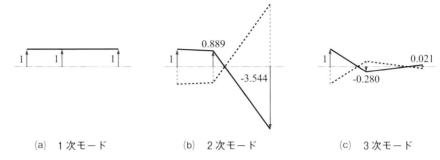

| (a) 1 次モード | (b) 2 次モード | (c) 3 次モード |

図 a.8.7 図 8.25 に対応した振動モード
(I_1＝500kg·m^2, I_2＝1830kg·m^2, I_3＝600kg·m^2, k_{t1}＝312500N·m/rad, k_{t2}＝33333N·m/rad の場合)

[8.9] 振動数方程式は，次式となる。なお，題意より m_1＝m_2＝m_3＝m, l_1＝l_2＝l_3＝l, k_1＝k_2＝k としている。

$$\left(\frac{kh^2 + mgl - \omega^2 ml^2}{kh^2}\right)^2 \left(\frac{2kh^2 + mgl - \omega^2 ml^2}{kh^2}\right) - 2\left(\frac{kh^2 + mgl - \omega^2 ml^2}{kh^2}\right) = 0 \tag{a.8.26}$$

ここで，$\dfrac{mgl}{kh^2}＝u$, $\dfrac{ml^2}{kh^2}＝v$ とおくと，式(a.8.26)は次式で示される。

$$(1 + u - \omega^2 v)^2(1 + u - \omega^2 v) - 2(1 + u - \omega^2 v) = 0 \tag{a.8.27}$$

因数分解して整理すると，次式となる。

$$(1 + u - \omega^2 v)(u - \omega^2 v)(3 + u - \omega^2 v) = 0 \tag{a.8.28}$$

式(a.8.28)から，固有円振動数 ω_n は，値の小さいほうから順に，それぞれ次式のように求まる。

$$\begin{cases} \omega_{n1} = \sqrt{\dfrac{g}{l}} \\[3mm] \omega_{n2} = \sqrt{\dfrac{kh^2 + mgl}{ml^2}} \\[3mm] \omega_{n3} = \sqrt{\dfrac{3kh^2 + mgl}{ml^2}} \end{cases} \tag{a.8.29}$$

ここで，m＝0.076kg, l＝0.127m, k＝285N/m, h＝0.03m とすると，固有円振動数 ω_n は次のようになる。

$$\begin{cases} \omega_{n1} = 8.79\text{rad/s} \\ \omega_{n2} = 16.93\text{rad/s} \\ \omega_{n3} = 26.55\text{rad/s} \end{cases} \tag{a.8.30}$$

また，振幅比（A_1＝1 とした場合の A_2 と A_3 の値）は，それぞれ次のようになる。

$$\begin{Bmatrix} A_1 \\ A_2 \\ A_3 \end{Bmatrix}_{\omega = \omega_{n1}} = \begin{Bmatrix} 1 \\ 1 \\ 1 \end{Bmatrix} \tag{a.8.31a}$$

$$\begin{Bmatrix} A_1 \\ A_2 \\ A_3 \end{Bmatrix}_{\omega = \omega_{n2}} = \begin{Bmatrix} 1 \\ 0 \\ -1 \end{Bmatrix} \qquad\qquad\qquad \text{(a.8.31b)}$$

$$\begin{Bmatrix} A_1 \\ A_2 \\ A_3 \end{Bmatrix}_{\omega = \omega_{n3}} = \begin{Bmatrix} 1 \\ -2 \\ 1 \end{Bmatrix} \qquad\qquad\qquad \text{(a.8.31c)}$$

この場合の振動モードは，図 a.8.8 に示すとおりである。

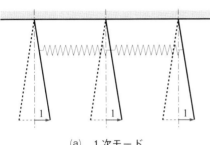

(a)　1 次モード

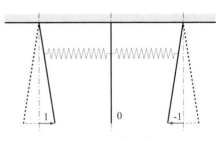

(b)　2 次モード

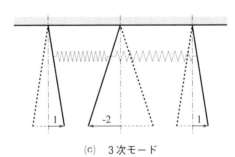

(c)　3 次モード

図 a.8.8　図 8.26 に対応した振動モード
($m_1 = m_2 = m_3 = m = 0.076$kg, $l_1 = l_2 = l_3 = l = 0.127$m, $k_1 = k_2 = k = 285$N/m, $h = 0.03$m の場合)

$\boxed{8.10}$　振動数方程式は，次式となる。ここで，$\dfrac{1}{l_1} + \dfrac{1}{l_2} = L_{12}$, $\dfrac{1}{l_2} + \dfrac{1}{l_3} = L_{23}$, $\dfrac{1}{l_3} + \dfrac{1}{l_4} = L_{34}$, $\dfrac{1}{l_2} = L_2$, $\dfrac{1}{l_3} = L_3$ として整理している。

$$\left(\frac{m}{F}\right)^3 \omega^6 - (L_{12} + L_{23} + L_{34})\left(\frac{m}{F}\right)^2 \omega^4 + (L_{12}L_{23} + L_{23}L_{34} + L_{34}L_{12} - L_2{}^2 - L_3{}^2)\frac{m}{F}\omega^2$$
$$- (L_{12}L_{23}L_{34} + L_{23}L_{34} + L_{34}L_{12} - L_2{}^2 L_{34} - L_3{}^2 L_{12}) = 0 \qquad \text{(a.8.32)}$$

式 (a.8.32) は，ω^2 の 3 次方程式である。ここで，$m_1 = m_2 = m_3 = m = 0.0115$kg, $l_1 = l_4 = 0.06$m, $l_2 = l_3 = 0.08$m, $F = 1.3$N として数値計算によって解を求めると，固有円振動数 ω_n は次のようになる。

$$\begin{cases} \omega_{n1} = 32.39\text{rad/s} \\ \omega_{n2} = 57.42\text{rad/s} \\ \omega_{n3} = 71.23\text{rad/s} \end{cases} \tag{a.8.33}$$

また，振幅比（$A_1=1$ とした場合の A_2 と A_3 の値）は，それぞれ次のようになる。

$$\begin{Bmatrix} A_1 \\ A_2 \\ A_3 \end{Bmatrix}_{\omega=\omega_{n1}} = \begin{Bmatrix} 1 \\ 1.591 \\ 1 \end{Bmatrix} \tag{a.8.34a}$$

$$\begin{Bmatrix} A_1 \\ A_2 \\ A_3 \end{Bmatrix}_{\omega=\omega_{n2}} = \begin{Bmatrix} 1 \\ 0 \\ -1 \end{Bmatrix} \tag{a.8.34b}$$

$$\begin{Bmatrix} A_1 \\ A_2 \\ A_3 \end{Bmatrix}_{\omega=\omega_{n3}} = \begin{Bmatrix} 1 \\ -1.257 \\ 1 \end{Bmatrix} \tag{a.8.34c}$$

この場合の振動モードは，図 a.8.9 に示すとおりである。

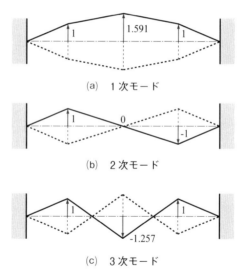

(a)　1 次モード

(b)　2 次モード

(c)　3 次モード

図 a.8.9　図 8.27 に対応した振動モード
（$m_1 = m_2 = m_3 = m = 0.0115\text{kg}$, $l_1 = l_4 = 0.06\text{m}$, $l_2 = l_3 = 0.08\text{m}$, $F = 1.3\text{N}$ の場合）

参考文献

1) 国井利泰監修，中村明子，伊藤文子共著：FORTRAN 数値計算とプログラミング，共立出版，1970

2) 江原義郎：ユーザーズディジタル信号処理，東京電機大学出版局，1991

3) 高校物理研究会・啓林館編集部：物理 I の基本練習改訂版，啓林館，2010

4) 第一学習社編集部：セミナー物理 I ＋ II，第一学習社，2010

5) 原康夫：改訂版基礎物理学，学術図書出版社，1996

6) 青木弘，木谷晋：工業力学（第 3 版），森北出版，1994

7) 熊谷寛夫監修，小暮陽三編集，高専の物理（第 4 版），森北出版，1991

8) 原康夫：改訂版基礎物理学，学術図書出版，1996

9) 後藤憲一，山本邦夫，神吉健：詳解力学演習，共立出版，1971

10) Y. C. ファン著，大橋義夫，村上澄男，神谷紀生共訳：連続体の力学入門改訂版，培風館，1980

11) 国枝正春：実用機械振動学，理工学者，1984

12) 日本機械学会編，機械系の動力学，オーム社，1991

13) 松本政彦：大学課程力学概論，共立出版，1981

14) 谷口修：改著機械力学 I 機構と運動，養賢堂，1960

15) 清水信行：パソコンによる振動解析，共立出版，1989

16) 伊藤廣著：これからのマシン・デザイン，森北出版，1989

17) 添田喬，得丸英勝，中溝高好，岩井善太：振動工学の基礎，日新出版，1978

18) S. P. Timoshenko, D. H. Young, W. Weaver. Jr. 著，谷口修，田村章義訳：新版工業振動学，コロナ社，1977

19) 青木繁：機械力学，コロナ社，2004

20) 井上順吉：機械力学，理工学者，1982

21) 黒田道雄：機械振動学，学献社，1982

22) L. マイクロビッチ著，砂川惠訳：振動解析の理論と応用＜上＞，ブレイン図書出版，1984

23) L. マイクロビッチ著，砂川惠訳：振動解析の理論と応用＜下＞，ブレイン図書出版，1984

24) 高橋康英，奥津尚宏，小泉孝之：実用振動解析入門，日刊工業新聞社，1984

25) 近藤泰郎編著，小林邦夫著：よくわかる機械力学，オーム社，1995

26) 辻岡康：機械力学入門，サイエンス社，1985

27) 日高照晃，小田哲，川辺尚志，曽我部雄次，吉田和信：機械力学―振動の基礎から制御まで―，朝倉書店，2000

28) 吉本堅一，松下修己：Mathematica で学ぶ振動とダイナミクスの理論，森北出版，2004

29) 鈴木浩平：振動の工学，丸善，2004

30) 小寺忠，矢野澄雄：演習で学ぶ機械力学（第 3 版），森北出版，2014

31) 岩壺卓三，松久寛：振動工学の基礎，森片出版，2014

32) 藤田勝久：振動工学，森北出版，2016

33) 末岡淳男，綾部隆：機械力学（第 2 版），森北出版，2019

34) 瀧口三千弘，藤原滋泰，藤野俊和：機械系の運動・振動問題学習用教材の開発と教育実践，工学教育，66-3，pp.41-47，2018

索　引

著者略歴

瀧口　三千弘（たきぐち　みちひろ）博士（工学）

1983 年　長岡技術科学大学大学院工学研究科修士課程創造設計工学専攻修了
1983 年　広島商船高等専門学校機関学科助手
1985 年　長岡技術科学大学工学部助手
1986 年　広島県立木江工業高等学校教諭
1990 年　広島商船高等専門学校機関学科講師
1991 年　広島商船高等専門学校商船学科講師
1992 年　広島商船高等専門学校商船学科助教授
2002 年　広島大学大学院工学研究科博士課程後期材料工学専攻修了
2004 年　広島商船高等専門学校商船学科教授
2020 年　広島商船高等専門学校名誉教授
　　　　　現在に至る

藤野　俊和（ふじの　としかず）博士（工学）

2006 年　東京海洋大学大学院海洋科学技術研究科博士前期課程海洋システム工学専攻修了
2008 年　広島商船高等専門学校商船学科助教
2009 年　東京海洋大学大学院海洋科学技術研究科博士後期課程応用環境システム学専攻修了
2009 年　長岡技術科学大学工学部機械系助教
2013 年　長岡技術科学大学大学院技術経営研究科システム安全系講師
2016 年　東京海洋大学学術研究院海洋電子機械工学部門助教
2017 年　東京海洋大学学術研究院海洋電子機械工学部門准教授
　　　　　現在に至る

藤原　滋泰（ふじわら　しげやす）博士（理学）

2004 年　茨城大学大学院理工学研究科博士後期課程宇宙地球システム科学専攻修了
2004 年　広島商船高等専門学校一般教科講師
2009 年　広島商船高等専門学校一般教科准教授
2012 年　広島商船高等専門学校流通情報工学科准教授
2014 年　広島商船高等専門学校一般教科准教授
　　　　　現在に至る

ISBN978-4-303-55170-4

機械系の運動と振動の基礎・基本

2022 年 1 月 15 日　初版発行　　　© TAKIGUCHI Michihiro 2022
　　　　　　　　　　　　　　　　　HUJINO Toshikazu
　　　　　　　　　　　　　　　　　HUJIWARA Shigeyasu

共　著　瀧口三千弘・藤野俊和・藤原滋泰
発行者　岡田雄希
発行所　海文堂出版株式会社
　　　　　本　社　東京都文京区水道 2-5-4（〒112-0005）
　　　　　　　　　電話 03（3815）3291 ㈹　FAX 03（3815）3953
　　　　　　　　　http://www.kaibundo.jp/
　　　　　支　社　神戸市中央区元町通 3-5-10（〒650-0022）
　　　　日本書籍出版協会会員・工学書協会会員・自然科学書協会会員

検印省略

PRINTED IN JAPAN　　　　　　印刷　東光整版印刷／製本　誠製本

JCOPY ＜出版者著作権管理機構 委託出版物＞
本書の無断複製は著作権法上での例外を除き禁じられています。複製され
る場合は，そのつど事前に，出版者著作権管理機構（電話 03-5244-5088,
FAX 03-5244-5089, e-mail: info@jcopy.or.jp）の許諾を得てください。